聚乙烯催化剂及聚合技术

金茂筑　编著

中国石化出版社

内 容 提 要

　　本书是有关聚乙烯催化剂和聚合工艺技术方面的一本专业书籍。主要叙述了聚乙烯催化剂的重要进展、最新的催化剂和聚合工艺技术的发展现状和趋势。

　　通过本书能够使读者对聚乙烯催化剂以及近年来聚乙烯生产技术的发展动向有所了解。本书可以供聚乙烯催化剂和聚合技术的研究开发人员、高校师生、工艺生产技术人员、工程设计人员及聚乙烯产品的销售人员等的阅读参考。

图书在版编目(CIP)数据

　　聚乙烯催化剂及聚合技术／金茂筑编著 . —北京：
中国石化出版社，2014. 3（2024.5重印）
　　ISBN 978 - 7 - 5114 - 2643 - 7

　　Ⅰ. ①聚… Ⅱ. ①金… Ⅲ. ①聚乙烯 - 聚合催化剂
Ⅳ. ①TQ325. 1 ②TQ426. 7

　　中国版本图书馆 CIP 数据核字（2014）第 026898 号

中国石化出版社出版发行

地址:北京市东城区安定门外大街 58 号
邮编:100011　电话:(010)57512500
发行部电话:(010)57512575
http://www.sinopec-press.com
E-mail:press@sinopec.com
北京鑫益晖印刷有限公司印刷
全国各地新华书店经销
＊
787×1092 毫米 16 开本 14 印张 335 千字
2014 年 3 月第 1 版　2024 年 5 月第 3 次印刷
定价:50.00 元

前　言

　　中国的烯烃聚合技术是在20世纪50年代末开始发展起来的。首先是在沈阳化工研究院开始进行乙烯聚合催化剂技术的开发研究，60年代初转移到北京化工研究院，并增加了丙烯聚合催化剂技术的开发研究内容，至今已有六十余年。我国的聚烯烃聚合工业生产也从无到有，其生产规模现在已经发展到了每年数千万吨，成为一个庞大的产业。

　　聚烯烃聚合技术之所以如此迅速发展的原因，归根结底是催化剂聚合技术的飞速进步。作者撰写本书的目的，就是想把自己在聚乙烯催化剂聚合技术方面学到的一些知识和了解到的一些情况提供给有兴趣的读者，并希望通过本书能够使读者对聚乙烯催化剂及聚合技术以及近年来聚乙烯技术的发展动向有所了解。也希望本书能成为聚乙烯催化剂技术和聚合技术的研究开发人员、高校师生、工艺生产技术人员、工程设计人员及聚乙烯产品的销售人员等的实用参考资料。

　　由于作者的能力和水平所限，书中难免有疏漏、不妥和失误之处，敬请读者批评指正。

目　　录

绪　　论

这是一本关于聚乙烯技术的综合性专业书籍，主要讨论的是有关聚乙烯催化剂和聚合工艺技术方面的问题。

从 1933 年 ICI 公司的科学家发现聚乙烯到现在，在这 80 年的时间里，全世界的聚乙烯得到了飞速发展[1]，聚乙烯树脂的产量 2005 年约为 58Mt，2010 年达到约 90Mt，现在每年的聚乙烯产量达到了 100Mt，已成为全世界人工合成数量最大的聚合物。

从 1996 年到 2011 年世界聚乙烯的产量以 4% 以上的速度增长，而 2008 到 2010 的年均增长率更高，达到 5.4%，线型聚乙烯的增长速度更快，约为 6%。在聚乙烯的各种工艺技术中，淤浆法和气相法的双峰分布聚乙烯技术在最近这些年发展最快，大约 30% 的 HDPE 增长取决于双峰聚乙烯树脂技术，这一切说明聚乙烯仍然是一个在迅速发展的产业。

聚乙烯之所以成为全球各种塑性材料中发展得最快的一种，究其原因，关键在于催化剂技术和聚合工艺技术的飞速发展。这些年来，聚乙烯技术发展的特点是，催化剂和聚合理论的研究不断深入，催化剂产品和聚合技术不断创新，聚合工艺可以使用先进的催化剂和聚合技术，生产装置的规模越来越大型化，产品的生产成本不断降低，聚乙烯产品的性能更加优异、应用范围更加广泛。

聚乙烯技术的关键是催化剂。对于催化剂的需求，根据 2007 年美国市场研究公司 Freedonia 的预测，全世界对催化剂的年需求 2010 年可达到 123 亿美元。其中，全球聚合物用催化剂的增长率为 5.4%[2]。从催化剂产品来看，单活性中心催化剂增长最快[3]，其需求将以两位百分数增长。不过，在全世界聚烯烃催化剂的市场中，仍有一半以上是由 Ziegler - Natta 催化剂创造的。

近年来一方面由于中东低成本产品的竞争和高原油价格对生产成本上升的压力，另一方面又因为全球跨国公司重组聚烯烃产业并控制了大部分的市场份额，因此产品的利润空间已大幅度下降，聚乙烯已成为低利润产业，因此，"品质/成本"已成为聚乙烯产业竞争的关键。

要保证"品质/成本"的竞争力，关键在于聚乙烯技术的进步。最近几十年，聚乙烯和聚烯烃技术所取得的重要进步有以下的一些方面：

首先，最大的进步是，单活性中心茂金属和后过渡金属催化剂等可溶性过渡金属催化剂的研究取得重大进展。自从 1975 年发现了能使茂金属催化剂烯烃聚合活性大幅度增加的助催化剂 MAO 以来，茂金属聚合催化剂已经从模糊的学术领域研究，逐渐地过渡到了学术研究和工业应用两方面都在积极推进的局面，产生了很多新的技术和知识。现在茂金属催化剂已经发展到了大规模工业开发应用和深入理论研究并行的阶段。

其次，最近几十年，凝胶渗透色谱、升温分级和结晶分级等几个分析领域的技术取得了长足的进步。随着这些分析技术的不断进步，人们已大大地扩展了对于聚乙烯均聚物和 α - 烯烃共聚物的化学和立体结构特征、共聚物组成等方面的认识，对聚合物大分子链的化学和立构缺陷情况以及链端结构等有了更为详细的了解。过去曾认为过渡金属催化剂进行烯烃聚合的化学问题比较简单，聚合过程中聚合物链发生的结构错误也比较少。现在，按照所得到的烯烃聚合物相对分子质量，第一次可以准确地了解到关于各种活性中心之间的差别，进而可以区分各种类型的活性中心，包括只有一个类型活性中心的催化剂系统（如烃类可溶性催化剂），和存在多个类型活性中心的催化剂系统（如所有的固体和载体催化剂）之间的差别，可以显示各种类型活性中心在不同反应速率下的生成和死亡过程。并且可以准确地得到均聚物的立构性能、共聚物的组成等的可靠信息，对高分子聚合物的认识大大地扩展了。

另外，由于 ^{13}C NMR 高分辨率核磁共振分析快速发展的结果，大大扩展了对聚烯烃和烯烃共聚物的化学和立体结构特征的认识。例如聚合物链中的化学和立构缺陷的详细结构，链端基的结构等。而且当 NMR 的数据被具有最低相对分子质量聚合物部分的烯烃齐聚物 GPC 研究数据补充后，对这些齐聚物的研究给出了在第一时间检测每一个新生成聚合物的机会（即使是仅有非常小的相对分子质量的情况），这就使得每一个细节，包括聚合物链和链端基二者的结构，链的化学和立构特征等都能被清楚地描绘和了解。

按照早先的认识，当采用过渡金属催化剂进行烯烃聚合时，由于非均相 Z/N 催化剂配位聚合反应的复杂性，很难对聚合机理有一个准确的描述，通常的提法是"阴离子配位聚合机理"，并且所有的假设都是认为 Ziegler 催化剂只有一种活性中心。所谓的"链引发反应"，"链增长反应"和"链终止反应"等的定义，都是从以前聚合反应研究的项目库中借来的，每一个提法都具有其特定的化学含义。如链引发反应是指在引发剂和单体分子之间发生的反应，衍生出自由基；链增长反应是单体分子添加到聚合物自由基上的反应；而链终止反应则是两个聚合物自由基之间互相发生反应，结果自由基被破坏而反应终止。

但是根据上述现代技术的认识，如果对于过渡金属催化剂进行的烯烃聚合完全采用上述的"定义"，那就有可能会产生错误。因为各个不同阶段的化学反应过程非常不同，对催化剂聚合反应动力学的研究表明，通常每一个活性中心能发挥生成聚合物作用的时间，总要超过生成一个单个聚合反应的周期，达到几百甚至几千个聚合物分子的生成时间。然而一个单个的聚合自由基通常只能生成一个聚合物分子。虽然过渡金属催化剂不是很稳定，它们的平均寿命从几分钟到几小时不等，但是总比单个聚合物分子的典型生长时间（几秒或更短）要长很多。所以，一个比较合理的结论是：在单个聚合物分子的生长时间内，其活性中心被不可逆的破坏或终止反应活性的情况是不大可能发生的。

上述这些对于聚合物特征的现代分析技术进展，改进了我们原来对于 Z/N 催化剂所考虑的固体和载体催化剂聚合反应动力学的理解。应用这些技术就会发现所有的固体和载体催化剂（以及许多可溶性催化剂）都有几个类型的活性中心，而它们在动力学和立体化学参数上具有重要的区别。这使我们认识到早期的预先假定 Z/N 催化剂只有一种类型活性中心的动力学研究方法的缺点，发现了真实情况与原来的链引发、链增长、链转移定义的偏差，虽然通常偏差较小，但是它会深刻地影响聚合动力学和聚合物性能。

因此，聚合动力学研究的重点就发生了变化，从极力尝试描述聚合反应情况的动力学，改变为用从基团和阴离子聚合反应借来的简单动力学组合对反应进行描述，这样就没有了对聚合反应情况的过度描述，而是变得更为现实和实际。

上述的这些研究进展促使我们要更加深入地研究聚乙烯催化剂和聚合工艺的最新技术，以适应聚烯烃技术不断发展进步的现实。这就是撰写本书的目的。

本书的具体内容如下：

第 1 章为综述，主要是聚乙烯的基本情况：包括聚乙烯的发现和命名，聚乙烯的品种和分类，聚乙烯树脂的密度和性能以及树脂的结构特点。近几十年聚烯烃催化剂和聚合工艺技术所获得的重要进展等；

第 2 章介绍聚乙烯催化剂和聚合工艺技术的国内外发展情况。

第 3 章到第 6 章是本书的重点，主要是分别讨论不同催化剂化学方面的问题。具体的安排是：第 3 章为 Ziegler 催化剂，第 4 章为铬系催化剂，第 5 章为单活性中心茂金属催化剂，而第 6 章为单活性中心非茂金属催化剂等。重点讨论的内容包括：催化剂的化学组成，催化剂的化学结构，催化剂的活性中心，聚合反应动力学和助催化剂的类型，催化剂和助催化剂之间的基本化学反应等。

第 7 章主要讨论聚乙烯的聚合工艺生产技术。

第 8 章讨论聚乙烯催化剂技术的未来发展动向。

本书在叙述和讨论聚乙烯技术时，将充分考虑到以上各方面的重要进展，使讨论的内容更接近实际的情况。

第1章 聚乙烯概述

聚乙烯是一种热塑性树脂，树脂的熔点大约在 120～140℃，熔融状态的聚乙烯树脂为非牛顿型的黏性流体，可以用各种加工方法成型做成制品。

聚乙烯是由乙烯（CH_2＝CH_2）在一定的条件下，通过引发剂或催化剂的作用，生成能使乙烯聚合的自由基从而发生聚合反应而得到。乙烯聚合得到聚乙烯的反应式如下：

$$n\ CH_2=CH_2 \xrightarrow[\text{（引发剂）}]{\text{催化剂}} -(CH_2-CH_2)_n \qquad (1-1)$$

其中，n 表示聚合度，通常聚乙烯工业品的 n 值都超过 1000。

聚乙烯是 1933 年 ICI 公司的 Eric Fawcett 和 Reginald Gibson 在进行酮的高压合成试验时发现的。当时的试验是：在高温（170℃）和高压（142MPa）条件下进行乙烯凝聚试验，结果发现得到了一种现在称之为聚乙烯的聚合物。因为采用的是高温和高压的反应条件，所以人们又称它为高压聚乙烯（high pressure polyethylene，简称 HPPE）。其后在 1935 年，ICI 的化学家 Michael Perrin 使用含有痕量氧的乙烯进行聚合，结果得到了大量的聚乙烯，这就为聚乙烯的工业化生产开辟了道路。

采用钛系催化剂制备的低压聚乙烯（low pressure polyethylene，简称 LPPE），是德国化学家 Ziegler Karl 教授于 1953 年 10 月在 Max Plank 研究所做实验时发现的。当时他的目的是用过渡金属催化剂将低级烯烃转化为高级烯烃。采用的是四氯化钛（$TiCl_4$）和三烷基铝（AlR_3）催化剂体系。但是实验的结果只得到了丁烯。而在查找原因时偶然发现了密度要比 LDPE 高的聚乙烯，因此称为高密度聚乙烯（high density polyethylene，简称 HDPE）。

当时在意大利米兰工业学院从事结构学研究的 Natta Giulo 教授，根据 Ziegler 的研究结果，采用三乙基铝（$AlEt_3$）还原 $TiCl_4$ 得到的固体 $TiCl_3$ 催化剂体系进行聚合，得到了等规聚丙烯的粉料，因而获得了聚丙烯技术发明专利。

由于他们的这些重要发明，Ziegler 教授和 Natta 教授共同获得了 1963 年诺贝尔化学奖。为了纪念他们发明聚乙烯、聚丙烯，人们将低压法合成聚烯烃的催化剂统称为 Ziegler – Natta（Z/N）催化剂[4],[5]。当然对于低压聚乙烯催化剂也可以直接称为 Ziegler 催化剂，以纪念 Ziegler 教授的贡献。

应当说明的是，Phillips 石油公司的科学家 J. P. Hogan 和 R. L. Banks 在 1951 年 6 月就使用载负在硅胶上的铬系催化剂，在不使用助催化剂的条件下合成出了结晶聚合物聚乙烯和聚丙烯。Phillips 公司为此在 1983 年获得了结晶聚丙烯的专利[6]。由于他们的发明并不是使用 $TiCl_4$/AlR_3 催化剂体系而是使用铬催化剂体系，因此，并不影响 Ziegler 和 Natta 两位教授采用卤化钛/烷基铝催化剂体系得到聚乙烯和聚丙烯这件事对聚烯烃事业所做出的贡献。

关于聚乙烯的命名，开始聚乙烯的名称并不统一，有各种叫法，如 Polymethylene、Polyethene、Polythene 等，而"Polyethylene"是 IUPAC（International Union of Pure & Applied Chemistry）推荐的乙烯均聚合物名称，现在已成为全世界公认的聚乙烯通用名称。

聚乙烯产品有很多是共聚物。而聚乙烯共聚物的命名通常要考虑其中所含的不饱和键

C＝C的数量，而C＝C的数量一般每1000个碳原子不到2个，而且都发生在端基上。

按照IUPAC推荐的聚乙烯共聚物的命名方法见表1-1[1]。

表1-1　IUPAC推荐的聚乙烯共聚物名称

聚合物缩写词	共聚合单体	IUPAC的命名
LDPE	无	polyethylene 聚乙烯
VLDPE	butene-1 1-丁烯	poly(ethylene-co-butene-1) 聚(乙烯-1-丁烯)共聚物
LLDPE	butene-1 1-丁烯	poly(ethylene-co-butene-1) 聚(乙烯-1-丁烯)共聚物
LLDPE	hexene-1 1-己烯	poly(ethylene-co-hexene-1) 聚(乙烯-1-己烯)共聚物
LLDPE	octene-1 1-辛烯	poly(ethylene-co-octene-1) 聚(乙烯-1-辛烯)共聚物
LLDPE	4-methyl-pentene-1 4-甲基-1-戊烯	poly(ethylene-co-4-methylpentene-1) 聚(乙烯-4-甲基-1-戊烯)共聚物
EVA	vinyl acetate 醋酸乙烯盐	poly(ethylene-co-vinyl acetate) 聚(乙烯-醋酸乙烯盐)共聚物
EMA	methacrylic acid 异丁烯酸	poly(ethylene-co-methacrylic acid) 聚(乙烯-异丁烯酸)共聚物
EVOH	vinyl alcohol 乙烯醇	poly(ethylene-co-vinyl alcohol) 聚(乙烯-乙烯醇)共聚物
HDPE	无	polyethylene 聚乙烯
COC	norborene 降冰片烯	poly(ethylene-co-norborene 1) 聚(乙烯-降冰片烯)共聚物

1.1　聚乙烯的基本性能

熔融状态的聚乙烯树脂为非牛顿型的黏性流体，可以采用各种加工方法成型，性能十分优良，应用非常广泛，是一种环境友好型高分子材料。其性能和特点可以概括如下：

（1）聚乙烯树脂的物理机械性能十分丰富，而且非常优越；

（2）聚乙烯的原料乙烯是石油化工行业的大宗产品，量大且价廉，来源非常广泛；

（3）聚乙烯的催化剂和聚合工艺不断革新进步，生产规模不断扩大，产品加工所需的能耗也不断降低，产品的价格/性能优势明显；

（4）聚乙烯材料无毒，生物相容性好，应用范围广；

（5）聚乙烯的产品可以回收再利用，能够实现从生产到回收的物料循环。

1.1.1　聚乙烯的品种分类

聚乙烯聚合物有不同的相对分子质量和相对分子质量分布。在聚合物的大分子结构上有含支链和不含支链的区别。不含支链的大分子为高密度聚合物，通常也是高结晶聚合物。而含支链的大分子为低密度聚合物。由于密度的差别就产生了不同品种的聚乙烯产品。因此，聚乙烯的产品可以按照不同的密度进行品种分类，具体的分类见表1-2。

表1-2　聚乙烯的分类[1]

聚 合 物	密度范围/(g/cm³)	典型的共聚单体	使用的催化剂或引发剂
VLDPE, ULDPE	0.88~0.91	α-烯烃	Z/N催化剂，单中心催化剂
LDPE	0.91~0.93	无	有机过氧化物
EVA	0.93~0.97	醋酸乙烯盐	有机过氧化物
EAA/EMA①	丙烯酸盐AA、异丁烯酸盐MA	0.94~0.96	有机过氧化物
EVOH②	0.96~1.20	醋酸乙烯盐	有机过氧化物
LLDPE	0.91~0.93	α-烯烃	Z/N催化剂，载体铬，单中心催化剂
MDPE	0.93~0.95	α-烯烃	Z/N催化剂，载体铬催化剂
HDPE③	0.95~0.97	α-烯烃④	Z/N催化剂，载体铬催化剂
UHMWPE	0.93~0.95	无	Z/N催化剂
COC	1.02~1.08	降冰片烯	单中心催化剂

① 生产离子聚合物的先导物。

② 由EVA水解生成。

③ 包括交联聚乙烯。

④ 经常使用少量的α-烯烃改进聚合物的性能。

由表1-2数据可见，不同品种聚乙烯的密度有明显差别，共聚单体和催化剂也不一样，所以一般可以用密度来区分聚乙烯的品种。

另外，即使对于共聚单体同为α-烯烃的共聚物，其密度也会因为具体的共聚单体不同而发生变化，具体见图1-1。

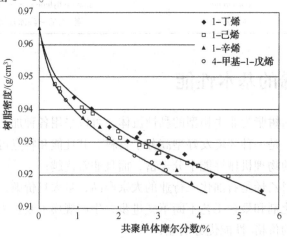

图1-1　不同共聚单体含量时LLDPE树脂的密度[7]

1.1.2 不同品种聚乙烯的密度和主要性能[1,8]

不同型号的聚乙烯有不同的密度,而不同密度的聚乙烯就有不同的性能,因此参照 ASTM 的标准可以将聚乙烯的工业产品分成七类,这七类产品基本上囊括了全部聚乙烯的产品品种。

1.1.2.1 超低密度/极低密度聚乙烯 VLDPE/ULDPE

密度范围: $0.885 \sim 0.915 \mathrm{g/cm^3}$

特　　征: VLDPE/ULDPE 是一种主要使用 Ziegler 或单活性中心 SSC 催化剂和 α - 烯烃共聚单体得到的树脂,密度极低,范围为 $0.885 \sim 0.915 \mathrm{g/cm^3}$。由 VLDPE/ULDPE 还可以得到塑性体 POP 和弹性体 POE 两种产品,其中 POE 的密度范围更低,仅为 $0.855 \sim 0.885 \mathrm{g/cm^3}$。

VLDPE/ULDPE 的产品商标有: Affinity®, Engage® 和 Exact® 等。

VLDPE/ULDPE 是一种没有长支链结构、而短支链结构分布得很均匀、并且相对分子质量分布很窄的聚乙烯品种。它们具有良好的柔韧性、回弹性(弹性体),优良的抗冲击性能和抗撕裂强度,并具有持久的挠曲寿命。由于其正割模量和伸长率与 EVA 和 EMA 相近,因此这种材料还有可能代替 EVA 和 EMA 以及热塑性聚氨酯等材料。

1.1.2.2 低密度聚乙烯 LDPE

密度范围: $0.915 \sim 0.930 \mathrm{g/cm^3}$

特　　征: 这是最早被发现的聚乙烯品种。它和其他的聚乙烯不同,它是使用有机过氧化物(或能分解出自由基的其他试剂)作为引发剂,在高压、高温条件下得到的聚乙烯树脂,而其他的聚乙烯(除了交联聚乙烯 XLPE 以外)都不能使用有机过氧化物作为引发剂。

LDPE 的结构特点是大分子链中有长支链,而且长支链可以在主链的两个方向上取向,甚至可以在长支链上再接长支链。因此 LDPE 分子间的排列不紧密,有相当高比例的无定形组分。该结构特点带来的聚合物性能是: 聚合物熔点较低,树脂的柔软性、延伸性、电绝缘性和可加工性特别优良。所以 LDPE 的突出特点是加工性能好,并可以掺混在其他品种的树脂中帮助改进加工性能。如果进一步通过改变聚合压力和调整助催化剂配方,还可以得到透明性更好的高透明 LDPE 树脂。

另外,高压法聚乙烯的聚合工艺技术还有一个特点是,在单活性中心催化剂开发成功之前,所有聚乙烯工艺技术中,它是唯一可以使乙烯和极性单体共聚合生成系列共聚物的工艺技术。

1.1.2.3 线型低密度聚乙烯 LLDPE

密度范围: $0.915 \sim 0.930 \mathrm{g/cm^3}$

特　　征: LLDPE 可以使用 Ziegler 催化剂、铬催化剂或茂金属 SSC 催化剂和共聚单体来制备,但是不能采用自由基聚合的方法得到。最常用的共聚单体是 1 - 丁烯、1 - 己烯和 1 - 癸烯,含量一般在 2% ~ 4%(摩尔),它们能在树脂中形成相应的短支链。而且不同催化剂生产的树脂,其结构和性能有明显差别。

LLDPE 没有 LDPE 那么多的无定形组分,相反它有相当部分的立体构型组分,因此它的透明性明显不如 LDPE,但是机械性能比 LDPE 要好(比 HDPE 差)。

另外,LLDPE 是一种没有长支链,但是短支链比高密度聚乙烯多的聚乙烯品种,其耐低温性能比 HDPE 好,特别是耐环境应力开裂性能要大大超过普通的 HDPE 树脂。

使用茂金属 SSC 催化剂以后，由于茂金属催化剂的共聚合能力比 Ziegler 催化剂要好得多，因此用茂金属催化剂合成的 LLDPE 共聚物的品种和性能进一步得到改善，出现了许多乙烯和高级 α - 烯烃共聚的新品种。

1.1.2.4 中密度共聚聚乙烯 MDPE

密度范围：$0.930 \sim 0.950 \mathrm{g/cm^3}$

特　　征：MDPE 树脂也可以使用 Ziegler 催化剂、铬催化剂和常用的 α - 烯烃共聚单体来制备，但是同样也不能通过自由基聚合得到。这种树脂有类似 LLDPE 的线型结构，不过树脂共聚单体含量比较低。

1.1.2.5 高密度共聚聚乙烯 HDPE

密度范围：$0.950 \sim 0.970 \mathrm{g/cm^3}$

特　　征：HDPE 是一种乳白色的树脂，其分子为线型结构，是典型的高结晶聚合物。可以使用 Ziegler 催化剂或载体铬(Phillips)催化剂来制备。一部分的牌号也使用共聚单体，但是含量很低，一般在 1% 以下。所生成的短支链结构主要是为了改进树脂的加工性能，并且可以改进韧性和耐环境应力开裂性能。但是因为 HDPE 的结晶度比 LLDPE 和 MDPE 都高，所以树脂的清洁度较差。

1.1.2.6 超高分子量聚乙烯 UHMWPE

密度范围：$\sim 0.940 \mathrm{g/cm^3}$

特　　征：UHMWPE 可以采用 Ziegler 催化剂聚合得到，并且不使用共聚单体，是相对分子质量在 3000000 ~ 7000000 范围的聚乙烯树脂。UHMWPE 的一个特点是它的密度只有约 $0.94 \mathrm{g/cm^3}$，这可能是因为巨大相对分子质量聚合链的薄层效应和结晶缺陷所造成的结果。

UHMWPE 树脂具有极优良的耐磨性和耐冲击性能，另外还有良好的耐应力开裂性、耐腐蚀性、耐低温性和电绝缘性能等，但是树脂的加工性能比较差，只能采用压塑成型等方法进行加工。

1.1.2.7 功能性聚乙烯

(1) 双峰相对分子质量分布聚乙烯 DMMWDPE

特　　征：为了得到更好的机械性能，需要聚乙烯树脂有更高的相对分子质量。但是，相对分子质量的提高将会使聚乙烯树脂的加工性能下降，因此想要实现高相对分子质量使聚乙烯获得更好机械性能的目标存在困难。现在流行的解决办法是用 DMMWDPE 来解决。例如，用双釜聚合工艺来生产 DMMWDPE，使得到的树脂具有双峰相对分子质量分布，并且让共聚单体主要结合在高相对分子质量一端。这样可以在保持加工性能的情况下使机械性能得到提高。当然最好的方法是采用双活性中心在单反应器中直接得到双峰产品。

DMMWDPE 是相对分子质量大约为 200000 ~ 500000 的高密度聚乙烯。它和 HDPE 一样可以使用 Ziegler 催化剂或载体铬(Phillips)催化剂来制备。其密度范围约为 $0.94 \sim 0.96 \mathrm{g/cm^3}$。

(2) 环烯烃共聚物 COC[9]

特　　征：COC 是采用茂金属 SSC 催化剂，将乙烯和环烯烃进行共聚合得到的聚乙烯共聚物。而用 Ziegler 催化剂是难以得到这种共聚物的。COC 中乙烯的含量为 40% ~ 70%(摩尔)，其余为环烯烃共聚单体的含量。但是如果按质量计算，因为共聚单体的相对分子质量很大，COC 中乙烯按质量的比例仅为 15% ~ 25%。COC 树脂的密度很大，可达到 1.02 ~ 1.08g/cm³。COC 树脂最大的特点是具有卓越的光学性能，是一种很特殊的树脂。

(3) 交联聚乙烯 XLPE(也称 PEX)

特　征：XLPE 是采用过氧化物、紫外线或辐射电子束等自由基引发剂，将由 HDPE 或 MDPE 制得的聚乙烯交联键合而得到，是一种包括移植乙烯基硅烷化合物在内的非常复杂的工艺。例如用自由基催化剂将乙烯基三甲氧基硅烷移植到聚乙烯链上，然后进行蒸汽硫化，通过硅氧基团键合周围的链得到 XLPE。XLPE 树脂的突出特点是具有极好的耐环境应力开裂性能(ESCR)和低蠕变性能。

1.2　聚乙烯的相对分子质量和相对分子质量分布

1.2.1　聚乙烯相对分子质量的测定

聚乙烯的相对分子质量可以用熔融指数(MI)表示。熔融指数 MI 按照 ASTM D1238 - 04C 的定义是：在标准的测量管内，用 2.16kg 砝码的重力在 190℃，10min 内挤压出的聚乙烯质量。挤压出的聚乙烯质量越少，聚乙烯的相对分子质量就越高。另外，按照 ASTM D1238 - 04C 的规定，还有一个高负荷的 MI(HLMI)，其定义是：在标准的测量管内，用 21.6kg 砝码的重力在 190℃，10min 内挤压出的聚乙烯质量。HLMI 通常用于很高相对分子质量聚乙烯产品的相对分子质量测定。

用 HLMI 除以 MI 得到的熔融指数比值 MIR，这是一个关于相对分子质量分布 MWD 的无量纲数据。MIR 增加则表示 MWD 变宽。

$$HLMI/MI = MIR \qquad (1-2)$$

有时也可以使用熔体流动速率(MFR)来表示相对分子质量。但是 ASTM 建议将 MFR 用在其他的热塑性塑料。

1.2.2　聚乙烯相对分子质量的表达式

聚乙烯的相对分子质量有几种不同的表达方式。

(1) 数均相对分子质量

数均相对分子质量的表达式为 $\overline{M}_n = \sum M_x N_x / \sum N_x \qquad (1-3)$

其中 M_x 表示第 x 级组分的相对分子质量，而 N_x 为第 x 级组分的摩尔数。

(2) 重均相对分子质量

重均相对分子质量的表达式为 $\overline{M}_w = \sum M_x^2 N_x / \sum M_x N_x \qquad (1-4)$

(3) Z 均相对分子质量

Z 均相对分子质量的表达式为 $\overline{M}_z = \sum M_x^3 N_x / \sum M_x^2 N_x \qquad (1-5)$

1.2.3　聚乙烯相对分子质量与熔融指数的关系

聚乙烯相对分子质量与熔融指数的关系见图 1-2。

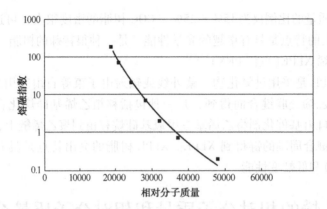

图 1-2 LLDPE($d=0.920g/cm^3$)的相对分子质量与熔融指数的关系[10]

注意：直接进行聚乙烯的 MI 和 M_w 比较要小心，这个参照值仅在聚合物具有类似的生成历史时才具有比照价值

1.2.4 聚乙烯的相对分子质量分布 MWD

对于聚乙烯这样的分散性聚合物，上述相对分子质量之间有以下的关系：

$$\overline{M}_n > \overline{M}_w > \overline{M}_z$$

$\overline{M}_w/\overline{M}_n$ 称为多分散指数，可以表示相对分子质量分布的宽度。如果多分散指数为 1，则说明聚合物为单分散性。$\overline{M}_w/\overline{M}_n$ 的数值增加表明分散性增加也即 MWD 的宽度变大。

各种催化剂得到的聚乙烯相对分子质量分布如图 1-3 所示。

聚合物的相对分子质量分布除单峰分布外，还包括双峰和多峰相对分子质量分布。聚乙烯的双峰相对分子质量分布 GPC 曲线如图 1-4 所示。

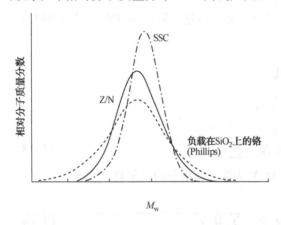

图 1-3 不同过渡金属催化剂的聚
乙烯相对分子质量分布曲线[11]

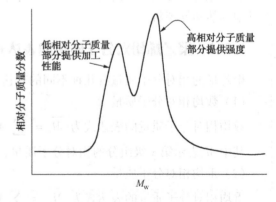

图 1-4 用 SSC 在 UCC 气相工艺生产的聚
乙烯双峰分子质量分布 MWD 曲线[12]

1.3 聚乙烯的结构特点

有关聚乙烯的结构主要是要讨论其相对分子质量和相对分子质量分布，以及聚乙烯大分子链上所含支链的数量、类型和分布情况，因为它们是影响聚乙烯性能的主要因素。

除了支链的数量、类型和分布外，支链的长度上也存在区别，分为短支链和长支链。而短支链和长支链的存在对聚乙烯的性能具有明显的影响。

1.3.1 聚乙烯的大分子链结构[7]

不同品种的聚乙烯具有不同的链结构，特别是大分子主链上所含支链的数量、类型和分布情况。

不同类型聚乙烯大分子的结构示意图如图1-5~图1-8所示。

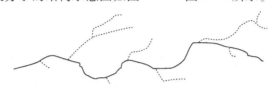

图1-5 LDPE 的大分子链结构

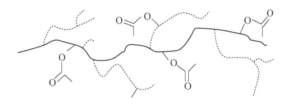

图1-6 乙烯和醋酸乙烯共聚物的大分子链结构

图1-7 LLDPE 的大分子链结构   图1-8 HDPE 的大分子链结构

1.3.1.1 LDPE 的大分子链结构

低密度聚乙烯是一种既有长支链（LCB）又有短支链（SCB）呈枝状结构的聚合物。它的 LCB 可以达到和主链同样的长度，其数量在主链每1000个碳原子中有0.5~5个。而 SCB 的数量在主链每1000个碳原子中有15~30个，其长度为6个或几个碳原子。在 LDPE 中支链上接支链的情况很常见，这样的结构由于缺少规则的线型结构，减少了对称性和链堆积能力，因此增加了无定形成分，使聚合物的密度和结晶度降低。

低密度聚乙烯的共聚物有多种，其中乙烯和醋酸乙烯（VA）共聚物是常见的 LDPE 共聚物，其大分子链结构如图1-6所示。

图1-6中，黑色线代表主链，虚线代表支链包括短支链和长支链，另外还有 VA 产生的醋酸乙烯共聚物基团。

1.3.1.2 LLDPE 的大分子链结构

线型低密度聚乙烯没有 LCB，但可以结合大量的 α - 烯烃，因此它的 SCB 比高密度聚乙烯多，其数量在主链每1000个碳原子中可以有10~35个，而且它还可以通过改变共聚单体的种类和数量来调节短支链的长度和数量，从而改变聚乙烯树脂的分子结构和性能。

1.3.1.3 HDPE 的大分子链结构

高密度聚乙烯也没有 LCB，而且它的 SCB 比线型低密度聚乙烯的少，其数量在主链每

1000 个碳原子中还不到 10 个，而且均聚物中的 SCB 比共聚物更少。由于 SCB 少，所以它的密度和结晶度最高。

1.3.2 乙烯聚合物的支链类别、数量和分布

前已述及，聚乙烯主链上的支链分为短支链和长支链两类。所谓"短"和"长"的区别在于支链的碳原子数。所谓短支链是指支链的碳原子数比较少的支链，一般短支链的长度在 6 个碳原子数以内。而所谓长支链是指支链的碳原子数很多，可以达到几百个碳原子数，在 LDPE 中有的长支链可以和主链一样长，甚至可以在支链上又接支链。

1.3.2.1 短支链

短支链的作用是在其所在的区域内破坏结晶环境，使聚乙烯在此区域内不会结晶，这样就降低了树脂的结晶度，增加了树脂的柔韧性。因此短支链在聚乙烯树脂中的分布越均匀，那么其降低结晶度的作用就越大。除结晶度外，还会影响树脂的密度、熔点、刚性和气密性等。

SCB 存在还有一个重要作用是影响聚乙烯树脂的耐环境应力开裂（ESCR）和抗蠕变性能。短支链的长度不同，其所起的作用也不相同，具体见表 1-3。

表 1-3 不同短支链的耐环境应力开裂（ESCR）性能

共聚单体	$C_3^=$	$1-C_4^=$	$1-C_5^=$	$1-C_6^=$
MI/(g/10min)	0.32	0.31	0.27	—
密度/(g/cm³)	0.937	0.937	0.940	0.940
ESCR/h	500	870	>1000	>1000

另外，大分子链中 SCB 所处的位置不同，其所起的作用也不相同，见表 1-4。

表 1-4 短支链在聚合链中不同位置的作用

短 支 链	密度/(g/cm³)
无	0.960
—C＝C—C—	0.957
—C＝C—C—C—	0.945
—C＝C—C—C—C—	0.930

1.3.2.2 长支链

长支链的存在会使大分子间的缠结程度加大，降低树脂的密度和结晶度，并影响树脂的熔体黏度性质。其主要作用是影响聚乙烯树脂的加工性能以及韧性和抗穿刺性能。LCB 的存在还可以增加树脂的黏弹性。Phillips 的 LDLPE 就是因为存在 LCB，因此在低剪切时，黏度很大强度很高；而在高剪切时，黏度反而降低，可以快速加工。它的流变性能好于通常的 LLDPE。

但是 LCB 的数量不能太多，LCB 的数量太多会降低聚乙烯树脂的其他机械性能。

采用铬系催化剂合成的聚乙烯树脂容易生成 LCB，而用 Z/N 催化剂则相对比较困难。

不同 LCB 和 SCB 聚乙烯树脂的结构数据见表 1-5。

表1-5 各种聚乙烯的结构数据

聚乙烯品种	MFI/(g/10min)	密度/(g/cm³)	相对分子质量分布 M_w/M_n	LCB 数目/1000C	SCB 数目/1000C	晶粒大小/μm
LDPE	1	0.921	6.3	2.4	(15~30)	<1
LLDPE	0.9	0.919	3.4	0	10~30	2~4
HDPE	—	0.960	—	0	<10	2~8

1.3.3 聚乙烯相对分子质量分布(MWD)和机械性能的关系

聚乙烯的机械性能主要和相对分子质量有关。一般来说,相对分子质量越大产品的机械性能就越强。但是,通常树脂的相对分子质量增大机械性能加强后,带来的负面效果是加工性能下降。

在相对分子质量分布(MWD)对性能的影响方面,一般情况下聚乙烯的相对分子质量分布变窄,其冲击强度会增加但弯曲模量要下降。表 1-6 显示了不同催化剂合成的聚乙烯树脂情况。

表1-6 Z/N 催化剂和茂金属催化剂合成的聚乙烯树脂的相对分子质量分布和弯曲模量

催 化 剂	相对分子质量分布 MWD	弯曲模量/MPa
茂金属催化剂	1.5~2	~1400
窄分布 Z/N 催化剂	~7	1600~1800
宽分布 Z/N 催化剂	13~17	2000~2300

1.4 聚乙烯的颗粒性能

聚乙烯聚合物的颗粒是由催化剂在聚合过程中生成的。它可以通过两种模式生成:一种是复制载体催化剂的颗粒形态的模式长大而生成,另一种是以双层核的模式长大而生成,具体如图 1-9 所示。

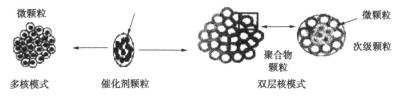

图1-9 Z/N 载体催化剂生成聚合物颗粒的两种模式:多核模式和双层核模式[13]

聚乙烯的颗粒状态和聚丙烯的颗粒一样,它们和催化剂的颗粒状态具有复现性,虽然大小有区别,但是形态类似。

图 1-10 中平均粒径约为 $40\mu m$ 的催化剂得到了约 $500\mu m$ 的聚合物,颗粒度分布的曲

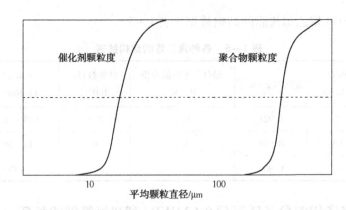

图 1 – 10　聚合物与催化剂颗粒度分布的复现性(催化剂
平均粒径约为 40μm，聚合物平均颗粒度约为 500μm)

线非常相似。

　　催化剂在聚合时还有一个重要现象是颗粒发生破裂。催化剂颗粒的破裂会导致聚合中新的活性中心生成。因为原来在催化剂内部的一些中心钛离子，会随着催化剂颗粒的破裂而出现在新的表面上，形成新的催化剂活性中心，这就增加了钛的利用率，提高了催化剂的活性。

　　应当强调说明的一点是，我们希望的是催化剂在聚合时应当发生的是颗粒"破裂"而不是颗粒"破碎"。上面已经说明，烯烃聚合得到的聚合物颗粒形态是催化剂颗粒形态的复现。"破裂"可以使催化剂形成新的活性中心，并保持聚合物的颗粒形态。而"破碎"则会造成催化剂颗粒的解体，使聚合物的颗粒形态性能完全丧失，得到的聚合物成为粉末。金茂筑等人[14]的研究证明，在正常情况下，一粒催化剂可以长成一粒聚合物不发生"破碎"。而催化剂是否发生颗粒"破碎"主要和催化剂的聚合活性有关(特别是初活性)，而且活性越高"破碎"就有可能越严重。提出的一种解决办法是先将催化剂进行预聚合处理，使催化剂在进入高速反应阶段之前，在催化剂颗粒的表面先形成一层聚合物，这样可以防止在聚合过程中因催化剂的活性过高而导致颗粒"破碎"解体。

第2章　聚乙烯技术的发展概况

聚乙烯是通用合成树脂中产量最大、应用最广的品种。聚乙烯生产技术总起来看，可分为高压法和低压法（中低压）两类，高压法主要用于生产低密度聚乙烯（LDPE），而低压法主要用于生产线型低密度聚乙烯（LLDPE）和高密度聚乙烯（HDPE）。各种聚乙烯生产技术及特点见表2-1。

表2-1　各种聚乙烯生产技术及特点

种类	生产方法	聚合压力/MPa	聚合温度/℃	聚合溶剂	催化剂或引发剂	品牌切换	聚合物构造
高压法	高压管式	100～300	150～300	乙烯	过氧化物、氧、空气	容易	低密度长支链
	高压釜式	100～150	150～200	乙烯	过氧化物	容易	低密度，长支链
	高压离子	80～150	150～300	乙烯	Z/N催化剂茂金属催化剂	容易	低、超低密度，短支链
低压法（中压法）	浆液法	1～5	60～100	液态烃	Z/N催化剂茂金属催化剂	需要时间	中低、高密度，短支链
	气相法	1～3	60～100	乙烯	Z/N催化剂茂金属催化剂	需要时间	低、高密度，短支链
	溶液法	2～20	160～250	液态烃	Z/N催化剂茂金属催化剂	容易	低、中高密度，短支链

2.1　高压法聚乙烯（HP LDPE）聚合工艺技术开发概况

高压法聚乙烯是1933年ICI公司的超高压反应小组在进行高压合成实验时偶然发现的，又因为这种方法得到的聚乙烯密度很低，所以也称为低密度聚乙烯，英文缩写为LDPE。

高压法聚乙烯的开发历程简述如下：

1933年ICI公司的实验室在进行高压实验时发现了聚乙烯，并于1939年采用自由基催化剂和高压聚合工艺将其投入工业化生产；

1943年UCC公司也实现了高压法聚乙烯的工业化生产；

1960年DuPont公司首次用高压法生产出了乙烯共聚物EVA；

20世纪60年代ExxonMobil公司使用两种高压法聚合工艺生产LDPE；

1980年CdF公司采用高压法釜式反应器和钛系催化剂生产出了全密度聚乙烯，改进了高压法聚乙烯工艺，不仅拓宽了产品范围，而且降低了聚合压力，节省了能耗。

高压法聚乙烯HP LDPE的聚合方法是采用一种自由基引发剂，主要是氧、过氧化物或它们的混合物，在高达200～300MPa下，从不同位置注入引发剂，引发乙烯聚合反应，单程转化率最高可达 35%。

在高压法乙烯聚合反应中主要使用的有机过氧化物引发剂见表 2-2。

表 2-2　LDPE 的主要有机过氧化物引发剂[1]

过 氧 化 物	分子式	SADT[①]/℃	0.1h 半活性温度 $t_{1/2}$/℃
4-丁基过氧化三甲基乙酰(酸)	$C_9H_{18}O_3$	20	94
4-丁基过氧化-2-乙基己酰(酸)	$C_{12}H_{24}O_3$	35	113
4-丁基过氧化苯	$C_{11}H_{14}O_3$	60	142
二-4-丁基过氧化物	$C_8H_{18}O_2$	80	164

①SADT 和 $t_{1/2}$ 为 AKZO Nobel 公司为生产聚合物引发剂而提供的数据。

其他的有机过氧化物引发剂还有：过氧化叔丁基苯甲酰，过氧化叔丁基叔戊酰，过氧化三甲基醋酸叔戊酰，过氧化二(3，5，5-三甲基)二己酰等。也可以使用过渡金属催化剂。

高压法聚乙烯工艺开发的一个关键是安全问题。在高压、高温条件下进行乙烯聚合，特别需要注意乙烯的反应。一般情况下乙烯可能会产生三个反应，即：乙烯聚合反应、催化剂热分解反应和乙烯二聚反应。我们需要的只是乙烯聚合反应，而热分解反应和乙烯二聚反应可能带来危险，所以要特别注意避免催化剂的热分解反应和乙烯二聚反应的发生。

聚乙烯随催化剂和聚合工艺技术的进步，生产规模已大大增加，高压液相法装置单线生产能力为 200kt/a。现在工厂的生产规模已达到 300~500kt/a，而美国高压液相法装置平均规模是 335kt/a。目前全球 LDPE 高压法工艺的生产能力约为 21.47Mt/a。分两种聚合工艺：釜式法工艺和管式法工艺。其中管式法约占 65.3%，新建的装置除了主要是生产 EVA 产品的装置采用釜式法工艺外，大部分都采用管式法聚合工艺。

2.2　低压法聚乙烯(LP HDPE)聚合工艺技术开发概况

低压法聚乙烯最早开发的是浆液法工艺技术。在聚合工艺技术的开发过程中，不同的公司都在开发自己的技术，除了浆液法工艺技术外，逐渐地又发展了溶液法工艺技术、气相法工艺技术和复合工艺技术等聚合工艺技术。

低压法乙烯聚合过程的主要原理是依靠催化剂的作用，使烯烃单体在低压和 100℃ 以下温度的缓和条件下进行乙烯聚合反应。对于只有烯烃嵌入和 β 氢链转移步骤的催化反应来说，如齐聚、高聚，其活性中心必须有过渡金属原子和一个含烷基(或氢化物)的配位体，以及一个可用来配位的结构空位。具有聚合活性的催化剂，通常都是由配位过渡金属化合物和烷基铝就地配制而成(铬催化剂除外)。

在发现 Ziegler 催化剂后的最初阶段，$TiCl_4$、$TiCl_3$、$VOCl_3$ 和 VCl_4 等过渡金属化合物是工业催化剂最经常使用的组分。其中特别是下面几种催化剂使用最为广泛：

生产一般聚乙烯用的 $TiCl_4 - Al(C_2H_5)_2Cl$ 体系；

生产结晶聚乙烯和其他聚烯烃用的 $\delta - TiCl_3 \cdot 0.33AlCl_3 - Al(C_2H_5)_2Cl$ 体系；

生产弹性体乙烯-丙烯共聚物用的 $VOCl_3 - Al_2Et_3Cl_3$ 和 $VCl_4 - Al_2Et_3Cl_3$ 体系等。

由于不管使用哪一种聚合工艺都需要用催化剂，因此为了适应低压法聚合工艺的要求，研究开发了多种不同的催化剂，如 Ziegler 催化剂、铬系催化剂和单活性中心催化剂等。

合成聚乙烯用的聚合催化剂，特别是对于气相、淤浆等聚合工艺所使用的催化剂，由于需要合成颗粒状聚合物，对产品的性能和形态要求都很高，所以需要特别注意催化剂的形态和性能。在气相和淤浆聚合工艺中所使用的催化剂，几乎都是以硅胶或氯化镁为载体制备的催化剂[15~17]。

在这些催化剂体系中，一般都含有三个不同功能的组分：

① 过渡金属活性组分，大多是 $TiCl_4$；

② 载体 $MgCl_2$，它的作用是增加活性组分的效率；

③ 添加剂，如第三组分或载负剂，大多数的载负剂是球形多孔硅胶。但是，如果已经有合适的载体加入到催化剂之中，例如球形氯化镁颗粒，在这种情况下专门的载负剂就不需要了。加第三组分是为了进一步改进催化剂的性能。

近几十年来，低压聚乙烯工业生产技术发展的特点是除了采用先进的催化剂和聚合技术外，还有就是使装置大型化。全球新装置的生产规模，单线生产能力已超过 300kt/a，其中，高压 LDPE 的管式和釜式生产技术可达到 400kt/a，而低压法 LLDPE 生产技术则可达到 500kt/a 的规模，装置大型化可以进一步降低生产成本。而应用先进的催化剂和聚合技术，则可以生产性能更加优异、应用范围更加广泛、成本更加低廉的聚乙烯产品。

2.3　低压法聚乙烯催化剂开发概况

聚乙烯催化剂的开发是一件具有划时代意义的事件。20 世纪 50 年代，美国的 J. P. Hogan 和 R. L. Banks 以及德国的 K. Ziegler 使用不同的过渡金属催化剂生产出了线型聚乙烯。其具体的开发过程如下：

1953 年，K. Ziegler 发现了以 $TiCl_4$ 和 $AlEt_3$ 体系为代表的元素周期表 IVB 族钛系、钒系等过渡金属催化剂，并且实现了聚乙烯的工业生产。

60 和 70 年代出现了气相聚合工艺、LLDPE 产品和载体催化剂。

70 年代以后，Kaminsky、Sinn 和他们的同事发现用 MAO 做助催化剂可以大幅度地提高茂金属催化剂的聚合活性，经过多年的研究，发现它在合成 LLDPE 方面独具特色。

80 年代开始采用单中心茂金属催化剂进行聚乙烯工业化生产的应用研究，逐渐发展成为第三种重要的聚乙烯催化剂。

90 年代 Brookhard 和 Coworker 等人发现了非茂单活性中心催化剂。Brookhard 和 Gibson 还各自独立发现了单活性中心非茂后过渡金属 Fe/Co 催化剂。而藤田照典(T. Fujita)则研究开发了 FI 非茂前过渡金属催化剂。

90 年代茂金属催化剂已开始在聚乙烯工业生产中推广应用。

2000 年以来，正在发展的还有双峰或宽相对分子质量分布的复合催化剂，以及双功能原位共聚催化剂等新催化剂技术。

现在聚乙烯的催化剂主要包括 Ziegler 催化剂体系的 $TiCl_4$、$TiCl_3$、VCl_4 和 VCl_3 等品种，铬系催化剂的氧化铬和有机铬催化剂等品种，以及锆 Zr、钛 Ti 等茂金属催化剂和非茂镍 Ni、钯 Pd 和铁 Fe、钴 Co 等后过渡金属催化剂以及 FI 前过渡金属催化剂等几种单活性中心催化剂品种。

催化剂体系的另一个组分是助催化剂，即一种有机金属化合物(多数是有机铝化合物)。

典型的有机铝助催化剂包括 $Al(CH_3)_3[TMA]$、$Al(C_2H_5)_3[TEA]$、$Al(i-C_4H_9)_3[TBA]$、$Al(C_2H_5)_2Cl[AlEt_2Cl]$、$Al(i-C_4H_9)_2Cl[Al-(iBut)_2Cl]$、$Al_2(C_2H_5)_3Cl_3[Al_2Et_3Cl_3]$等，和甲基铝氧烷$[Al(CH_3)O]_n[MAO]$。有些茂金属和非茂过渡金属催化剂则使用氟化芳香硼化合物作为助催化剂。

采用过渡金属催化剂的乙烯聚合产品的基本特征见表 2-3。

表 2-3　采用过渡金属催化剂的乙烯聚合产品的基本特征[1]

项　目	Z/N 催化剂	载负的金属氧化物	单活性中心催化剂
通常使用的过渡金属	主要采用 Ti，少数采用 V	主要采用 Cr，少数采用 Mo	主要采用 Zr 和 Ti
催化剂载体	$MgCl_2$	SiO_2，$SiO_2-Al_2O_3$，Al_2O_3，$AlPO_4$	通常无载体
典型的助催化剂	TEA	第一代 Phillips 催化剂不用助催化剂	MAO，MMAO 和硼烷衍生物
主要工业聚合物产品	LLDPE，VLDPE，HDPE	LLDPE，HDPE	LLDPE，VLDPE
典型的多分散性范围	4~6	8~20	2~3

2.3.1　Ziegler 催化剂的发展概况

2.3.1.1　第一代 Ziegler 催化剂

1953 年德国化学家 K. Ziegler 采用四氯化钛($TiCl_4$)为催化剂和三乙基铝($AlEt_3$或称 TEA)为助催化剂(由于聚合反应不够稳定，后来又改用一氯二乙基铝 $AlEt_2Cl$)的体系，在常压下使乙烯聚合得到的聚合物，密度为 $0.94~0.97g/cm^3$。德国 Hoechst 公司首先采用该项成果开发了淤浆法聚合工艺技术，于 1954 年开始进行 HDPE 的工业生产。这是淤浆法聚乙烯的第一代常规 Ziegler 催化剂。

由于第一代的 Ziegler 催化剂使用过渡金属的卤化物 $TiCl_4$ 作为催化剂和烷基铝作为助催化剂，因此该催化体系在实践中存在不少问题。主要的问题是聚合不稳定，聚合粉料的颗粒形态不好，细粉多，而且料发黏，聚合物粉料会在聚合釜的器壁上黏附聚集，釜壁经常需要进行清理，大大影响了聚合工艺的正常运行，所以不得不采用间歇聚合工艺。

2.3.1.2　第二代 Ziegler 催化剂

为了解决第一代 Ziegler $TiCl_4$催化剂所存在的聚合物粘壁问题，经研究发现，采用液相的 $TiCl_4$ 进行乙烯聚合只能得到无规结构的聚合物，而无规结构的聚合物就会有胶状物发黏的性能。要想聚合物不粘壁最好能得到颗粒状的聚合物，而这就需要使用结晶态的三氯化钛以便得到颗粒状的结晶聚乙烯。所以解决 $TiCl_4$ 催化剂体系聚合物粘壁的办法是，采用烷基铝将 $TiCl_4$ 先还原成固体状结晶态的 $TiCl_3$。使用固体状结晶态的 $TiCl_3$ 就可以得到颗粒状的聚合物，有利于解决聚合所得聚乙烯物料的粘壁问题。

由此开发了将 $TiCl_4$ 用烷基铝还原得到的 $TiCl_3$ 并加上适当的给电子体的合成方法，解决了所生成的聚合物料可能粘壁的问题，实现了聚乙烯聚合工艺的连续稳定生产。因此，$TiCl_3+AlEt_2Cl$ 催化剂体系可以作为淤浆法聚乙烯第二代 Ziegler 催化剂的代表。

2.3.1.3　第三代 Ziegler 催化剂

采用 $TiCl_3$ 作为主催化剂的第二代催化剂，虽然解决了聚乙烯物料粘壁的问题，但是催化剂的活性偏低，一般只有几百 g/mmol Ti。催化剂的活性低，聚合物中的催化剂残渣就多，必然会影响产品的质量，聚合工艺中需要有醇洗、水洗、溶剂回收等一系列的后处理工艺进行配合，工艺流程长而且费用高。因此提高催化剂的活性就成为进一步开发研究的重点。

进一步的研究发现，在三氯化钛催化剂中，只有那些在固体催化剂表面、边缘或结晶缺陷部位的钛原子，才有可能接触到烷基铝而成为聚合活性中心，它们所占总钛的比例很低。而大部分处在催化剂颗粒内部的三氯化钛都接触不到烷基铝，只是起载体的作用。因此如果能将活性三氯化钛化合物载负在高比表面的某种载体上，使得能够成为钛活性中心的钛化合物数量和比例大大增加，这样催化剂的活性就有可能大大提高。另外，如果能使聚合反应速率常数增加，那么钛催化剂的活性就会有更大幅度的提高。

因此寻找一种合适的载体，将 $TiCl_3$ 载负其上，不但使生成的活性中心钛原子的比例大大增加，而且能使聚合反应速率常数也增加，这将是提高催化剂活性的最理想方法。在这方面采用氯化镁作为载体是一项重要研究进展。所以，引入载体氯化镁是第三代聚乙烯催化剂的重要标志。

谢友畅等和北京化工研究院(BRICI)的合作研究证明[18]，在 $TiCl_4$ 和 $MgCl_2$ 的催化剂制备过程中，$TiCl_4$ 和 $MgCl_2$ 的研磨时间越长，颗粒研磨得越细，比表面积就越大，$TiCl_4$ 在 $MgCl_2$ 表面就可以很好地分散，甚至达到单分子层分散，使得全部 Ti 活性组分原子基本上都可以起活性中心的作用。所以催化剂的聚合活性会大幅度提高，大约可以比常规催化剂的聚合活性要高几个数量级，因此成为了高效催化剂。

在此认识基础上研究开发的以 $TiCl_4$ 和 $MgCl_2$ 为基本材料构成的钛镁催化剂体系，将 $TiCl_4$ 载负在 $MgCl_2$ 上或让 $TiCl_4$ 和 $MgCl_2$ 生成共结晶体，并在其中加入适当的给电子体或第三组分，使它们生成有给电子能力的配位基以提高催化剂的活性。Montedison、三井化学、Solvay 等多家公司都开发了以 $MgCl_2$ 或 $Mg(OH)Cl$ 等镁化合物为载体的高效聚乙烯催化剂。

为了制备第三代催化剂，一种比较容易实现的、使用 $MgCl_2$ 当载体来制备催化剂的方法就是研磨法。Montedison 公司用球磨机将 $MgCl_2$ 或 $Mg(OH)Cl$、$Mg(OH)_2$ 和 $TiCl_4$ 共同研磨粉碎，得到了高载钛率的催化剂，使钛活性中心的生成比例增加，催化剂的效率得到提高。这可以说是第三代聚乙烯催化剂的一个代表。

也可以采用浸渍法来制备第三代催化剂。即是将经过研磨的 $MgCl_2$ 与 $TiCl_4$ 或其他的过渡金属化合物，在一定的条件下浸渍在 $Mg(OH)_2$、$Mg(OH)Cl$、MgO 或 $MgCO_3$ 等无机镁化合物载体上，然后经过洗涤处理得到催化剂。

但是采用研磨法制备的第三代聚乙烯催化剂，也还是有一些缺点，如催化剂的颗粒形态不好，细粉多，表观密度低，而且 $TiCl_4$ 和溶剂的用量大，回收处理麻烦，三废多，不太适合大规模工业生产使用。

2.3.1.4 第四代 Ziegler 催化剂

进一步的研究发现，将 $TiCl_4$ 或过渡金属化合物、载体(主要是氯化镁)、溶剂、给电子体等原料，通过反应的办法来制备催化剂有很大的灵活性。而且引入氯化镁一方面是因为 $TiCl_4$ 可以载负其上(或者生成共结晶体)，使能生成活性中心的钛原子比例大大增加。另一方面还因为 Mg 的负电性比 Ti 低，通过 $Mg \rightarrow Cl \rightarrow Ti$ 的推电子效应，使钛活性中心上的电子云密度增加，降低在钛活性中心进行链增长反应的活化能，使聚合反应速度增加。另外，用反应法制备的 $MgCl_2$ 可以帮助控制催化剂的颗粒形态，因此是一种非常合适的催化剂制备方法。在此基础上开发了一种新的催化剂合成方法,即采用"化学反应法"或"溶解共沉淀法"来合成催化剂。这就是第四代催化剂。

世界上开发第四代 Ziegler 催化剂体系的公司很多,在淤浆法聚合工艺使用的催化剂中,三井化学公司的催化剂具有代表性。以三井化学公司 1974 年公开披露的专利催化剂技术[19]为例,它采用乙醇作为 $MgCl_2$ 的醇合剂,经烷基铝酯化和加入 $TiCl_4$ 进行载钛反应,所得到的催化剂不但活性明显提高,氢调相对分子质量敏感性好,可以控制树脂的相对分子质量分布,聚合物的表观密度和颗粒形态也得到明显改进。

20 世纪 80 年代初,三井化学公司[20]和意大利的 Montedison 公司各自提出了球型载体催化剂。它是由 $MgCl_2 \cdot nC_2H_5OH$ 先制成球型载体,然后再进一步载钛制备成催化剂。其颗粒形态、粒径分布、表观密度和流动性都比原来的高效催化剂有大幅度的提高,因此,球型载体催化剂也是第四代催化剂的一个重要代表。90 年代以后,Himont 公司使用蒙埃公司的球型催化剂技术,开发成功了 Spherilene 浆液 - 气相组合工艺技术,成为生产聚乙烯的先进工艺技术之一。

在气相法聚合工艺使用的催化剂中,Univation 公司在 90 年代以前,开发了包括铬系、钛系和钒系等五种催化剂,具体情况如下:

S - 2 催化剂(γ 型)。它是一种含甲硅烷铬酸酯的催化剂。该体系是由 [双(苯基甲硅烷)铬酸酯/SiO_2] 和 $AlEt_2(OEt)$ 组成的催化剂体系。其性能主要受载体硅胶的脱水温度和 Al/Cr 两元素比值的影响,具有高活性(1000kg/gTi)和低共聚率的特性。所制备的 HDPE 树脂相对分子质量较高、相对分子质量分布较宽,树脂密度为 $0.94 \sim 0.965g/cm^3$,MI 为 $0.01 \sim 50g/10min$。

S - 9 催化剂(δ 型)是二茂铬催化剂。该催化剂是由 [二茂铬(双环戊二烯铬)+ 四氢呋喃(或烷基硅烷)/SiO_2] 构成的催化剂体系。其性能主要受载体硅胶的脱水温度和有无改性剂 THF 的影响,特点是具有高活性和高的共聚效率。可用于乙烯均聚和乙丙共聚,适合制备相对分子质量较低和相对分子质量分布较窄的 HDPE 树脂。用此催化剂所制备的 HDPE 树脂密度为 $0.94 \sim 0.965g/cm^3$,MI 为 $0.05 \sim 1.0g/10min$。

F - 催化剂(β 型)为铬 - 钛 - 氟催化剂。该催化剂是由 [氧化铬 + 四异丙基钛酸酯 + $(NH_4)_2SiF_6/SiO_2$] 构成的催化剂体系。它采取热活化的方法,活性较高,共聚性能良好。可用于乙烯和 α - 烯烃共聚,适合制备相对分子质量较高和相对分子质量分布较宽的树脂。所制备的 LLDPE 树脂密度为 $0.91 \sim 0.935g/cm^3$,MI 为 $0.1 \sim 2.0g/10min$,表观密度为 $0.40 \sim 0.43g/cm^3$,M_w/M_n 为 $6 \sim 20$。

M - 催化剂(α 型)为镁 - 钛催化剂。该催化剂体系由 $(MgCl_2 - TiCl_4 - THF)$ 络合物/SiO_2 及助催化剂如烷基铝 $AlEt_3$、$Al(iBu)_3$、$Al(n-C_6H_{13})_3$ 或氯化烷基铝等组成。该催化剂体系克服了铬催化剂易于中毒的缺点,对环境污染小,可用于乙烯和 α - 烯烃共聚,具有聚合活性高,共聚性能良好,物料为球型颗粒等特点。可以制备 HDPE、LLDPE 和 VLDPE 等全密度范围的树脂,树脂密度为 $0.88 \sim 0.97g/cm^3$,MI 为 $0.5 \sim 100g/10min$,表观密度为 $0.32 \sim 0.43g/cm^3$,M_w/M_n 为 $2.8 \sim 3.4$。

T - 催化剂(ε 型)属于钒系催化剂。该催化剂由 $VCl_3 - THF/SiO_2$,$AlEt_2Cl$ 或 BX_3 改性剂和促进剂($CHCl_3$,$CFCl_3$)以及助催化剂 $AlEt_3$ 或 $Al(iBu)_3$ 等组分构成。适用于乙烯和高级 α - 烯烃共聚,具有聚合活性高,共聚性能极好,相对分子质量分布宽的特征。可以制备

HDPE、LLDPE 和 ULDPE 等全密度范围的树脂，树脂密度为 0.86 ~ 0.96g/cm³，MI 为 0.1 ~ 500g/10min，M_w/M_n 为 14 ~ 22。

近年来，Univation 公司以商品的名称向外推广使用这些催化剂。M 系列催化剂的商品名称为 UCAT – A，F 系列催化剂的商品名称为 UCAT – B，S 系列催化剂的商品名称为 UCAT – G。UCAT – J 催化剂是 UCC 为淤浆催化剂开发的牌号，可以用来替换 UCAT – A 催化剂。

UCAT – A 催化剂是将氯化钛、氯化镁、给电子体的反应络合物浸渍在多孔硅胶上，并与烷基铝反应组成的钛/镁催化剂体系，催化剂呈粉状并已经过还原。该催化剂体系活性高，与 α – 烯烃有很好的共聚合能力，氢调比较敏感，可生产 MI 为 0.5 ~ 100g/10min，相对分子质量分布为 2.7 ~ 4.1，密度为 0.91 ~ 0.95g/cm³ 的树脂，也可生产全密度聚乙烯。

UCAT – J 催化剂是目前正在使用的一种高活性无载体的钛系聚乙烯催化剂，是 $MgCl_2$ 和 $TiCl_3$ 与四氢呋喃的络合物。聚合时与正己基铝和一氯二乙基铝混配使用，呈淤浆状。它的催化活性是 UCAT – A 的 4 ~ 5 倍，达到 15 ~ 20kg/g。氢调敏感，同样牌号产品所需氢气量比 UCAT – A 少 10% ~ 20%。该催化剂采用三乙基铝为助催化剂，用量比 UCAT – A 要少得多。催化剂的还原情况也和 UCAT – A 不同，该催化剂事先没有经过还原，而是在进料过程中用烷基铝还原，而且仅是在密度需要低于 0.945g/cm³ 时才需要还原，以缓和催化剂的活性来帮助控制树脂的粒型和表观密度。这种催化剂残渣少，制成的薄膜凝胶粒子少，透明度高。

UCAT – B 和 UCAT – G 催化剂是铬系催化剂，将在铬系催化剂一节叙述。

该公司还使用 Prodigy 催化剂在单反应器里生产出了双峰 HDPE。该树脂显示了优异的加工能力和物理性能的平衡。另外，还开发应用了单活性中心茂金属催化剂。

此外，Basell 公司开发了不需要预聚合的 Avant Z 催化剂。该催化剂具有颗粒形态可控制、活性高和从空反应器中启动聚合反应的能力。其中 Avant Z 230 催化剂是以氯化镁为载体，性能稳定，可用于气相聚合工艺，生产窄相对分子质量分布的 LLDPE、MDPE 和 HDPE，并可使用丁烯和己烯使其性能得到改进。Avant Z 218 催化剂也是以氯化镁为载体，可用于气相聚合工艺，生产宽相对分子质量分布的 HDPE。而 Avant Z 501 催化剂具有较高的催化剂活性和良好的氢调性能，可应用于淤浆法工艺，生产具有双峰相对分子质量分布的树脂，加工性能和力学性能优异。

Nova 和 BP 联合开发了用于气相聚合工艺的 Novacat Z/N 催化剂，应用于 Unipol 气相聚合工艺上。Novacat 催化剂具有低树脂黏度、良好的颗粒形态和输送性能、高生产效率和低烷基铝需要量等优点。所生产的聚合物己烷可萃取物少，光学性能和抗落球冲击性能优异。

Novacat Z/N 催化剂可分为 Novacat S、Novacat T 和 Novacat K 三种。其中 Novacat S 催化剂主要用于生产含己烯的高强度 LLDPE 产品；Novacat T 催化剂主要用于生产含己烯的 LLDPE 和含丁烯的 LLDPE 产品，并可以有较高的己烯嵌入率，得到"不发黏"的树脂；Novacat K 主要用于生产含丁烯的 LLDPE 和 HDPE 产品。

其他的催化剂还有住友化学公司的可阻止低聚物生成的 SN_4 催化剂、Quantum 公司生产双峰 HDPE 的双中心 Z/N 催化剂、三井化学公司的高活性、窄相对分子质量分布的 RZ 催化剂以及 Eqistar 公司和 Maruzen 公司开发的可生产双峰聚乙烯树脂的高活性 Z/N 催化剂等等。

以上介绍的是目前世界上许多聚乙烯装置正在使用的第四代 Z – N 反应法高效催化剂，虽然不同的公司有自己的专利技术，但是总体的水平大致相当。

2.3.2 铬系催化剂的发展概况

铬系催化剂是由铬化合物构成的催化剂体系。铬系催化剂所使用的铬化合物有两类：一类是用氧化铬制备的催化剂，而另一类是用有机铬制备的催化剂。它们都是用硅胶或硅铝胶作为载体，将含铬的化合物浸渍在载体上制成。铬系催化剂的特点是聚合物的 MWD 很宽，M_w/M_n 可以达到 12 ~ 35。最新的发展是研究开发了能制备双峰相对分子质量分布的铬催化剂体系。

最早采用铬系催化剂生产聚乙烯的公司是美国菲利浦斯（Phillips）石油公司，所以有时铬系催化剂也称为 Phillips 催化剂。Phillips 的铬系催化剂发展大致分成四代[1]。

2.3.2.1 第一代铬系催化剂

20 世纪 50 年代初，美国菲利浦斯（Phillips）石油公司的 J. P. Hogan 和 R. L. Banks 发现了[21,22]氧化铬催化剂可以进行乙烯聚合，得到高结晶聚乙烯均聚物。这种催化剂不需要使用助催化剂，就可以在 2 ~ 4MPa、100 ~ 170℃ 的条件下进行乙烯聚合，得到高密度聚乙烯。在聚合反应中，六价的铬被逐渐还原成二价后而失去活性。但是，可以将催化剂在 500 ~ 600℃ 的条件下进行活化再生。

这是历史上第一个用来作为低压乙烯聚合工业化的铬催化剂，也即是第一代的铬系催化剂。

2.3.2.2 第二代铬系催化剂

早期 Phillips 是使用氧化铬负载于氧化硅上制备铬催化剂。这种铬催化剂乙烯聚合得到 HDPE 的相对分子质量较高，而且很难调节。后来发现采用 TIPT（tetraisopropyl titanate，钛酸四异丙酯）进行处理后可以改性载体的表面，而经过载体表面改性的氧化铬催化剂可以制备相对分子质量较低的聚乙烯，这样可以拓宽产品的范围。此催化剂生产的聚乙烯比单独用硅胶载负的铬催化剂生产的聚乙烯 MI 高、MWD 宽，这是第二代的铬系催化剂。

2.3.2.3 第三代铬系催化剂

进一步的研究发现，铬系催化剂也可以加入烷基金属化物作为助催化剂。例如，加入 TEB（triethylborane，三乙基硼）作为助催化剂进行乙烯聚合，这样做不但可以使乙烯和其他 α - 烯烃进行共聚合反应[23]，而且聚合物中低相对分子质量部分增加，从而扩大了产品的相对分子质量分布，得到宽相对分子质量分布的聚乙烯。因此在 20 世纪 80 年代以后，单组分的铬系催化剂向 Ziegler 型双组分（催化剂和助催化剂）体系方向发展的趋势明显，这是第三代的铬系催化剂。

2.3.2.4 第四代铬系催化剂[24]

研究进一步发现，采用磷酸铝或硅 - 铝作为载体的铬系催化剂可以制备双峰相对分子质量分布的聚乙烯，而且突出的特点是氢调相对分子质量的性能得到改善，这是以往各代 Phillips 铬系催化剂都没有的性能，因此成为第四代铬系聚乙烯催化剂。

另外，因为活性中心的差别，该催化剂与其他工业上的单活性中心催化剂相比，所生产的聚乙烯具有最宽的 MWD（$M_w/M_n > 50$）。

第四代铬系聚乙烯催化剂还有 Cr - O - P、Cr - O - Al 和 Cr - O - P - Al 等体系的催化剂。

进行铬系催化剂研究开发的公司较多，它们研发的催化剂特点也有所区别。Phillips 各代催化剂的特点见表 2 - 4。

表 2 - 4 Phillips 各代催化剂的特点[25]

各代催化剂	时 间	特 征
第一代	1955	铬载负在硅胶上；在感应(活化)周期之后可生产比较宽的相对分子质量分布的高相对分子质量的聚合物
第二代	1975	用 TIPT(钛酸四异丙酯)改进载体表面，可得到相对分子质量较低的聚合物
第三代	1983	使用 TEB(三乙基硼)作为助催化剂，增加低相对分子质量部分，可扩大聚合物的相对分子质量分布
第四代	1990	将磷酸铝、氧化铝或硅 - 铝化合物作为载体，可生产双峰相对分子质量分布的 PE；表现出与其他几代 Phillips 催化剂不同的良好氢调敏感性

Univation 公司开发的铬系催化剂 UCAT - B 和 UCAT - G 应用于气相聚乙烯工艺，可以用来进行乙烯和 α - 烯烃的共聚合反应。其中：

UCAT - B 是将铬的氧化物载负在硅胶上的干粉催化剂。所生产聚乙烯产品的 MI 为60 ~ 90g/10min，树脂密度可调节。UB300 催化剂所生产树脂的密度为 0.939 ~ 0.965g/cm^3，而 UB400 催化剂所生产树脂的密度为 0.915 ~ 0.922g/cm^3，树脂的相对分子质量分布为 9 ~ 15。

UCAT - G 增加了烷基铝，是在硅胶上载负铬和烷基铝的干粉催化剂。其 MI 更可以达到 90 ~ 120g/10min，树脂密度为 0.930 ~ 0.962g/cm^3，树脂的相对分子量分布更宽，达到 12 ~ 30。

这些催化剂生产的聚乙烯可用于生产高压力的管道、薄膜及大型吹塑制品。

其他还有 Basell 公司等也研究开发了铬系催化剂。该公司开发的 Avent C 高孔体积铬系催化剂也用于生产聚乙烯。该催化剂是用二氧化硅做载体，将铬的化合物浸渍在此载体上，然后再在氧化条件下经高温焙烧成高价铬盐而制成，铬含量小于 10μg/g。这种催化剂的产品范围很宽，可以用于气相工艺或淤浆工艺生产 HDPE，用来生产抗冲击性能和耐环境应力开裂(ESCR)性能好的大型吹塑制品用树脂。

2.3.3 单活性中心催化剂的发展概况

茂金属催化剂是最早发现的单活性中心催化剂(Sigel Site Catalysts，SSC)。表示茂金属的"metallocene"这个词最早出现在 1950 年，当时是用于描述二茂铁(C_5H_2)$_2$Fe 即 Cp_2Fe。表示的结构是 Fe 原子位于两个平行的环戊二烯基平面之间。所以茂金属催化剂是指过渡金属元素(锆、钛、铪)，和以至少一个环戊二烯基(Cp)或取代的环戊二烯基为配体，共同组成的有机金属化合物。现在此配体的种类范围已扩大，可用于所有含有单 Cp 环、双 Cp 环、取代 Cp 环和茚基、芴基的过渡金属有机化合物。

茂金属催化剂与 Z/N 催化剂的主要区别是：茂金属催化剂是单活性中心，得到的聚合物相对分子质量分布很窄，容易进行共聚合，能控制共聚单体的含量及其在聚合物链上的分布。而 Z/N 催化剂是多活性中心，聚合物的支链多且分布不均匀，相对分子质量分布宽，且不如单中心催化剂那样容易进行共聚合。

对于茂金属催化剂体系来说，它们的共同特征是：

① 它们通常都是均相和具有单一的活性中心结构(SSC)。它们的每一个过渡金属原子都可以成为聚合活性中心，在铝氧烷的帮助下可以达到极高的聚合活性，比 Z/N 催化剂体系的活性可以提高 1 ~ 2 个数量级；

② 它们的聚合物具有高度的均匀性，相对分子质量分布很窄，可萃取物含量很低；

③ 在催化剂结构和聚合物性能之间有明确的关系，而且其结构能被准确地确定和调节，因而可以对大分子的构型，相对分子质量分布和支化度等各种立构规整度、局域规整度、共聚单体分布等结构参数进行控制和裁制；

④ 它们还可以方便地与长链 α-烯烃、双烯烃、环烯烃，甚至有可能与极性单体发生聚合反应，因此在得到改良的和新型的聚烯烃材料方面，单活性中心催化剂比通常的非均相 Z/N 催化剂有更大的潜力，可以得到许多用常规体系催化剂无法得到的聚合物，如间规聚合物等。

不过这些新的催化剂家族也并非完美无缺，它们有一些共同的缺点，例如：

① 它们的催化剂形态因为都是均相，所以无法进行颗粒形态控制，因而不能直接在现有的诸如淤浆聚合工艺或/和气相聚合工艺中使用；

② 它们需要大量使用价格相对烷基铝来说要昂贵得多的铝氧烷，因此聚合物的成本较高；

③ 它们的聚合物相对分子质量分布过窄，影响其产品树脂的加工性能。

这些问题的存在延缓了单活性中心催化剂实现工业应用的进程。

在学术界，一般将茂金属催化剂分为两代，其依据是：第一代茂金属催化剂使用 MAO 作为助催化剂，而第二代茂金属催化剂则将助催化剂改为使用硼烷及其衍生物（NCA）。

2.3.3.1 第一代茂金属催化剂

1954 年，Harvard 大学的 Geoffery Wilknson 和 Munich 大学的 Ernst Otto Fischer 首先描述了一种被称为"铁夹层"的二茂铁化合物。

1957 年，Natta 和 Hercules 公司的 David Breslow 分别用二茂铁做催化剂与乙烯反应[26,27]，但是只能得到少量的聚合物。而 Cp_2TiCl_2 和 $AlEt_2Cl$ 则活性太低，仅为 10^4 g/(mol·h) 并很快失活。

1976 年，Hamburg 大学的 Hansioerg Sinn 和 Walter Kaminsky 课题组[28,29]，偶然发现在 $AlEt_3$ 中加少量水可以提高 Cp_2TiCl_2/AlR_2Cl 催化剂系统的活性，完全无水和加一点水 $Al/H_2O = 100$ 相比，诱导期可缩短一半。而 $Al/H_2O = 20$ 时诱导期只有 5s，活性很快升高。其后又分离并合成出了 MAO 这个对于茂金属催化剂最有效的助催化剂，终于使茂金属催化体系成为了比 Z/N 催化体系活性更高、更具特色的新型催化体系。但是，此时的 Cp_2TiCl_2/AlR_2Cl 体系只能用于乙烯聚合，若用于丙烯聚合则只能得到无规序列分布的聚丙烯。

1980 年，Hamburg 大学的研究生 Kaminsky 搞清楚了 Sinn 提出的水反应机理，并获得了高活性二茂锆催化剂及 MAO 助催化剂的关键专利。在 95℃ 条件下与乙烯反应得到的聚乙烯，活性高达 4×10^7 g/(gZr·h)，从而开发出了茂金属催化剂。此催化剂的特征是具有单一的活性中心，对所生成聚合物的结构具有高度可控特性。

1981 年，Exxon 公司的 Jone Ewen 发现可以用配位基或桥来对茂金属催化剂进行改性，并与 Curtis Welborn 一起申请了专利。

1991 年，美国 Exxon 公司首次将茂金属催化剂应用于 15kt/a 的聚乙烯生产装置，实现了茂金属催化剂的工业应用。到此时为止，茂金属催化剂共发展了无桥联、桥联茂金属催化剂和限制几何构型茂金属催化剂等三种类型茂金属催化剂。

1992 年 Spaleck 和 Hermann 用 $Et(Fluo)_2ZrCl_2$ 做为催化剂合成聚乙烯，活性可达到 5.4

$\times 10^7$ g/(gZr·h)，并且发现吸电子基团能影响链增长和传递，因此会影响催化剂的聚合活性和聚合物的相对分子质量。

1994，继 Ewen 和 Welborn 的工作 10 年以后，Exxon 获得了有关取代的双环戊二烯和甲基铝氧烷组成的催化剂体系的专利 USP 5324800，俗称"800 号"专利，此专利的权限非常广泛，基本上囊括了除化合物 Cp_2ZrCl_2 以外的所有茂金属催化剂化合物的专利权限。

2.3.3.2 第二代茂金属催化剂

第二代茂金属聚乙烯催化剂是采用非配位阴离子硼烷及其衍生物(NCA)作为助催化剂的茂金属催化体系。NCA 虽然价钱比 MAO 贵，但是它的用量少，而且可以改进催化剂的活性，提高催化剂的氢调敏感性能。因为用 NCA 可以得到较宽的产品范围和较好的经济性，所以称为第二代茂金属催化剂。

第二代茂金属催化剂还有一个重要进展是，改善了产品的流变性能，解决了窄相对分子质量分布产品在加工性能方面存在的问题，进而占领了 LDPE 的约 30% 产品市场。

开发第二代茂金属催化剂的公司很多，主要有：

Exxon(ExxonMobil)公司运用 Exxpol 技术生产出 Exact 聚乙烯后，又和 UCC 公司合作组成 Univation 公司，采用 Exxpol 的催化剂技术和 Unipol 的气相聚合工艺技术结合生产茂金属聚乙烯，并建成世界第一套商业化茂金属催化剂生产装置。1998 年 Exxon 还建成了世界最大的 PE 用单活性中心催化剂生产装置，可满足 1.4Mt/a mPE(茂金属催化剂生产的聚乙烯)的生产需要。

Exxon 还和 Univation 公司合作开发商品名为 EZP 的第二代茂金属催化剂。该催化剂生产的 LLDPE 不但具有和 1 - 己烯共聚的 LLDPE 同样的机械性能，而且具有接近 HP LDPE 的加工性能。

Univation 公司在 Unipol 工艺上生产聚乙烯产品所使用的茂金属催化剂为 XCAT，是一种含有外消旋和内消旋异构体混合物的二甲基硅烷(2 - 甲基茚)二氯化锆手性催化剂，载体为硅胶。进行乙烯气相聚合可以得到相对分子质量分布较宽、有长支链结构和共聚单体分布窄的树脂。该催化剂有两个系列：XCAT - HP 和 XCAT - EZ。

XCAT - HP 主要用来生产膜类 m - LLDPE 树脂，具有良好的抗冲击性、透明性和阻隔性，可以替代 LDPE/LLDPE 共混产品。

XCAT - EZ 主要是改进了树脂的加工性能，使所生产的 m - LLDPE 树脂可以直接在原来挤出 LDPE 的加工设备上加工，加工设备无须更新换代。而且在挤出多层热封复合膜时，热封温度可以降低 5～10℃，使加工能耗降低。

DOW 公司研究开发了"限定几何形状(CGC)"催化剂并建成催化剂生产装置。这是一种高效阳离子催化剂，应用于 Insite 工艺可以生产乙烯和 α - 烯烃的共聚产品。此产品具有窄相对分子质量分布和长支链结构，产品的流变性能好，可以解决窄相对分子质量分布产品在加工性能方面存在的问题，生产密度为 0.855～0.970g/cm³ 的聚乙烯产品。此催化剂生产的 HDPE 具有更好的机械强度和耐环境应力开裂性能。其生产的聚烯烃塑性体(POP)商品名为 Affinity，1 - 辛烯支链含量为 10%～20%，树脂密度为 0.866～0.915g/cm³。聚烯烃弹性体(POE)商品名为 Engage，1 - 辛烯支链含量为 20%～30%，树脂密度为 0.864～0.880g/cm³。

BP - NOVA 也开发了单环戊二烯限制几何构型单活性中心催化剂。其特点是：有长支链产生，并且改变了共聚单体的分布。

由于单活性中心催化剂是唯一的可以在很宽的范围内控制聚烯烃的相对分子质量和微观结构的催化剂，而且可以和范围广泛的烯烃单体进行共聚合，因此它使我们可以进行全新目标的聚合物合成。

另外，对茂金属催化剂的研究取得了一项非常重要的成就，即茂金属催化剂的出现加深了人们对催化剂结构与烯烃聚合物性能之间关系的认识，人们通过在分子水平上对于烯烃插入、链增长以及链转移过程机理的研究，取得了飞跃性的理解和控制能力。1984 年，Ewen 将催化剂的对称性与聚合物结构和反应机理之间进行了关联[30]，促进了聚烯烃新催化剂的开发研究。现在，新催化剂体系出现的速度之快前所未有，如ⅤB 族、ⅥB 族、Ⅷ族和ⅠB 族元素也都在进行聚烯烃催化剂的开发研究中，人们希望有更新一代的催化剂能够开发研究成功而进入工业应用。

2.3.3.3　单活性中心非茂过渡金属聚乙烯催化剂

非茂后过渡金属聚乙烯催化剂是 Brookhart 在 1955 首先发现的，也是单活性中心催化剂的一种，可以按照预定目标精确控制聚合物的链结构。非茂金属催化剂的结构特征是在催化剂的配体结构中没有环戊二烯基团，配位的原子为氧、氮、硫和磷，催化剂活性中心包括所有的过渡金属元素和部分主族元素的有机金属配合物。非茂前过渡金属催化剂中的过渡金属为第Ⅳ族元素，使用较多的是 Ti、Zr、Hf 等过渡金属元素，而非茂后过渡金属催化剂中的过渡金属为第Ⅷ族元素，使用较多的是 Fe、Co、Ni、Pd 四种金属元素。它们与助催化剂一起构成烯烃聚合的新型高活性催化剂。

催化剂配合物的配体种类有磷氧配体、二亚胺配体和亚胺吡啶配体等。原来用来将乙烯齐聚得到高级 α - 烯烃的齐聚催化剂，现在发现也可以用来作为双功能催化剂的组成部分，进行原位聚合制备含短支链的支化聚乙烯。

在催化剂体系的组成中，除了金属配合物外，还需要加入 MAO 或离子型硼化合物等助催化剂来组成催化剂体系。

非茂过渡金属催化剂与茂金属催化剂和 Z/N 催化剂的区别是，茂金属和 Z/N 催化剂不能接受碳、氢以外的元素，不能用于含有极性单体的共聚合。而非茂过渡金属催化剂可以用于含有酯和丙烯酸酯等极性官能团的烯烃单体共聚合。以往的催化剂要生产高支链的聚乙烯必须使用己烯、辛烯等共聚单体，而使用非茂过渡金属催化剂如镍基催化剂就可以直接使用乙烯聚合得到高支链的聚乙烯，包括线型、半结晶到高支链的无定形聚乙烯。非茂过渡金属催化剂的乙烯聚合活性很高，助催化剂的用量少，生产成本较低。

非茂过渡金属催化剂还可以进行活性聚合，也就是说，它的活性中心在聚合反应中没有任何链转移反应或链终止反应。所有的链增长反应几乎同时开始，并一直进行到或者单体没有了，或者催化剂失活了，聚合反应才结束。非茂过渡金属催化剂可以控制聚合物的相对分子质量，得到窄相对分子质量分布、端基功能化和具有限定结构的嵌段共聚物。

概括地说，非茂后过渡金属催化剂具有以下特点：

① 催化剂体系的聚合活性高，可以达到或超过茂金属催化剂的活性水平；

② 可以通过配体的调节或/和聚合条件的变化来调节聚合物的相对分子质量和支化度；

③ 主催化剂易于合成，性能稳定，价格便宜；

④ 助催化剂用量少，甚至可以不用，有利于降低成本；

⑤ 亲氧性弱，可以实现烯烃与极性单体共聚，生成高性能功能化聚烯烃。

开发非茂过渡金属催化剂的公司也很多，如：

Nova 公司 1998 年开发了 6 个非茂过渡金属催化剂。使用这种新催化剂并配合高强度搅拌反应器，开发出了一系列的高透明、高光泽、高强度和优良加工性能的聚乙烯树脂。

BP 公司披露了铁和钴非茂金属催化剂以及包含吡啶基镍和钯化合物的催化剂。它不必使用昂贵的铝氧烷和芳香氟化物，而是采用氨基苯共聚物树脂作为催化剂的载体。

DuPont 公司除拥有镍和钯二亚胺配合物制备烯烃聚合物的专利外，还获得了铁和钴二亚胺配合物的专利。该公司开发了新一代低成本的非茂过渡金属催化剂，用于生产窄相对分子质量分布的聚烯烃，包括线型、高结晶和高密度树脂，以及高支化的无定形树脂。

AtoFina 公司开发的新型 SCC 催化剂包括后过渡金属催化剂（LTMC）和带有新配位基的 SCC 催化剂。该催化剂可以将极性单体和乙烯和丙烯共聚得到共聚产品，并且可控制短支链和长支链，从而改变产品的密度并改进产品的加工性能。

Dow 公司采用后过渡金属催化剂生产 Infuse 产品。Infuse 产品的特点是能够将高弹性和高熔点相结合，将茂金属催化剂生产的弹性体的熔点，由 $40 \sim 90℃$ 提高到了 $120℃$，其关键就在于催化剂技术的进步。

Dow 化学公司还和三井化学公司合作开发了新一代的后过渡金属催化剂，该催化剂可以和极性单体（如甲基丙烯酸甲酯、醋酸乙烯酯等）共聚得到新的产品，包括具有黏结性、耐油性和气体阻隔性的全新聚烯烃树脂。

在非茂前过渡金属聚乙烯催化剂方面：

Equistar 公司开发了含有羟基吡啶和羟基喹啉类配位基的钛系络合物。这些配位基的作用和茂金属催化剂的环戊二烯基类似。该非茂金属催化剂在生产很高相对分子质量的乙烯均聚物和共聚物时，表现了极高的活性，所生产的 HDPE 有宽的相对分子质量分布以及良好的抗冲性、改进了透明度和易于加工的性能。

三井化学公司开发了非茂前过渡金属 FI 催化剂，该催化剂是由第四族金属如 Zr、Ti、Hf 与两个苯氧基亚胺螯合配体配位而成。催化剂的活性是茂金属催化剂的 10 倍以上，而价格仅为茂金属催化剂的 1/10，可用来生产 HDPE。

2.3.4 聚合工艺技术的发展概况

低压法聚乙烯聚合工艺发展了淤浆法、溶液法、气相法等几种不同的工艺技术，它们的简单发展过程介绍如下。

2.3.4.1 淤浆法

1955 年，Hoechst 采用 $TiCl_4$ 作为主催化剂实现了高密度聚乙烯（HDPE）淤浆法的工业生产；

1957 年，Phillips 采用铬/氧化硅（Cr/SiO_2）催化剂体系实现了 HDPE 淤浆法的工业生产；

1963 年，Solvay 采用钛/羟基氯化镁[$Ti/Mg(OH)Cl$]作为主催化剂实现了 HDPE 淤浆法的工业生产；

1968 年，Montecatini 采用 $Ti/MgCl_2$ 体系作为主催化剂，将钛化合物载负在高比表面的 $MgCl_2$ 载体上以提高催化剂效率的方法，实现了 HDPE 淤浆法的工业生产；

1970 年，三井化学公司采用将 $MgCl_2$ 先进行醇合的方法，得到反应法高效催化剂，并将此催化剂应用于 HDPE 淤浆法的工业生产；

1987 年，Phillips 采用胶状 Cr Insit 体系作为主催化剂实现了 HDPE 和低密度线型聚乙烯 LDLPE 淤浆法的工业生产；

1991 年，Exxon 公司采用茂金属 M 催化剂在淤浆聚合工艺中实现了线型低密度聚乙烯 LLDPE 的工业生产；

1996 年，Phillips 用茂金属 M 催化剂在淤浆工艺中实现了全密度聚乙烯（FDPE）的工业生产。

2.3.4.2　溶液法

1960 年，加拿大 DuPont 公司采用钛系催化剂，在以环己烷为溶剂的溶液法工艺中生产出 HDPE，其后又开发了可以在同一种工艺中生产低、中、高不同密度的全密度聚乙烯 FDPE；

1972 年，DSM 公司使用钛系催化剂在溶液法工艺中生产出 FDPE；

1979 年，Dow 公司采用 $TiCl_4/MgR_2$ 催化剂在溶液法工艺中生产出 FDPE；

1992 年，Dow 公司采用茂金属 M 催化剂在溶液法 Insit 工艺中生产出 LLDPE。

2.3.4.3　气相法

1968 年，UCC 公司采用铬/二氧化硅（Cr/SiO_2）体系催化剂在该公司开发的气相法工艺中生产出 HDPE，1975 年又采用 $Ti/MgCl_2/SiO_2$ 体系催化剂生产出 FDPE；

1982 年，BP 公司在其气相法工艺中生产出 FDPE；

1986 年，UCC 公司有冷凝技术的聚乙烯气相法工艺技术投入生产；

1991 年，Exxon 公司的 Atol 气相工艺技术，和 BASF 公司的 Novolen 气相工艺技术都开始生产 LLDPE；

1991/92 年，Exxon 和三井化学公司合作的茂金属气相法工艺技术以及 Dow Chemical 公司的 Dolex 茂金属气相法工艺技术开始生产 LLDPE；

1993 年，BP 公司用茂金属和 Z/N 复合的催化剂"M/Z - N 催化剂"生产 LLDPE。

低压法乙烯聚合过程有好几种聚合工艺，如气相法、淤浆法、溶液法等。目前 Unipol 气相法单线规模是 250kt/a，美国 LLDPE Unipol 气相法装置的平均规模为 370kt/a；浆液法单线规模是 225kt/a，美国 HDPE 装置的平均规模为 450kt/a；溶液法 Dowlex - insite 技术的 PE 装置平均规模为 250kt/a。

2.3.5　中国聚乙烯工艺技术发展概况

中国于 20 世纪 50 年代初开始进行聚乙烯催化剂的研究和开发。几十年来，中国聚乙烯催化剂的开发研究工作从未间断，相继开发成功了各个聚乙烯发展阶段的代表性催化剂并实现工业应用，世界聚乙烯每一发展阶段的催化剂，都有中国 PE 催化剂研究开发的足迹，它们为中国国民经济的发展和国际地位的提高作出了重要的贡献。

最早的聚乙烯催化剂研究开发工作是由沈阳化工研究院唐士培等领导的课题组从 1958 年开始进行探索试验，后来因机构改革转到了北京化工研究院（BRICI）。

20 世纪 70 年代开始，BRICI 研究开发出了 JIM - I 型研磨法催化剂，并和北京助剂二厂（原北京化工三厂）合作将所研究开发的 JIM - I 催化剂应用到北京助剂二厂的 5000t/a 生产装置上[31,32]。该催化剂稳定性好，聚合活性可达 $1 \times 10^5 gPE/gTi$，操作简便，不粘壁，无三废，使用效果较好。

70 年代中，BRICI 和北京助剂二厂合作开发研究 JIM – II 催化剂。研究开发出加入第四组分的 JIM – II 催化剂并开始在北京助剂二厂 8000t/a 工业生产装置上使用。催化剂活性可提高 50%，树脂中的氯含量降低，表观密度 > 0.4g/cm³，且低聚物含量低，除生产出多个 HDPE 牌号产品外，还生产出相对分子质量可达 300 万的超高相对分子质量聚乙烯。

70 年代末，BRICI 开始进行反应法聚乙烯高效催化剂的实验室开发研究，开发了反应法高效催化剂。该催化剂活性高，树脂颗粒度分布窄，表观密度大于 0.35g/cm³，氢调敏感性好，树脂不粘壁，熔融指数可调范围宽，产品性能优良。

80 年代根据中国石化总公司的委托，以所研究开发的反应法高效催化剂为基础，配合引进生产装置所需要的高效催化剂进行开发研究，为国内引进聚乙烯装置改用国产催化剂创造条件。

BRICI 根据中国石化的要求，较快地完成了小试验和中间试验，开发出了 FH 反应法催化剂，并进行了工业应用试验。根据试验的结果，又在 FH 催化剂的基础上添加第五组分，以进一步提高树脂的表观密度和生产能力，最终开发出了 BCH 催化剂[33]。与 FH 相比，因为树脂表观密度的增加，催化剂的生产能力大幅度增加，降低了治理三废的负荷和生产成本。与此同时，与工业部门合作对催化剂的聚合产品进行工业应用试验评价。评价结果证明，该催化剂的聚合产品已达到引进同类催化剂的水平。进入 90 年代，BRICI 开始设计、建设工业规模的 BCH 催化剂生产装置。从 1994 年起，BCH 催化剂正式投产，开始取代进口的 PZ120 催化剂在燕山石化等 HDPE 工业装置上使用。

除了 BCH 催化剂外，BRICI 还开发了多种不同类型的聚乙烯催化剂，如：

21 世纪初，BRICI 将符合气相聚合工艺要求的淤浆进料催化剂 BCS01 推向市场。该催化剂的特点是，具有优良的共聚性能、流动性能和分散性能，可应用于气相聚合工艺的常态和冷凝态聚合工艺条件操作。在 200kt/a 气相聚乙烯工业装置上的试用表明，催化剂活性比同类国外催化剂提高 10% ~ 20%，且具有优良的共聚、流动和分散性能。

其后 BRICI 又将另一种淤浆进料催化剂 BCS02 推向市场[34]。该催化剂采用新型活性组分，并以喷雾干燥法载负催化剂活性中心。催化剂活性在冷凝态聚合工艺条件下可以达到约 27kg/gcat，且具有良好的流动性能，优良的氢调和共聚性能，催化剂的综合性能优于同类进口催化剂，且后系统添加剂加入量可相应减少以帮助降低产品成本。该催化剂应用于气相聚合工艺的常态和冷凝态聚合工艺替代进口催化剂。

BRICI 还推出了为淤浆法生产 HDPE 使用的催化剂 BCE[35]。该催化剂是一种高活性的 HDPE 催化剂，可用于注塑、挤塑和吹塑等各种产品。该催化剂的特点是活性高、聚合物的粒径分布窄、细粉少、表观密度高，而且聚合物的己烷可萃取物少，获得了中国、美国等国内外专利，可以替代三井化学的 RZ – 200 催化剂应用于乙烯淤浆聚合工艺。

BRICI 开发的茂金属催化剂是一种茂金属加合物（APE – 1），该催化剂可用于淤浆聚合和气相聚合工艺的聚乙烯薄膜牌号。密度为 0.916 ~ 0.920g/cm³，产品具有相对分子质量分布窄，组成均匀等特点，成膜性能良好。

除 BRICI 外，当时国内还有一些单位也相继开展了这方面的研究工作。从 80 年代初开始的第六个五年计划，国家将聚乙烯催化剂的开发研究列入了六五科技攻关任务，组织全国多家科研生产单位联合攻关，北京化工研究院（BRICI）和上海化工研究院（SRICI）等单位也都加入到国家任务的开发研究队伍之中。多单位联合攻关的结果开发出了多个聚乙烯高效催化剂，成功地应用到了全国的聚乙烯生产装置上，大大地促进了我国聚乙烯工业生产的发展。

2000 年以后，SRICI[36]开发了 SCG-1 聚乙烯催化剂，共有三种型号，分别是：SCG-1（Ⅰ）催化剂用于气相工艺的非冷凝态操作，SCG-1（Ⅱ）催化剂用于冷凝态操作，SCG-1（Ⅲ）催化剂则专门用于生产 HDPE。

另外，还开发了 SCG-3/4/5 铬系催化剂，可用于 Unipol 气相工艺生产中等和宽相对分子质量分布的 HDPE 和 LLDPE 产品。推向市场的催化剂产品有三个牌号，可用于常规气相聚合和冷凝态气相聚合工艺生产 HDPE 和 LLDPE。其中 SCG-3/4 可生产中宽相对分子质量分布产品（MI 为 60~90g/10min），而 SCG-5 可生产宽相对分子质量分布产品（MI 为 75~150g/10min）。这些催化剂已经提供 Unipol 气相聚合工艺和 Borstar 北欧双峰工艺聚乙烯装置使用。

2004 年 SRICI 又开发了淤浆进料型 SLC-G 催化剂。其特点是将催化剂置于特殊的矿物油中而不使用硅胶载体，具有淤浆流动性好、加料卸料方便、系统的压降较小、不易堵塞等优点。催化剂活性可达 27kg/gcat，与同类进口催化剂相比，共聚性能提高约 8%，氢调敏感性提高约 12%，可以在 Univation 的气相聚合工艺中代替 UCAT-J 催化剂使用。

中山大学高分子所（ZSUHMRI）开发研究了 HM 催化剂（$TiCl_4/SiO_2$-$MgCl_2$-$ZnCl_2/AlCl_3$）。研究发现 $SiCl_4$ 可以促进乙烯聚合，$ZnCl_2$ 有调节相对分子质量的作用。工业试验证明在 0.5MPa 的聚合压力下，HM 催化剂乙烯均聚合的催化效率为 14kg/g，当 1-丁烯的体积分数为 10% 时，催化效率为 26kg/g，聚合物的表观密度达到 0.30g/cm³，聚合物中 74~840μm 颗粒的含量为 90%~95%，是一种性能良好的催化剂[37]。

浙江大学和中国石化总公司合作，开发研究了一种可应用于乙烯均聚以及乙烯和 α-烯烃共聚合的铬系催化剂。该催化剂体系包括两种铬系催化剂。一种是氧化铬负载型催化剂，另一种是二价铬负载型催化剂。将这两种催化剂以 0.02/1 的质量比搭配，可以在气相聚合工艺的冷凝模式下使用，达到提高产量，减少树脂灰分，生产高性能聚乙烯或乙烯/α-烯烃共聚物的目的。

中国科学研究院化学研究所开发了可以控制聚合物粒型和密度的聚乙烯催化剂[38]。该催化剂是通过反应法得到的 $Ti-Mg/SiO_2$ 固体催化剂，通过调节 Mg/SiO_2 的配比可以控制乙烯-1-丁烯共聚物中 1-丁烯的含量，1-丁烯的含量上升，聚合物密度下降。粒型可由硅胶的粒型来调节。

我国聚乙烯的工业化生产进程，采用了引进技术和国内技术相结合的方法。从 20 世纪 60 年代开始得到快速发展，特别是 20 世纪 80 年代以来，我国的聚乙烯的生产规模和能力得到了飞速的提高，2010 年我国聚乙烯的产能已经达到 10.37Mt/a。具体情况见表 2-5。

表 2-5 2010 年中国聚乙烯生产装置情况[39]

项目	中国石化		中国石油		地方企业		全国合计	
	装置数/套	产能/(kt/a)	装置数/套	产能/(kt/a)	装置数/套	产能/(kt/a)	装置数/套	产能/(kt/a)
LDPE	8	1178	3	460	1	250	12	1888
管式法	7	1058	3	460	1	250	11	1768
釜式法	1	120					1	120

续表

项目	中国石化		中国石油		地方企业		全国合计	
	装置数/套	产能/(kt/a)	装置数/套	产能/(kt/a)	装置数/套	产能/(kt/a)	装置数/套	产能/(kt/a)
HDPE	10	2283	5	1030	2	560	17	3873
浆液法	7	1443			1	300	13	2773
气相法	3	840	5	1030	1	260	4	1100
LLDPE	9	2500	8	1588	4	525	21	4613
气相法	9	2500	7	1508	4	525	20	4533
溶液法			1	80			1	80
合计	27	5961	16	3078	7	1335	50	10374

第 3 章　Ziegler 体系催化剂化学

3.1　Ziegler 催化剂化学组成

Ziegler 催化剂体系是由主催化剂和助催化剂两部分所组成。其中主催化剂是钛系和钒系等过渡金属的盐类，如四氯化钛($TiCl_4$)、四氯化钒(VCl_4)等。它的载体是镁的化合物，多数情况是经研磨活化的氯化镁 $MgCl_2$。由于ⅣB族过渡金属和 $MgCl_2$ 具有互相接近的原子半径，外层都有价电子和空闲的电子轨道，它们容易和配位体形成稳定的配合物，因此，镁化合物是一种常用的载负剂或载体。另外，硅胶也是一种催化剂经常采用的载负剂或载体。

助催化剂是一种主族金属的烷基化物(也称为活化剂)。它包括三乙基铝($AlEt_3$)，一氯二乙基铝($AlEt_2Cl$)和三异丁基铝$[Al(i-Bu)_3]$等。不同烷基铝的烷基化能力和还原能力不同，因此所制备催化剂的活性和动力学行为也不相同。

通常情况下必须将主催化剂和助催化剂两部分配合使用，使其产生活性的金属—碳键，而活性金属—碳键的存在被认为是烯烃单体分子反复插入生成聚合物大分子链的关键。

对于聚乙烯催化剂体系来说，在助催化剂的行列中一般没有外给电子体化合物。

3.1.1　常规 Ziegler 催化剂的化学组成

常规 Ziegler 催化剂包括以 $TiCl_4$、$TiCl_3$ 为主催化剂的钛系催化剂和 VCl_4、VCl_3 为主催化剂的钒系催化剂。

3.1.1.1　常规钛系 Ziegler 催化剂

常规钛系 Ziegler 催化剂就是用 $TiCl_4$ 为主催化剂和 $AlEt_3$ 或 $Al(C_2H_5)_2Cl$ 为助催化剂的聚乙烯催化剂体系。对于主催化剂 $TiCl_4$，一般只要品质合格，不需要专门制备。采用此体系的催化剂，可以在低压和低温条件下实现乙烯单体的聚合，得到高相对分子质量的聚乙烯。

用 $TiCl_4$ 和烷基铝结合，$TiCl_4$ 会被还原得到 $TiCl_3$，具体的反应方程式如下：

$$TiCl_4 + 1/3Al \longrightarrow TiCl_3 \cdot 1/3AlCl_3 \quad 或 [(TiCl_3)_3 \cdot AlCl_3] \quad (3-1)$$

$$2TiCl_4 + H_2 \longrightarrow 2TiCl_3 + 2HCl \quad (3-2)$$

$$2TiCl_4 + 2(C_2H_5)_3Al_2Cl_3 \longrightarrow 2TiCl_3 \downarrow + 4C_2H_5AlCl_2 + C_2H_4 \uparrow + C_2H_6 \uparrow \quad (3-3)$$

但是用 $TiCl_4$ 为主催化剂的催化剂体系，和烷基铝的反应是在聚合釜中进行的，其最大的问题是由于有 $TiCl_4$ 存在，所得到的聚合物发黏，容易粘壁，影响聚合工艺过程的正常进行，需要经常清理反应器。

3.1.1.2　常规钒 V 系催化剂

钒系催化剂也属于常规 Ziegler 聚乙烯催化剂的范畴，是第一代催化剂的组成部分。

(1) 钒系催化剂的组成

① 由载体 SiO_2，VCl_3 与给电子体(THF)反应的生成物，和卤化硼或卤代烷基铝改性剂组成的固体催化剂成分；

② 聚合促进剂，包括 $CHCl_3$、$CFCl_3$ 等；

③ 聚合活性增进剂，包括醚类、酮类、烷氧基硼、烷氧基铝等；

④ 相对分子质量分布调节剂，包括烷氧基醇、含磷化合物、含硅化合物、烷氧基烷基铝等。

（2）助催化剂

采用烷基铝化合物，包括 $AlEt_3$、$Al(i-Bu)_3$ 等。

以上的促进剂、增进剂加入后可以使聚合活性大大提高，使该催化剂具备工业实用性。而加入相对分子质量分布调节剂可以使催化剂具备生产窄相对分子量分布、宽相对分子量分布或双峰相对分子量分布聚乙烯产品的能力，有利于扩大产品的使用范围。

3.1.2 高效钛镁催化剂的化学组成

高效 Ziegler 催化剂有两类，一类是载体负载型高效催化剂，另一类是化学反应型（共沉淀或溶解析出型）高效催化剂。

这两种催化剂的共同之处是都要使用载负剂，而且多数情况是氯化镁或硅胶。这些载负剂存在的作用主要是可以使钛活性组分得到高度分散。氯化镁还有一个作用是 Mg 的负电性比 Ti 低，加入了 $MgCl_2$ 可以通过 Mg→Cl→Ti 的推电子效应，使钛活性中心的电子云密度增大，降低烯烃分子在钛活性中心上链增长的活化能，使聚合链增长常数 K_p 值增大，提高聚合反应速率。

3.1.2.1 载体负载型高效催化剂

在载体负载型高效催化剂中，其载体也有两种不同类型，一种是以镁基化合物为载体，多数情况下是氯化镁，而另一种是以硅胶等其他原料作为载体。具体的制备方法如下：

（1）以氯化镁为载体的制备方法

先采用喷雾法或高速搅拌法[40,41]将氯化镁制备成载体，例如在加入给电子体和/或其他第三组分的情况下，将氯化镁先制备成球型载体，然后再在其上载负钛活性组分，经洗涤、干燥后成为球型催化剂。

（2）以其他原料作为载体的制备方法

例如，采用经过处理的硅胶等作为载体（也可以先将氯化镁渗透其中或载负其上），然后再载负钛活性组分，经洗涤、干燥后制备成为载体催化剂。

3.1.2.2 化学反应型（共沉淀或溶解析出型）高效催化剂

制备化学反应型高效催化剂的基本方法是将氯化镁与所选择的路易斯碱如醇、酯、醚等化合物作用，使氯化镁与所选择的路易斯碱生成可溶于烃类溶剂的复合物，接着可以选用烷基铝或 $SiCl_4$ 进行化学脱醇、酯化处理，然后再在其中加入酸性析出剂如四氯化钛和/或 $Ti(OR)_4$ 等，通过四氯化钛与氯化镁复合物进行反应，生成固体状的钛镁配合物析出。此时的氯化镁已经是具有高比表面积并且是与钛化合物进行了配位的催化剂中间体，然后经洗涤、干燥后得到具有高比表面积的反应型高效催化剂。

也可以选择进一步加入路易斯碱的方法来制备高性能的三氯化钛/氯化镁共结晶催化剂。

上面的制备方法也可以不用氯化镁而采用其他的镁化合物为原料，如羟基氯化镁 Mg(OH)Cl 作为合成钛镁催化剂的原料。但在合成催化剂之前可能需要先解决 Mg(OH)Cl 或其他镁化合物等的预处理问题。

化学反应型催化剂以乙醇体系醇合反应法催化剂为例，包括醇合、酯化、载钛等反应步骤，具体的反应过程如下：

（1）醇合反应

$$MgCl_2 + 2C_2H_5OH \longrightarrow [Mg(C_2H_5OH)_2]Cl_2 \longrightarrow Mg(OEt)_2 + 2HCl \quad (3-4)$$

（2）酯化反应

上述醇合反应中的部分醇与烷基铝反应：

$$2C_2H_5OH + Al(C_2H_5)_2Cl \longrightarrow Al(OC_2H_5)_2Cl + 2C_2H_6 \uparrow \quad (3-5)$$

（3）载钛反应

① $TiCl_4$ 与醇合物中的剩余醇反应：

$$TiCl_4 + nC_2H_5OH \longrightarrow Ti(OC_2H_5)_nCl_{4-n} + HCl \uparrow \quad (3-6)$$
$$1 \leqslant n \leqslant 3$$

② $TiCl_4$ 与烷氧基铝氯化物进行交换反应：

$$TiCl_4 + Al(OC_2H_5)_2Cl \longrightarrow Ti(OC_2H_5)_nCl_{4-n} + Al(OC_2H_5)_pCl_{3-p} \quad (3-7)$$
$$[Ti(OC_2H_5)Cl_3 + Al(OC_2H_5)Cl_2]$$
$$0 \leqslant p \leqslant 3$$

③ $TiCl_4$ 与烷氧基镁进行交换反应：

$$TiCl_4 + Mg(OC_2H_5)_2 \longrightarrow Ti(OC_2H_5)_nCl_{4-n} + Mg(OC_2H_5)_mCl_{2-m} \quad (3-8)$$
$$[Ti(OC_2H_5)Cl_3/Mg(OC_2H_5)Cl]$$
$$0 \leqslant m \leqslant 2$$

（4）过热反应

① $Ti(OC_2H_5)Cl_3$　过热反应：

$$2Ti(OC_2H_5)Cl_3 \xrightarrow{\triangle} TiO_2 + TiCl_4 + 2C_2H_5Cl \uparrow \quad (3-9)$$

② $Ti(OC_2H_5)_2Cl_2$　过热反应：

$$2Ti(OC_2H_5)_2Cl_2 \xrightarrow{\triangle} TiO_2 + 2C_2H_5Cl \uparrow \quad (3-10)$$

结构分析表明，此固体催化剂钛活性组分 $Ti(OC_2H_5)_nCl_{4-n}$ 高度分散在高比表面的 $MgCl_2$ 微晶上。

该催化剂体系以 $Al(C_2H_5)_3$ 为助催化剂，在温度 80℃、压力 $7kg/cm^2$、氢分压 $3kg/cm^2$ 条件下，1h 的乙烯聚合结果为：

催化剂组成　　　　　　　$Mg_{1.00}Ti_{0.15}Cl_{2.43}Al_{0.035}(OC_2H_5)_{0.36}$

聚合活性　　　　　　　　$1.36 \times 10^6 g/gTi$

聚合物表观密度　　　　　$0.36g/cm^3$

熔融指数　　　　　　　　$5.3g/10min$；

3.1.3　各种组分和操作条件对催化剂的影响

赵明阳等人[42]合成了一种化学反应型 $Ti(OEt)_nCl_{4-n}$ 钛镁催化剂。该催化剂的具体的合成方法是：

① 在高纯氮保护下，把研磨好的 $Mg(OEt)_2$ 及稀释剂加入到反应瓶中，在搅拌条件下滴入定量的 $TiCl_4$ 并在给定的温度条件下进行反应；

② 反应结束后将母液抽出，然后用己烷进行加温洗涤，洗净的物料转移到干燥箱，然后用高纯氮将其吹干成待用催化剂。

合成催化剂的反应方程式如下：

$$TiCl_4 + Mg(OEt)_2 \longrightarrow Ti(OEt)_nCl_{4-n} + Mg(OEt)_mCl_{2-m} \quad (3-11)$$
$$(n = 0 \sim 4, \ m = 0 \sim 2)$$

反应式表明，催化剂中的 $Ti(OEt)_nCl_{4-n}$ 就是钛活性中心的组分，但是它的成分不是单一的，而是随反应配比的改变而发生变化。而且如果反应温度较高则有可能和上面一样，发生热分解反应而生成二氧化钛 TiO_2。

他们以此 $Ti(OEt)_nCl_{4-n}$/镁载体催化剂为例，研究了钛镁催化剂配方中的烷氧基含量（n 值）、氯化物量、不同的氯化镁、链转移剂等各种参数以及不同的合成反应温度和合成步骤等对催化剂的影响，包括 $Ti(OEt)_nCl_{4-n}$/镁载体催化剂与烷基铝的反应结果。

3.1.3.1 烷氧基数 n 值对催化剂与烷基铝反应的影响

$Ti(OEt)_nCl_{4-n}$ 催化剂与烷基铝反应，Ti^{4+} 被烷基铝还原成 Ti^{3+}。而 Ti^{3+} 是催化剂的活性中心。Ti^{3+} 在总钛量中的比例越高，催化剂的活性也越高。烷基铝用量不同时，$Ti(OEt)_nCl_{4-n}$ 中 Ti^{4+} 被烷基铝还原成 Ti^{3+} 的比例会发生变化。对于 $Ti(OEt)_nCl_{4-n}$/镁载体催化剂来说，最重要的参数是其反应式中代表烷氧基的 n 值（即—OC_2H_5 基，简写—OEt）。n 值不同时，表示在催化剂中所含烷氧基的数量不同，也即 $TiCl_4$ 被烷基铝还原的程度不同，催化剂中烷氧基含量越大，氯含量就越小，催化剂被还原的程度越深，因而催化剂的结构和性能也越不相同。

n 值增加，因为—OEt 基有较强的给电子性，所以 Ti 活性中心的电子云密度增加。按照烯烃聚合嵌入过程机理，增加活性中心金属离子的电子云密度，减少其上的正电荷，可以使该金属和其他配位体之间的成键能力减弱，使聚合反应的活化能下降，使链增长速率常数提高。

由于—OEt 基比—Cl 基有更强的与 $MgCl_2$ 形成配位键的能力，所以—OEt 增加，就可以使烷氧基钛在 $MgCl_2$ 上的配位量增加，即催化剂中载负的钛量增加，最多时催化剂中的载钛量可达 10%以上。但是，因—OEt 基增多而增加载负的钛，大多是通过—OEt 基桥的互相络合而生成多聚体，并不是真正的活性中心 Ti^*。它所起的作用是：使真正能起活性中心作用的 Ti^* 在总 Ti 中的比例 $Ti^*/\sum Ti$ 值下降。另外，由—OEt 基生成的多聚体会聚集成较大的晶粒，其结果还会使催化剂的比表面积下降。

n 值增加还有一个作用，因为—OEt 基增多，空间位阻增大，它会影响烷基铝和烯烃分子等物质接近 Ti 离子，使 Ti 离子被烷基铝还原的困难性增加，使能生成的 Ti 活性中心数减少，其结果是催化剂的活性下降。所以 n 值增加对催化剂活性的影响是以上几个方面影响的综合。不同 n 值时 $Ti(OEt)_nCl_{4-n}$/镁载体催化剂的数据见表 3-1。

表 3-1 不同 n 值时 $Ti(OEt)_nCl_{4-n}$/镁载体催化剂的数据

组分	$\beta MgCl_2$	$TiCl_4$	$Ti(OEt)Cl_3$	$Ti(OEt)_2Cl_2$	$Ti(OEt)_3Cl$
n 值	—	0	1	2	3
Ti/%		4.7	7.3	9.6	10.1
$Ti^*/\sum[Ti]$/%			0.54	0.37	0.27
比表面积/(m²/g)	854	795	457	39	48
活性/(kg/gTi)		823	368	115	57
密度/(g/mL)		0.9700	0.9619	0.9502	0.9487
MI/(g/10min)		1.56	0.57	0.12	0.12
熔流比		9.05	8.37	8.31	7.80

从表 3-1 的催化剂组成数据可以清楚地看出，$Ti(OEt)_nCl_{4-n}$/镁载体催化剂组成中随 n 值(烷氧基)含量的增加，由于烷氧基有聚集作用，增加烷氧基可以将微细颗粒状的钛镁配合物聚集，使得催化剂的颗粒增大，比表面积随之降低，结果造成 $Ti(OEt)_nCl_{4-n}$ 催化剂中的无效钛含量增加，钛配合物能生成活性中心的比例 $[C^*]/\sum[Ti]$ 减少[43]。而比表面积、催化活性和树脂密度以及树脂的 MI 值和 R 值都随着下降。即催化剂活性越来越低、相对分子质量越来越大而相对分子质量分布则越来越窄。

$Ti(OEt)_nCl_{4-n}$/镁载体催化剂的 n 值与聚合活性的关系见图 3-1。

上述情况说明，改变 $Ti(OEt)_nCl_{4-n}$/镁载体催化剂合成时的 $TiCl_4$ 和 $Mg(OEt)_2$ 配比，会使所生成的 $Ti(OEt)_nCl_{4-n}$ 中的 n 值、比表面积、载钛量、聚合活性和催化剂结构都发生变化。

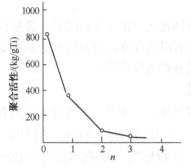

图 3-1　n 值和钛镁催化剂活性的关系

概括来说，增加 n 值所产生的结果是：

① 使聚合反应的活化能下降而提高聚合反应速率增长常数 k_p，使聚合速率增长；

② 因无效钛载负量提高而使 $[Ti^{3+}]/\sum[Ti]$ 值下降，使催化剂的比表面积和活性下降；

③ 使 Ti^{4+} 被烷基铝还原的困难程度增加，而使催化剂的活性中心数下降，也使得活性下降；

④ 使树脂密度以及 MI 值和 R 值都随着下降。

综合效果是 n 值增加，催化剂的聚合活性下降，聚合物的相对分子质量越来越大，相对分子质量分布越来越窄。

3.1.3.2　氯化物用量对催化剂的影响

（1）$TiCl_4$ 用量对 $Ti(OEt)_nCl_{4-n}$/镁载体催化剂的影响

$TiCl_4$ 在 $Ti(OEt)_nCl_{4-n}$/镁载体催化剂合成反应中的用量对 n 值有很大影响。如果 $TiCl_4$ 的用量很大，n 值就很小，即(OEt)少，大部分的反应产物可能是 $Ti(OEt)Cl_3$。如果用量很小，n 值就很大，则大部分的反应产物可能是 $Ti(OEt)_3Cl$。

表 3-2 即为不同 $TiCl_4$ 和 $Mg(OEt)_2$ 配比对 $Ti(OEt)_nCl_{4-n}$/镁载体催化剂结构性能的影响。

表 3-2　不同 $TiCl_4/Mg(OEt)_2$ 配比所得催化剂组成及聚合结果[①][44]

Ti/Mg	催化剂组成	活性/(kg/gTi)	MI/(g/10min)	比表面积/(m²/g)
1	$MgCl_2 \cdot 0.42Ti(OEt)_{2.71}Cl_{1.29} \cdot 0.07TiO_2$	50	0.07	45
1.5	$MgCl_2 \cdot 0.33Ti(OEt)_{1.73}Cl_{2.27} \cdot 0.15TiO_2$	315	0.22	261
2	$MgCl_2 \cdot 0.21Ti(OEt)_{1.33}Cl_{2.67} \cdot 0.15TiO_2$	761	0.45	513
3	$MgCl_2 \cdot 0.20Ti(OEt)_{1.25}Cl_{2.75} \cdot 0.11TiO_2$	697	0.62	527

注：① 反应条件：130℃下反应30min。

从表 3-2 的数据可以看出，实际上 $Ti(OEt)_nCl_{4-n}$/镁催化剂中的活性钛组分并不是单一的组分，而是一些 n 值不同的活性钛组分的组合。

表 3-2 中的数据还说明，随 $TiCl_4$ 用量增加，所合成 $Ti(OEt)_nCl_{4-n}$/镁载体催化剂的比

表面积也随之增加，而比表面积增加的结果是，可以使更多的钛活性中心分散到表面，并分散得更好，所以钛镁催化剂的活性、熔融指数 MI 也随之提高。

（2）$SiCl_4$ 的用量对 $Ti(OEt)_nCl_{4-n}$/镁载体催化剂的影响

除了 $TiCl_4$ 以外，$SiCl_4$ 的用量也像 $TiCl_4$ 一样对催化剂性能有明显的影响，见表 3-3。

表 3-3 $Ti(OEt)_nCl_{4-n}$/镁载体催化剂中添加 $SiCl_4$ 试验结果

Ti/Mg	$SiCl_4$	比表面积/（m^2/g）	活性/（kg/gTi）	活性/（kg/gcat）
1.5	不加	20	130	10
	加	139	1300	30
2.0	不加	56	350	22
	加	123	1350	50

表 3-3 的数据说明，氯化物 $SiCl_4$ 有类似 $TiCl_4$ 的作用，随 $SiCl_4$ 用量的增加，$Ti(OEt)_nCl_{4-n}$/镁载体催化剂的比表面积明显增加，因而催化剂的活性也随着大幅度增加。

加入 $SiCl_4$ 后，Si 和—OEt 基含量增加，但是大部分的—OEt 基都优先和 $SiCl_4$ 配位，结果使载 Ti 量降低了，这种情况反而有利于 Ti 组分的分散。张启新等人[45]的研究证明 $SiCl_4$ 和—OEt 基的配位能力超过了 $TiCl_4$。红外分析结果也证实，当加入 $SiCl_4$ 后大部分—OEt 基转接到 Si 原子上，使得 $Ti(OEt)_nCl_{4-n}$/镁载体催化剂中的 n 值降低，也即—OEt 基的含量下降了。

3.1.3.3 不同类型氯化镁对钛/镁催化剂结构性能的影响

对于高效催化剂来说，氯化镁的结构形态非常重要，赵明阳等人[42]的研究表明，化学反应型 $Ti(OEt)nCl_{4-n}$/镁催化剂的合成条件，特别是反应温度和 $TiCl_4$ 的用量对 $Mg(OR)_2$ 转化成 $MgCl_2$ 的结晶形态影响很大，对 $Mg(OR)_2$ 转化成 $MgCl_2$ 的结构形态也有重要的影响。

理论上讲，$TiCl_4$ 与 $Mg(OR)_2$ 反应在等摩尔比的情况下，可以将 $Mg(OR)_2$ 全部转化为 $\beta-MgCl_2$，但是实际上受反应温度的影响很大。在 85℃ 下反应 0.5h，仍有少量 $Mg(OR)_2$ 未转化。只是在 130℃ 反应时，$Mg(OR)_2$ 才基本上全部转化为 $\beta-MgCl_2$。

普通无水 $\alpha-MgCl_2$ 虽经研磨但其晶体表面平坦致密不利于钛载负。而 $Mg(OEt)_2$ 经 13h 研磨比表面积仅 $5m^2/g$，但是加大 $TiCl_4$ 用量并提高与 $Mg(OEt)_2$ 反应的温度，所生成的 $\beta-MgCl_2$ 的比例会提高，130℃ 反应得到的 $\beta-MgCl_2$ 的比表面积可达到 $513m^2/g$，催化剂的结构呈蜂窝状并有丰富空隙。所以强化 $TiCl_4$ 和 $Mg(OEt)_2$ 的反应条件可以得到大比表面积的 $\beta-MgCl_2$。

不同类型的氯化镁对催化剂的影响见表 3-4。

表 3-4 不同类型的氯化镁对催化剂的影响[46]

实验编号	$MgCl_2/Ti$		比表面积/（m^2/g）		活性/（kg/g）		聚合物	
	类型	%	载 Ti 前	载 Ti 后	kg/gTi	kg/gcat	MI/（g/10min）	R
1	$\alpha A-MgCl_2$	0.45	23	19	164	0.7	0.19	10.4
2	$\alpha B-MgCl_2$	1.11	176	146	356	4.0	0.33	8.9
3	$\alpha B-MgCl_2$	7.26	854	457	368	26.7	0.57	8.4
4	$\beta-MgCl_2$①	11.56	—	513	761		0.45	8.3

①催化剂为 $TiCl_4-Mg(OEt)_2$。

表 3 - 4 数据说明，β - MgCl$_2$ 的反应效果要比 α - MgCl$_2$ 的好。无论是比表面积、催化剂活性还是 MI 值都是这样。而对于 β - MgCl$_2$ 来说，它的比例越高，也即 MgCl$_2$/Ti 的比值越大，催化剂的比表面积、催化剂活性以及 MI 值都越高。α - MgCl$_2$ 仅在聚合物的相对分子质量分布值方面比 β - MgCl$_2$ 略宽。

3.1.3.4 合成反应温度对钛/镁催化剂的影响

表 3 - 5 的数据说明，合成操作条件如反应温度对催化剂性能也有明显的影响。随反应温度的升高，催化剂中的钛含量、氧含量、TiO$_2$/Mg 的比值、催化剂的比表面积和活性等都随着增加，但是 130℃是个转折点。当反应温度超过 130℃，达到 145℃时，情况即发生了变化，比表面积和活性开始回落。一个可能的原因是钛在高温下容易氧化生成 TiO$_2$，因而失去了活性。

表 3 - 5　合成反应温度对 TiCl$_4$ - Mg(OEt)$_2$ 催化剂的影响

$T/℃$	Ti/%	OEt/%	O/%	TiO$_2$/Mg 摩尔比	比表面积/ (m^2/g)	活性/ (kg/gTi)	MI/ (g/10min)	$D/$(g/mL)
85	7.7	11.5	0.2	0.009	258	562	0.74	0.9553
100	9.1	10.2	1.2	0.054	316	609	0.57	0.9560
130	11.6	8.5	3.2	0.150	513	761	0.45	0.9564
145	16.9	10.2	5.8	0.339	422	473	0.48	—

3.1.3.5　不同合成反应步骤对钛/镁催化剂结构性能的影响

1981 年 Mc - Daniel[47] 把负载型催化剂的活性作为催化剂颗粒空隙率的函数，研究了形态变化的影响。发现具有较高空隙率的催化剂具有较高的活性。

阳永荣等人[48] 的研究也表明，TiCl$_4$ - Mg(OC$_2$H$_5$)$_2$ 催化剂的聚合活性和催化剂的微观孔结构密切相关，孔隙率越高，比表面积越大，催化剂的聚合活性也越高，动力学衰减越慢。

钛/镁催化剂合成过程中，各个反应步骤对产品的微观孔结构都可能产生影响，见表 3 - 6。

表 3 - 6　钛/镁催化剂合成各步反应物的物理性能

物理性能	MgCl$_2$	醇化物	醇化后产物	催化剂
孔容/(mL/g)	0.09	0.01	0.13	0.20
比表面积/(m^2/g)	23.2	5.75	34.9	193.7

从表 3 - 7 的数据可以清楚地看到，从 MgCl$_2$、醇化(物)、酯化后产物一直到催化剂的整个过程，催化剂的孔容和比表面积的变化趋势是由低向高发展(只是中间的醇化步骤例外，因为有一个醇化溶解的过程)，而对催化剂的要求是有高的孔容和比表面积，因为它可为催化剂的高活性创造条件。

3.1.4　钛镁催化剂的合成

3.1.4.1　以 SiO$_2$ 为载体的聚乙烯复合载体催化剂

不同学者对于 SiO$_2$ 的作用有不同的看法。有的学者[49] 认为 SiO$_2$ 在催化剂中只是惰性载体，只起分散作用。理由是在催化剂中 Mg 和 Ti 的含量随 SiO$_2$ 用量的增加而减少，而 Ti/Mg

的摩尔比基本不变。但是也有学者[50]提出了不同的看法，认为SiO₂并不只是一种惰性载体，而是一种对活性中心有影响的活性载体。

但是由于使用SiO₂做载体的催化剂形态好，仅是聚合活性较低，因此有的学者就考虑采用复合载体结构，即将MgCl₂作为载负剂载负在载体SiO₂上，形成复合载体催化剂。这种包括MgCl₂和SiO₂两种载负剂和载体的催化剂，既有MgCl₂作为载负剂的高活性特性，又可以保持SiO₂作为载体的良好形态特性。因此此类催化剂用于烯烃聚合时，其聚合活性要明显高于只用SiO₂作为载体的聚乙烯催化剂。

以SiO₂为载体的Ti/Mg复合物催化剂的制备步骤如下：

（1）载体SiO₂的制备

Ti/Mg复合物催化剂母体所用的载负剂是多孔硅胶[51]，通常采用的是Davison MSID 952 SiO₂。为达到最大活性，需要先除去硅胶表面的羟基，方法是首先对SiO₂进行热处理，将硅胶在500~800℃下脱水，然后进行化学活化，用AlEt₃处理掉剩余的羟基。

三种SiO₂载体催化剂聚合活性和聚合时间的关系见图3-2。

钛/镁复合物和脱除了羟基的硅胶混合在溶剂中，然后将四氢呋喃（THF）在50~60℃条件下蒸发掉，使溶剂中的离子复合物在硅胶小孔中结晶，得到固体催化剂母体。这种固体产品和AlEt₃结合就成为高活性的聚合催化剂。

（2）Ti/Mg复合物母体的合成[52~54]

化学活化后，将活化好的SiO₂与TiCl₄进行反应，得到SiO₂/TiCl₄催化剂（Ⅰ）或称中间体。然后将SiO₂/TiCl₄催化剂（Ⅰ）和MgCl₂络合物或有机镁化合物（如格氏试剂、MgR₂等）反应，得到TiCl₄/（MgCl₂/SiO₂）催化剂（Ⅱ）。

Soga等人的方法是[55]将SiO₂在300℃条件下处理2h，然后在庚烷中与TiCl₄反应，得到SiO₂/TiCl₄催化剂（Ⅰ）。再将MgCl₂·（THF）₂络合物加入到已加入了AlEt₂Cl的上述庚烷溶液中，经过反应得到催化剂（Ⅱ）TiCl₄/（MgCl₂/SiO₂）。

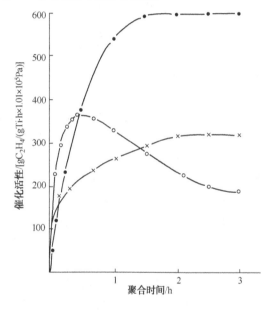

图3-2 三种SiO₂载体催化剂聚合活性和
聚合时间的关系[52]

×—Dart 1000；●—Davision 951；○—Davision 952

研究发现，此催化剂中的MgCl₂在经过THF洗涤后，催化剂（Ⅱ）中的Mg含量由1.57mmol/g cat下降到0.003mmol/g cat，表明THF的洗涤可以将Mg除去。这个现象说明此催化剂中MgCl₂与TiCl₄的配合强度是非常弱的。

Ti/Mg复合物的母体是由TiCl₄和MgCl₂在THF溶剂中反应生成的，所得到的阳离子结晶钛/镁复合物的结构式为

$$[MgCl_3 \cdot (THF)_6]^+ [TiCl_5 \cdot THF]^-$$

该复合物母体溶解在THF溶剂中，并由它构成钛/镁催化剂母体。所以Ti/Mg催化剂母体阳离子结晶复合物是由无机和有机金属化合物混合在一起的一个复合物，该复合物的具体

组成为：

$$Ti\ Mg_{1.5\sim5}Cl_{6\sim14}(THF)_{4\sim11}$$

专利催化剂实例数据是　　USP 4302565　　$Ti\ Mg_3Cl_{10}(THF)_{6.7}$

USP 4302566　　$Ti\ Mg_{2.45}Cl_{8.9}(THF)_7$

USP 4303771　　$Ti\ Mg_{2.9}Cl_{9.8}(THF)_{9.3}$

（3）助催化剂

可以采用的烷基铝化合物包括：$AlEt_3$，$Al(i-Bu)_3$，$Al(n-C_6H_{13})_3$，$Al(n-C_8H_{17})_3$等。

上面得到的固体催化剂母体产品，当它与 $AlEt_3$ 等活化剂反应后，就成为非常活泼的聚合催化剂。而最终的聚合催化剂通常是在有预制好的球形氯化镁颗粒的情况下，将钛/镁催化剂母体复合物和有机铝 $AlEt_3$ 等活化剂进行反应来得到。

从催化剂性能的角度看，用烷基铝化合物对催化剂进行处理，可以从钛/镁复合物中除去大部分 THF，这对提高催化剂的性能有利[56,57]。

（4）催化剂母体载负的方法

催化剂母体载负的方法包括掺混法[58]、浸渍法[59]、喷雾干燥法[60]和共研磨法[61]等多种，这些都是在引入硅胶载体制备 $Ti-Mg-THF/SiO_2$ 络合物的载体催化剂时所使用的不同方法。而所采用的催化剂母体化合物都是用相同工艺制备的 $Ti\ Mg_{1.5\sim5}Cl_{6\sim14}(THF)_{4\sim11}$ 在 THF 溶液中的络合物。

其中，掺混法和浸渍法的制备过程比较复杂，难度较大。共研磨法的催化剂颗粒形态较差。而喷雾干燥法是将母体组合物的 THF 溶液加入 SiO_2 微球，通过喷雾干燥的方法得到球型 SiO_2 载体催化剂。该催化剂用于气相流化床工艺，可以得到密度为 $0.91\sim0.97g/cm^3$，熔流比为 $22\sim32$，表观密度为 $0.32\sim0.43g/cm^3$ 的球型聚乙烯树脂，且聚合物颗粒的形态和粒度可以控制。

使用较多的催化剂是经过改进的浸渍法得到的催化剂体系。这样做可以使催化剂体系的聚合活性进一步提高，透明度、浊度、光泽等性能得到进一步改进。具体的改进内容包括：载体 SiO_2 的进一步处理[62]，催化剂母体的改进[63,64]等等。

3.1.4.2　以 $MgCl_2$ 既做载负剂又做载体的聚乙烯催化剂[65,66]

制备以 $MgCl_2$ 既为载负剂又为载体的催化剂有以下几个步骤：

（1）载负剂/载体 $MgCl_2$ 的合成

虽然采用无水结晶氯化镁容易工业化，但是它的颗粒大小和形态并不完全适用于合成高质量的聚合催化剂。由于这个原因，可以使用的一个替代方法是将氯化镁由二烷基镁化合物 MgR_2 来合成。首先，MgR_2 的烃溶液与二烷基醚以 [醚]：[二烷基镁] $=0.4$ 的比例混合。其中的醚是给电子体并且与二烷基镁生成复合物。然后将特氯丁烷（氯原子的来源），按照 [特氯丁烷]：[氯化镁] ≈1.9 的比例，在 $40\sim50℃$ 的条件下缓慢地加入到上述溶剂中，反应生成高分散的 $MgCl_2$。

$$MgR_2+2t-C_4H_9Cl\rightarrow MgCl_2+2t-C_4H_9-R \qquad (3-12)$$

在沉淀中仍然含有一些没有反应的镁—碳键。在反应（3-12）中生成氯化镁颗粒的大小是由二烷基醚的数量、反应温度和加入的 3-氯叔丁烷比例来控制的。在最好的条件下，氯化镁形成小的颗粒，直径在 $25\sim50\mu m$。这种有孔的颗粒其比表面积大约为 $40m^2/g$。它们起两个作用，即载体和催化剂的载负剂。

（2）载体催化剂的制备

通常是在预制好颗粒（球形）氯化镁的情况下，将 TiCl$_4$ 和有机铝（AlR$_2$Cl）进行反应而制备催化剂。反应是在 50～80℃，[Ti]：[Al]：[Mg] 的摩尔比为 1：1.2：3.5 的条件下进行。

基本的化学反应如下：

$$2TiCl_4 + AlR_2Cl \longrightarrow 2TiCl_3 + AlRCl_2 + R-Cl \qquad (3-13)$$
$$\longrightarrow 2TiCl_3 + AlCl_3 + R-R$$

在催化剂的制备过程中，还可以加入给电子体等化合物，调节催化剂的性能。因此，最终的催化剂如前面所说是由无机和有机金属化合物相混合的一个复合物。

另外，还可以将 MgCl$_2$ 制备的催化剂载负在 SiO$_2$ 上。如 Kim 等人[67]将无水 MgCl$_2$ 在加热条件下溶解于 THF 中，然后加入 TiCl$_4$ 生成 MgCl$_2$/TiCl$_4$/THF 钛镁配合物溶液。最后将钛镁配合物溶液和经过热处理的 SiO$_2$ 作用，得到（MgCl$_2$/SiO$_2$）/TiCl$_4$ 复合载体催化剂。

他们还提出了 Mg/Ti 摩尔比为 1 和 2 的两种催化剂结构：

Mg/Ti 摩尔比为 1 时的配合物与 SiO$_2$ 表面的单羟基或双羟基作用，分别形成单齿结构或双齿结构的（MgCl$_2$/SiO$_2$）/TiCl$_4$ 复合载体催化剂。

Mg/Ti 摩尔比为 2 时的配合物与 SiO$_2$ 表面的单羟基作用，形成每个含有一个氯化钛和两个氯化镁的配合物，与 SiO$_2$ 表面的单羟基形成（MgCl$_2$/SiO$_2$）/TiCl$_4$ 复合载体催化剂。

由于 SiO$_2$ 在进行热处理时，热处理的温度不同，SiO$_2$ 上残存的单羟基量也不同。所以可以通过改变热处理温度的方法来调节复合载体催化剂的钛、镁含量。

3.1.4.3　化学反应型聚乙烯催化剂

（1）BRICI 化学反应型聚乙烯催化剂[35]的制备

BRICI 制备化学反应型聚乙烯催化剂有以下几个步骤：

① 制备氯化镁均匀溶液。

在氯化镁的甲苯悬浮液中，加入环氧氯丙烷、磷酸三丁酯、异辛醇和乙醇，制备成均匀溶液。

② 加入四氢呋喃等给电子体化合物进行络合反应。

③ 将上述溶液温度控制在约 0℃，将四氯化钛与庚烷的混合液缓慢滴入上述溶液中，并保持温度及搅拌稳定。然后按规定要求逐渐升温，直到规定温度。

④ 过滤除去母液，用己烷在指定温度下对催化剂进行洗涤。

⑤ 将催化剂料浆在抽干釜中分段升温，进行真空干燥。

（2）三井化学公司辛醇钛镁催化剂的制备

1981 年三井化学公司在专利[68]中公开披露了辛醇催化剂，它是将 MgCl$_2$ 与辛醇（2-乙基己醇）进行醇合反应形成醇合物后，再和 TEA 或 Si(OEt)$_4$ 进行酯化反应，最后在低温下滴入 TiCl$_4$ 中，通过反应得到催化剂。具体方法如下：

① 将 MgCl$_2$、2-乙基己醇在溶剂癸烷中在 140℃下反应 3h，得到 MgCl$_2$ 的醇合液；

② 再加入含有 AlEt$_3$ 的癸烷溶液升温到 80℃反应 2h，经过滤、洗涤后得到铝镁配合物；

③ 将加入了新鲜癸烷的铝镁配合物溶液滴加到低温 TiCl$_4$ 中，然后升温到 80℃反应 2h；

④ 经洗涤、干燥得到辛醇型钛/镁催化剂。

此催化剂采用 TEA 或 Si(OEt)$_4$ 处理的效果见表 3-7。

表 3-7　三井化学公司不同处理方式的专利催化剂比较[68]

专利催化剂的醇体系	专利催化剂的处理方式	Ti/%	活性/(kg/g cat)	表观密度/(g/mL)	MI/(g/10min)	<0.5 目的 PE 颗粒质量/>115 目的 PE 颗粒质量/g	—OR—OEt/—OEH
辛醇体系	TEA 处理	7.3	34.6	0.33	2.7	0.4 / 0.6	10.5/—
辛醇体系	Si(OEt)$_4$处理	6.5	50.0	0.33	2.8	0.4 / 0.6	1.0/3.2

表 3-7 数据说明，此技术得到的催化剂，辛醇用 Si(OEt)$_4$ 处理的方法其聚合活性比用 TEA 处理的方法高 45%，不但活性得到大幅度提高，而且催化剂中的烷氧基—OR 量也明显减少。

采用化学反应型方法制备的聚乙烯催化剂专利很多，依据不同的原料和反应步骤，最终可以得到适用于气相和淤浆聚合工艺的化学反应型钛/镁催化剂。

（3）Montell 公司的球型钛镁催化剂的制备

聚乙烯球型钛镁催化剂技术具有聚合活性和表观密度高，聚合物的颗粒为球型等特点。代表性的催化剂有 Montell 公司的 Spherilene 技术使用的钛系球型催化剂[69,70]。

球型催化剂可以化学的方法或物理的方法制备。Montell 公司的制备方法是将至少含有一个钛—卤键的钛化合物载负在二卤化镁上。或者是将含有一个钛—卤键和一个—OR 基的钛化合物（键合在钛原子上的—OR 基数量为—OR/Ti 摩尔比大于或等于 0.5），载负在二卤化镁上，另外还可以有给电子体化合物。此球型配合物和烷基铝化合物反应即形成聚乙烯聚合催化剂。它们特别适合于乙烯和 α-烯烃的共聚合反应，生产 LLDPE 和 ULDPE。

3.1.4.4　可以不使用烷基铝的聚乙烯催化剂

还有一种 Ti 配合物载体催化剂可以不使用烷基铝。该催化剂是一种以 SiO$_2$ 为载体的 Ti-Mg 催化剂，乙烯聚合时不需要加助催化剂烷基铝，这样可以减少杂质与烷基铝反应生成的沉积物，以减少对反应器内壁的黏附。该催化剂的合成可分为以下几步：

（1）经 600℃ 热处理的 SiO$_2$ 和烷基铝化合物反应生成中间体 A

$$—Si—OH + R—Al— \longrightarrow —Si—O—Al— + R—H \qquad (3-14)$$
中间体 A

（2）中间体 A 与 TiCl$_4$ 反应生成中间体 B

$$—Si—O—Al— + TiCl_4 \longrightarrow —Si—O—Al \underset{Cl\ \ Cl}{\overset{Cl\ \ Cl}{\diamond}} Ti—Cl \qquad (3-15)$$
中间体 B

（3）中间体 B 与烷基镁反应

$$中间体 B + R_2Mg \longrightarrow —Si—O—Al \underset{Cl\ \ Cl}{\overset{Cl\ R\ Cl}{\diamond}} Ti \diamond Mg—Cl \qquad (3-16)$$
Ti 配合物载体催化剂

研究发现，第三步加入适量的烷基铝（如 AlEt₃）使进一步烷基化，对聚合动力学行为的影响极大，主要是增加了 Ti—R 键，可以使乙烯聚合活性提高到 500kgPE/(gTi·h)。

3.2　钛镁催化剂的化学结构

对于聚乙烯催化剂的结构来说，载体型催化剂和化学反应型催化剂的结构具有明显差别。一般来说，载体型催化剂的结构更多依赖于载体本身（如氯化镁）的结构，例如研磨法氯化镁的片晶结构和喷雾法或高速搅拌法氯化镁的类球型结构等。而化学反应型催化剂则更多的取决于催化剂的制备方法和生长条件。通常在制备过程中首先得到由氯化镁、路易斯碱和四氯化钛等反应生成的配合物初级微晶，然后在一定的条件下，这些初级微晶聚集长大成次级微晶，经过这样多次的聚集长大之后才得到最终的催化剂颗粒。所以化学反应法催化剂配合物微晶的生成和长大条件是很关键的。

3.2.1　钛镁催化剂的晶体结构

对于常规 Ziegler 聚乙烯催化剂来说，主催化剂是 TiCl₄ 及其配合物，助催化剂是烷基铝，而 TiCl₄ 与烷基铝接触会被还原成 TiCl₃，形成催化剂活性中心。对于催化剂的晶体结构来说，根据 Natta 等人的研究结果[71,72]，三氯化钛因为合成和还原的情况不同，有可能得到四种不同的结晶形态，即 α、β、γ 和 δ 型。

TiCl₃ 的立体结构及结晶构型见图 3-3~图 3-5。

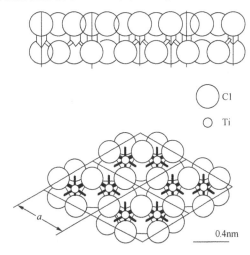

图 3-3　TiCl₃ 的立体构型

在这些晶型中有的含有、有的不含有共结晶的三氯化铝或二氯烷基铝。根据 Natta 的研究，它们的结晶形态紫色的有 α、γ 和 δ 三种并显示出层状结构。该结构是在两层氯离子之间夹一层钛离子的三层氯-钛-氯规整堆积结构。这三种结晶构型只在氯离子的堆积形态上有差异，在 α 构型中是六边形，在 γ 构型中是立方形，而 δ 构型则是 α 和 γ 构型之间的混合型。与 α 构型和 γ 构型不同，棕色的 β 构型显示的是类似纤维的线型结构，线型结构的长度不同，处于两端的钛原子所占比例也不同，长度越短可以形成活性中心的钛原子的比例越大，活性也越高。

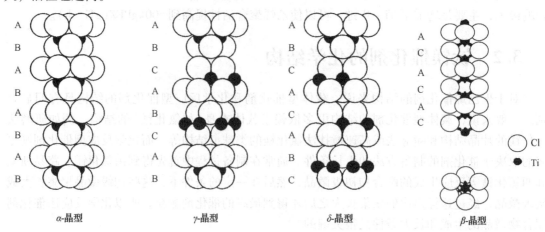

图3-4　三氯化钛的 α、γ 和 δ 晶型结构　　　　图3-5　三氯化钛的 β 晶型结构

研究还表明[73]，β 构型三氯化钛的粒子为闭式结构，其特征是密度较高但是孔隙度和比表面积低，而 α 构型三氯化钛的粒子为开式结构，其特征正好和 β 构型三氯化钛相反，是密度较低而孔隙度和比表面积高。林尚安等对三氯化钛的各种晶型的描述见表3-8[74]。

表3-8　三氯化钛的各种晶型

类型	晶　　型	制　备　方　法	特　　征
α	层状结构，六方密堆积，紫色	用氢或金属铝在高温下还原四氯化钛	定向能力好
β	线型结构，六方密堆积，褐色	1. 用烷基铝在 <25℃ 下还原四氯化钛 2. 四氯化钛在氢中放电还原	定向能力差，但聚合活性高
γ	层状结构，六方密堆积，紫色	1. 将 β-三氯化钛在惰性气氛中加热至 >150℃ 2. 用烷基铝在 >150℃ 条件下还原四氯化钛	定向能力与 α-三氯化钛类似
δ	层状结构，六方密堆积，紫色，属 α 和 γ 之间的混合型	1. 用 α 或 γ-三氯化钛长时间研磨 2. 将用醚处理过的 β-三氯化钛在 65℃ 下用四氯化钛再处理	定向能力好，聚合活性高

δ 和 β 构型的三氯化钛以及四氯化钛的聚合效果见图3-6。图3-6的曲线用溶剂梯度洗提分级法进行了分解，其中 $TiCl_4/MgCl_2$ 和 β-$TiCl_3$ 分形峰最多，原因是在氯化镁的表面上可能出现不同位阻。

有关三氯化钛颗粒形态的研究表明，还原反应的环境对三氯化钛的颗粒形态有很大的影响。很多反应参数，如还原剂的结构、各种反应剂的浓度、搅拌速度等，都会对三氯化钛的颗粒形态产生影响。通常，三氯化钛颗粒的宏观结构主要取决于它的合成方式，而它的微观结构则容易受粒子增长过程的中间和最后阶段的反应环境变化的影响。

阳永荣等人[48]对 $TiCl_4 - Mg(OC_2H_5)_2$ 催化剂体系的研究说明，所制备催化剂的空隙率越高，比表面积越大，则催化剂的聚合活性越高。而且催化剂的微观孔结构还会影响聚合物的分子链结构。

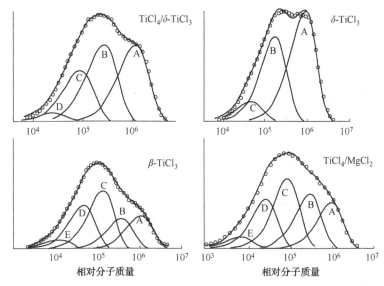

图3-6　用Ti-基催化剂和1-辛烯制备的四种聚合物的GPC曲线[75]

3.2.2　载体氯化镁的化学结构

对于聚乙烯载体催化剂来说，其催化剂的结构主要取决于载体的结构。从理论上讲，层状材料应该都有可能用来作为载体，因为层状材料在外力的作用下，都有可能变成很小的片晶。但是研究发现[76]，由于氯化镁在晶形、晶体结构及结晶参数等方面与δ-三氯化钛十分相似（如 Mg 离子半径为 0.065nm，Ti 离子半径为 0.068nm），因而三氯化钛容易和氯化镁形成混晶或在其上负载，这样氯化镁就成了 Z/N 催化剂最合适的载体或分散介质。为了确认是否有更好的镁化合物载体，人们用各种有机的和无机的镁化合物如氧化镁、氢氧化镁、烷氧基镁和金属镁等作为钛镁催化剂载体进行研究，以寻求新的、效果最佳的载体。但是研究结果表明，由于在催化剂的制备过程中都存在和氯化物反应的过程，因此实际上最终在催化剂中得到的仍然是氯化镁。

3.2.2.1　载体氯化镁的结构

氯化镁（$MgCl_2$）是一种结晶化合物，其中的镁有六个配位，而氯有三个配位。其结晶形态主要有两种，即 α 晶型和 β 晶型。

α 晶型：α 晶型为层状结构，与 γ 晶型三氯化钛相似，由两层氯离子夹一层镁离子构成，结构为（ABCABC）立方体密堆积的六面配位体构型[77]；α 晶型氯化镁的层状结构在 $d=0.256nm$（$2\theta=35.1°$）处显示了最强的 X 射线衍射峰。

β 晶型：此种晶型不太稳定，结构为（ABABAB）六方体密堆积构型[78]，其晶型与 α 晶型三氯化钛相似。由于氯离子的立方密堆积，β 晶型氯化镁的层状结构在 $d=0.277nm$（$2\theta=32.3°$）处显示了极强的 X 射线衍射峰。

δ 晶型氯化镁与 δ 三氯化钛相类似，也是 α 和 β 两种晶型的混合体。

用 α 晶型氯化镁为原料制备的聚乙烯催化剂，其催化剂中的氯化镁为 δ 晶型。而用 β 晶型氯化镁为原料制备的聚乙烯催化剂，其催化剂中的氯化镁为 β 晶型。晶型的不同对烯烃聚合反应有非常明显的影响。

通常氯化镁有两个晶面（100 晶面和 110 晶面），因为有配位缺损而能参与配位反应，但是在这两个晶面上的配位情况是不同的，110 晶面的配位度是 4 而 100 晶面的配位度是 5，110 晶面镁原子的酸性比 100 晶面的大。另外，在晶体的边、角或缺损部分的情况也不相同，因此，在氯化镁的表面上可能出现不同碱性强度和位阻的活性中心。

3.2.2.2 载体氯化镁的活化

用于乙烯聚合催化剂的氯化镁需要进行活化[79]。活化的方法有两种：一种是物理的方法，而另一种是化学的方法。

物理的方法是研磨法。即在氯化镁中加入三氯化钛和/或给电子体等其他物质进行研磨，由于氯化镁是两层氯离子夹一层镁离子的 Cl - Mg - Cl 结构，其层间的范德华结合力很弱，很容易在相邻的氯层间断开，所以氯化镁容易在外力的作用下破碎变成细小的晶粒。因此对于研磨活化的氯化镁，其结构由于 Cl - Mg - Cl 层彼此间发生的位移、旋转和断裂，晶体尺寸减小，结晶顺序被破坏，结果显示出无序结构。

用 X 射线衍射方法检测，(104)处极强的 X 射线衍射特征峰明显减弱，而变成了在 $d = 0.265nm$ 处的较低矮宽广的峰型，见图 3 - 7。

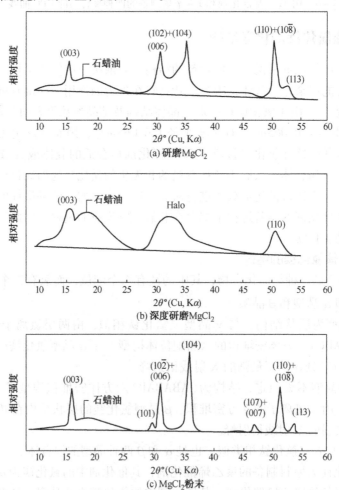

图 3 - 7　MgCl$_2$ 粉末和活化 MgCl$_2$ 的 X 射线衍射图谱

随研磨过程的进行，氯化镁的结构层虽然始终能保持氯离子紧密堆积，但是它的体积越来越小，其厚度甚至可以达到接近一个结构层的尺寸（$D_{110} = 5 \sim 10nm$，$D_{003} \leqslant 5nm$），这是使氯化镁体系催化剂具有极高的活性的一个基本条件。因此，在氯化镁催化剂中无论是化学反应（共沉淀）型还是载体型都具有很高的比表面积和孔体积。一般氯化镁载体型催化剂的比表面积为 $100 \sim 350m^2/g$，孔体积为 $0.15 \sim 0.4cm^3/g$。而由化学反应法得到的催化剂，其比表面积值为 $250 \sim 300m^2/g$，孔体积为 $0.3 \sim 0.4cm^3/g$，平均孔径为 $2 \sim 8nm$[80,81]。

从结构的角度看，非常重要的一点是，氯化镁的晶体虽然很小但都存在边、角或结晶缺陷，而这些部分可能会与结晶面或其他部分的情况有所不同[82]，在它上面存在有许多具有不同不饱合度、路易斯酸强度和位阻等的镁离子，这些镁离子暴露在外具有容易与其他催化剂组分配位的能力。这一点对于氯化镁可以用来作为催化剂的分散介质或载体，以形成各种不同的活性中心来说非常重要。

另外，在研磨过程中可以加入给电子体化合物，它具有间接提高催化剂性能的作用。在研磨时加入给电子体有助于载体活化，协助除去不希望要的副产品，例如三氯烷氧基钛，该产品是在由烷氧基镁或水合氯化镁前体来制备催化剂时产生的[83,84]。

有关氯化镁催化剂卤化钛和氯化镁之间的晶面结构，显示在图 3 - 8 中。

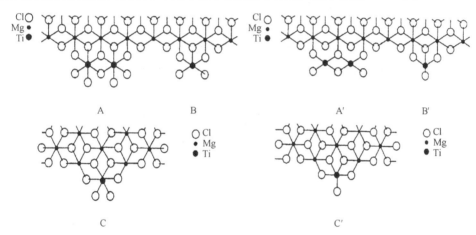

图 3 - 8　氯化镁催化剂卤化钛和氯化镁之间的晶面结构

通常认为，图 3 - 8 中的 A、A′ 为双核活性中心结构，通过聚合可以得到等规聚合物。而 B、B′ 和 C、C′ 为单核活性中心结构，通过聚合可以得到无规聚合物和聚乙烯。

3.2.3　氯化镁的作用

氯化镁作为载体可以分散钛活性中心，提高有效钛活性中心的比率。但是它同时又可以作为一个配位组分提高催化剂的反应速率常数，增加催化剂的活性，见表 3 - 9。

表 3 - 9　Mg/Ti 摩尔比和比表面积与乙烯聚合活性的关系[①]

催化剂	Mg/Ti 摩尔比	比表面积/（m²/g）	聚合活性/[kg/(gTi · h)]
TiCl₂/SiO₂[ ]0[ ]212	5.4		
TiCl₄/MgCl₂/SiO₂[ ]0.5[ ]192[ ]24.6			

催化剂	Mg/Ti 摩尔比	比表面积/(m²/g)	聚合活性/[kg/(gTi·h)]
TiCl₄/MgCl₂/SiO₂［］1.0［］178［］51.2			
TiCl₄/MgCl₂/SiO₂［］2.0［］188［］184			
TiCl₄/MgCl₂/SiO₂［］3.0［］180［］175			
TiCl₄/MgCl₂/SiO₂	5.0［］174［］169		

① 聚合条件：温度80℃；压力9.2×9.807×10⁴Pa；时间1h。

表 3-9 中数据说明 Mg/Ti 摩尔比在 2 以内，乙烯的聚合活性明显上升，但是超过 2 以后，氯化镁的量太多，钛活性中心的浓度相对降低，结果聚合活性不再上升。

增加氯化镁可以增加活性中心数量是比较容易理解的，因为在比表面积很大的氯化镁上可以分布大量的钛活性中心，而钛活性中心数的明显增加就引起了催化剂聚合活性的增加。但是氯化镁为什么会使聚合反应速率常数增加呢？在研究不同金属氯化物的添加效应时，发现[85]一氯二乙基铝/钛化合物催化剂与这些金属氯化物结合，会使烯烃聚合在经过短期的引发阶段后进入稳定速率阶段。而对稳定速率与氯化物中金属电负性的关系的研究表明，当金属离子电负性小于三价钛离子电负性（10.5）时，能增加聚合反应速率，而大于该值时则会降低聚合反应速率。此现象表明，金属氯化物对聚合速率的提高，主要是由金属氯化物对活性过渡金属原子的电子转移引起的。金属氯化物的电负性见表 3-10。

表 3-10 金属氯化物的 X 射线光电谱测定结果

金属氯化物	Cl₂ₚ的结合能/eV	电负性
MgCl₂	200.1	6.0
MnCl₂	200.1	7.5
CoCl₂	200.1	9.0
TiCl₃	200.6	10.5
AlCl₃	200.8	10.5
HfCl₄	200.4	11.7
ZrCl₄	200.8	12.6
TaCl₅	200.5	16.5

表 3-10 和表 3-11 的数据表明，MgCl₂ 和 TiCl₄/MgCl₂ 的电负性最小，结合能也相对较低，它们的推电子作用最强。肖士镜[86]等人的研究结果也认为，催化剂中的活性中心 Ti 与载体氯化镁之间是通过 Cl 桥进行连接的。由于 Mg 的电负性小于 Ti，可以通过 Mg→Cl→Ti 的推电子效应使 Ti 活性中心的电子云密度增加，使 Ti—C 键的强度被削弱，这样有利于 Ti—C 键上的链增长和链转移反应进行，增加链增长反应的速率常数。

表3-11 四氯化钛/金属氯化物的X射线光电谱测定结果

催化剂	钛的结合能/eV		电负性
	$Ti_{2p}^{3/2}$	$Ti_{2p}^{1/2}$	
$TiCl_4/MgCl_2$	459.8	465.5	6.0
$TiCl_4/MnCl_2$	459.5	462.5	7.5
$TiCl_4/AlCl_3$	460.5	466.0	10.5
$TiCl_4/ZrCl_4$	460.5	466.2	12.6

研究的结果还表明[87]，金属氯化物对聚合速率的改善与钛活性中心上电子云密度的增量变化有关。在活性中心中包含的金属氯化物通过诱导效应影响活性过渡金属离子的电子结构，使用电负性小的金属氯化物会引起活性过渡金属上电子云密度的增加，通过返还一个电子而使烯烃和单体的配位稳定，导致在金属离子-聚合物碳键间后续单体插入的加速。相反，有较大电负性的金属氯化物则在增长反应中起到不利作用。

另外，$MgCl_2$上取代基团的给电子性能对催化剂的活性也有明显影响，见表3-12。

表3-12 $TiCl_3/MgCl_2 \cdot ED$上苯酚取代基的作用[87]

取代基结构	$O-CH_3PhO$	PhO	$O-ClPhO$	$O-NO_2PhO$
取代基k_{Pa}值	10.2	9.86	9.71	7.21
活性/[g/(gTi·h·atm)]	2050	1078	678	176

表3-12显示在苯酚上连接不同的取代基时，$O—CH_3$取代基的活性最高，达到2050g/(gTi·h·atm)。

配位基团的给电子强度：

$C_2H_5O—>CH_3O—>CH_3CH_2—>CH_3—>CH_2=CH—>CH\equiv C—>CN—>OH—>Cl—$

$(C_2H_5)_3P>(CH_3)_3P>(C_2H_5)_2P(C_6H_5)>(C_2H_5)P(C_6H_5)_2>(C_6H_5)_3P$

$H—\approx CH_3—>PR_3>Cl—>CO—$

$(CH_3OC_6H_4O)_3P>(C_6H_5O)_3P>(ClC_6H_4O)_3P$

$R_3P>(RO)_3P$

$R_3P>R_3As>R_3Sb$

所以，如果一个配位体L_1被另一个更好的给电子配位体L_2取代(碱性更强，或电子亲合势更低的配位体)，则金属离子上正电荷减少，结果，金属离子和其他配位体之间的成键能力减弱。所以增加活性中心金属离子上的电子云密度，减少其上的正电荷，可以提高活性中心的聚合反应速率常数。

根据这样的认识，能够想到的增加过渡金属活性中心与烯烃单体反应速率的方法之一是，增加配位体上合适位置取代基的推电子能力，使得活性中心金属离子上的电子云密度进一步增加，正电荷进一步减少，使聚合反应的活化能进一步下降，让金属离子和配位体之间的成键力更加减弱，这样催化剂的聚合活性就可以更进一步提高，而氯化镁正是可以起到这样的作用。

3.2.4 氯化镁的醇合

在制备聚乙烯高效催化剂的过程中，一般都需要先将氯化镁和醇进行反应，得到氯化镁的醇合物溶解在烃类溶剂中，然后再让此氯化镁醇合物根据催化剂的合成配方进行下一步的反应。虽然制备氯化镁醇合物的方法经常被采用，但是对氯化镁醇合物的详细结构却知之甚少，对氯化镁醇合物的结构如何影响催化剂性能也缺乏了解。Sozzani 等人[88]用固体 NMR 方法详细研究了这种醇合物的结构和醇与氯化镁的配位情况。具体的镁离子与乙醇($n = 1 \sim 6$)配位情况可见图 3 – 9，醇中羟基(—OH)的氧原子与镁结合。

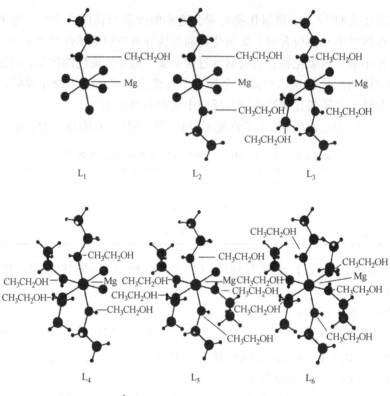

图 3 – 9 Mg^{2+} 与不同量乙醇($n = 1 \sim 6$)醇合的示意图

Sozzani 等人研究认为氯化镁与不同摩尔比的乙醇在醇合过程中，只有 $MgCl_2/C_2H_5OH$ 的比例为 6、2.8、1.5 时才能形成组成明确并且稳定的醇合物。其他的比例实际上都是混合物。

$MgCl_2/6EtOH$ 醇合物的结晶结构示意如图 3 – 10 所示。当 $n = 2.8$ 时结晶中氯化镁和醇两者的比例是 $5MgCl_2 \cdot 14C_2H_5OH$，而 $n = 1.5$ 时则为 $2MgCl_2 \cdot 3C_2H_5OH$。这就可以解释为什么在许多工业应用的催化剂中，常以氯化镁与乙醇摩尔比为 3 左右的醇合物作为起始原料。在此比例下，所制得的催化剂在烯烃聚合时有很高的活性，而低于此比例时活性有所降低。但欲适合于乙烯和丙烯共聚，由乙醇量 $n = 6$ 的球形载体，经脱醇至 $n = 1.5$ 后，就像是图 3 – 10 中的由氯化镁和乙醇构成的 L_1 和 L_2 分子链，包围在一可移动的柔软的乙醇床中。当它与四氯化钛反应时，$TiCl_4$ 极易渗透进去。载钛完毕后，留下了许多空隙，使催化剂形成多孔结构，这种催化剂极适合于制备聚烯烃合金。

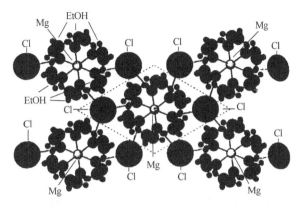

图 3-10　$MgCl_2/6C_2H_5OH$ 加成物的结晶结构示意图

上面的解释说明 $MgCl_2$ 和 EtOH 进行醇合反应，最好是按 6、2.8、1.5 的摩尔比进行才会有高的活性。

研究发现，随着所使用醇的碳链的加长，它在一定范围内会使载体的粒径变小，比表面积增大，催化剂的活性相应增大。

张携等人[89]的研究结果表明，如果确定了催化剂合成的其他用料比和制备条件，则醇的用量多少对聚合产物的表观密度影响较大。醇的用量较少时，催化剂前体配合物的浓度较大，不容易得到理想的颗粒，表观密度较低。而醇的用量太多时，催化剂前体配合物的浓度较稀，可能会影响颗粒生长。所以要想得到最佳的产品表观密度，醇有一个最佳的用量。

3.3　钛镁催化剂的化学机理

在研究高效催化剂化学问题方面，随着[13]CNMR 高分辨率核磁共振的快速发展，大大地扩展了对聚烯烃和烯烃共聚物的化学和立体结构特征的认识深度，例如聚合物链中的化学和立构缺陷的详细情况，链端的结构等等。另外，随着量子化学和计算机技术的迅速发展，密度泛函理论显得越来越重要[90]，高精度的量子计算越来越成为可以切实使用的方法。现在根据 Cossee 机理[91][92]，按照量子化学原理的计算软件可以对配位聚合过程[93]进行深入研究，如对催化剂的结构，催化剂的活性和结构的关系[94][95]，催化剂的立体定向性能[96]，催化剂的共聚合行为等问题进行精确的计算，得到和实验结果比较吻合的数据，加深了研究人员对催化剂的结构更深入的理解。

3.3.1　钛镁催化剂聚合反应过程机理

烯烃聚合主要过程之一是嵌入过程。嵌入过程按协同反应途径发生，即存在一个有些极化的环状过渡态，在此状态中断键和成键同时发生，环状过渡态的特征是活化能低于最弱键的键能（离解能）。

现在普遍认同的 Z/N 催化剂活性中心的形成和聚合反应过程是：

① Z/N 催化剂首先和烷基铝反应被烷基化，并在 Ti 原子附近形成一个空位，单体可在此空位与 Ti 原子配位；

$$(C_2H_5)_3Al + \underset{\displaystyle |}{-Ti-}\ \square \longrightarrow \underset{\displaystyle |}{-Ti}\cdots\overset{Cl}{\underset{C_2H_5}{\overset{\delta^-}{}}}\ \overset{\delta^+}{Al}\overset{C_2H_5}{\underset{C_2H_5}{}}$$

$$\downarrow$$

$$\underset{\displaystyle |}{-Ti}-C_2H_5 + (C_2H_5)_2AlCl$$

② 单体与 Ti 原子配位后，经过四元环的过渡态形成聚合物的增长链，同时又形成一个空位供下一轮配位和链增长：

$$-Ti-C_2H_5 \longrightarrow -Ti-\square + CH_2=CH_2 \longrightarrow -Ti \leftarrow \| \quad C_2H_5$$

π-络合物

过渡态

$$-Ti-R_p \xleftarrow{\ nCH_2=CH_2\ } -Ti-CH_2CH_2C_2H_5 \longleftarrow -Ti\cdots\|\ C_2H_5$$

具体的聚合反应方程式如下：

① 第一步 $TiCl_4$ 的烷基化和还原反应：

$$TiCl_4 + (C_2H_5)_2AlCl \longrightarrow C_2H_5TiCl_3 + C_2H_5AlCl_2$$

$$\downarrow$$

$$TiCl_3 + C_2H_5\cdot$$

② 第二步链引发：

$$TiCl_3/C_2H_5\cdot + CH_2=\underset{\displaystyle R}{\overset{\displaystyle |}{CH}} \longrightarrow TiCl_3/CH_2\underset{\displaystyle R}{\overset{\displaystyle |}{CH}}C_2H_5\cdot$$

③ 第三步乙烯链增长：

$$TiCl_3/CH_2\underset{\displaystyle R\cdot}{\overset{\displaystyle |}{CH}}C_2H_5 + nCH_2=\underset{\displaystyle R}{\overset{\displaystyle |}{CH}} \longrightarrow TiCl_3/CH_2\underset{\displaystyle R\cdot}{\overset{\displaystyle |}{CH}}\left(CH_2\underset{\displaystyle R}{\overset{\displaystyle |}{CH}}\right)_n C_2H_5$$

④ 第四步链转移和链终止：

a. 向氢链转移

$$TiCl_3/CH_2\underset{\displaystyle R\cdot}{\overset{\displaystyle |}{CH}}\left(CH_2\underset{\displaystyle R}{\overset{\displaystyle |}{CH}}\right)_n C_2H_5 + H_2 \longrightarrow TiCl_3-H + CH_3\underset{\displaystyle R}{\overset{\displaystyle |}{CH}}\left(CH_2\underset{\displaystyle R}{\overset{\displaystyle |}{CH}}\right)_n C_2H_5$$

b. 向单体链转移

$$TiCl_3/CH_2\underset{\underset{R\cdot}{|}}{C}H\underset{\underset{R}{|}}{(CH_2} CH)_n C_2H_5 + CH_2\!=\!\underset{\underset{R}{|}}{C}H \longrightarrow TiCl_3/CH_2CH_2R + CH_2\!=\!\underset{\underset{R}{|}}{C}(CH_2\underset{\underset{R}{|}}{C}H)_n C_2H_5$$

c. 向烷基金属催化剂链转移

$$TiCl_3/CH_2\underset{\underset{R\cdot}{|}}{C}H\underset{\underset{R}{|}}{(CH_2} CH)_n C_2H_5 + Al(C_2H_5)_3$$
$$\longrightarrow TiCl_3/C_2H_5 + (C_2H_5)_2AlCH_2\underset{\underset{R}{|}}{C}H\underset{\underset{R}{|}}{(CH_2} CH)_n C_2H_5$$

d. 自发链终止

$$TiCl_3/CH_2\underset{\underset{R\cdot}{|}}{C}H\underset{\underset{R}{|}}{(CH_2} CH)_n C_2H_5 \longrightarrow TiCl_3--H + CH_2\!=\!\underset{\underset{R}{|}}{C}(CH_2\underset{\underset{R}{|}}{C}H)_n C_2H_5$$

除去上述的链转移外，聚合链还可能向 $TiCl_4$ 或杂质链转移。而向 $TiCl_4$ 链转移是因为 $TiCl_4$ 浓度过高，所以聚合物的相对分子质量会下降。而向杂质链转移时，催化剂将失去活性。

3.3.2 钛镁催化剂的活性中心

由于发展了对聚合物特征进行深入研究的现代分析技术，应用这些技术就会发现所有的固体和载体催化剂（以及许多可溶性催化剂）都有几种类型的活性中心，并且它们在动力学和立体化学参数上有重要的区别。

经过多年的研究，已经知道 Z/N 催化剂具有多种不同结构和活性中心。因此，由 Z/N 催化剂聚合得到的聚乙烯，具有不同的活性、不同的相对分子质量、不同的支链及立体空间结构，并且共聚物的组成分布不均匀等特点，表现为是一种多活性中心的催化剂。

Busico 等人[97]在对聚烯烃的活性中心结构进行研究时，从立体化学的角度提出了"三种活性位的模型"，认为它们之间处于相互转变的动态平衡状态。并认为在此三种活性位中有两个与活性中心相邻的镁离子上的配位体 L_1 和 L_2 的位置很重要，此位置上取代基团的差别就决定了活性中心的立体结构。只要 L_1 和 L_2 位置上的取代基团在聚合过程中发生变化，活性中心的性能就会发生变化。按照 Busico 等人的这个模型，当 L_1 和 L_2 两处都是空位，或 L_1 和 L_2 中有一处为空位时，就可能构成无规活性位，也就是说有可能构成聚乙烯的活性中心结构。而两处都有取代基团时就构成等规活性位，也就是说构成了聚丙烯的活性中心结构。此情况也说明 Z/N 催化剂有多种活性中心存在。

Wu 等人[98]在 $TiCl_4-MgCl_2$ 球型催化剂催化乙烯气相聚合的研究中发现，对于单体浓度来说，聚合反应级数会随时间变化，这说明此催化剂体系至少存在两种活性中心。产生此现象的原因，认为可能是由于吸附作用在活性中心周围产生的浓度梯度造成的。

Shariati 等人[99,100]用乙烯与丙烯酸共聚物作载体，经 $Mg(n-Bu)_2$ 改性后负载 $TiCl_4$ 的催化剂体系进行乙烯淤浆聚合动力学研究，也得出所用催化剂体系存在两种活性中心的结论，并进一步提出了动力学模型，考虑了链增长、两种活性中心之间的转变、活性中心的失活及氢链转移等问题。

Kissin 等人[101]用 $TiCl_4/Mg(OEt)_2/SiO_2$ 对乙烯和 1-己烯的共聚合进行了系统研究，发现该催化体系存在五种活性中心，而且这些活性中心具有不同的共聚合能力。共聚能力强的活性中心相对于单体的反应级数接近1，而共聚能力弱的活性中心相对于单体的反应级数接近2，且在共聚中氢气对反应无抑制作用。

上述的研究结果都说明，Z/N 催化剂等固体催化剂中存在多种活性中心。近年来的科学研究也进一步证实确实存在有两种不同类型活性中心系统的催化剂：即仅有一种活性中心的催化剂系统（通常指烃类可溶性催化剂）和含有多种活性中心的催化剂系统（包括 Z/N 催化剂等所有的固体和载体催化剂）。

3.3.2.1 钛镁催化剂活性中心的结构

近年来有不少学者对钛镁催化剂活性中心的结构进行了更为深入的研究，如20世纪末德国 Boero[102] 等人用分子力学第一原理的方法（first principles molecular dynamics）从理论上考查了 $MgCl_2$ (100)、(104)和(110)等各晶面，以及其上所结合的催化剂活性组分构型。他们的研究进一步确认了 $MgCl_2$ 载体的(100)和(110)面是催化剂的相应活性表面。计算也证明，在(100)面上的镁是5配位，但这些面上所形成的活性中心聚合效果差。而且在这些晶面上，钛化合物只能以二聚体的形式结合，并在反应时不稳定，所以看不出(100)晶面有更多的优势。另外二聚体的形式也可能会存在(110)晶面上，但是反应时也一样不稳定。不同的是在此晶面上的二聚体降解后，所产生的 $TiCl_4$ 不会逸出，而仍能结合于此晶面。因此他们认为只有(110)晶面上所结合的单核形式存在的钛化合物才是稳定的活性中心。

Corradini 和 Cavallo 等人[103] 用量子化学密度函数理论方法也系统地研究了 $TiCl_4$ 在 $MgCl_2$ (100)和(110)晶面上结合的情况，研究了其二聚体在(100)晶面上结合的可能性。由于在聚合时有烷基铝存在，催化剂中的 Ti^{IV} 必然要被还原成低价的 Ti^{III} 甚至 Ti^{II}。因此又研究了还原后的 $TiCl_3$ 吸附于(110)晶面的情况，以及 $TiCl_3$ 及其二聚体或四聚体在(100)晶面上结合的可能。他们研究的结论是：

① 与单分子 $TiCl_4$ 相比，其二聚体更易结合在(100)面上，但对 $TiCl_3$ 的二聚体则不利；

② 除了单体状和二聚体以外，$TiCl_3$ 的多聚体也可能结合在(100)面上。

所以 $TiCl_4$ 分子和被还原的 $TiCl_3$ 优先吸附于 $MgCl_2$ 旁侧的(110)晶面，而不是(100)晶面。

Brambilla 等人[104] 将不同量的 $TiCl_4$ 和 $MgCl_2$ 一起进行研磨，然后将样品进行傅里叶转换拉曼光谱的测定。从所得光谱图发现，在研磨过程中至少生成了三种配合物，其中两种不稳定，很容易被己烷洗去。剩下一种根据谱线分析加以确定，是单体状 $TiCl_4$ 配位在 $MgCl_2$ (110)侧断面上。

以上这些讨论大都集中在研究钛的化合物配位在 $MgCl_2$ 的什么位置上，比如是(100)晶面还是(110)晶面。但是，无论是在(100)晶面还是在(110)晶面，钛的化合物与 $MgCl_2$ 之间它们的真正结合方式究竟是怎样的呢？

进一步的研究发现，$TiCl_4$ 在 $MgCl_2$ 上的结合能很低，而很低的结合能是不能使 $TiCl_4$ 牢固地配位在 $MgCl_2$ 上的。因此，那些以 $TiCl_4$ 直接和 $MgCl_2$ 配位为出发点而形成活性中心的理论或模型，其准确性需要进一步深入考证。

Magni 和 Somorjai[105] 研究了他们所制得的 $MgCl_2/TiCl_4$ 催化剂，发现此催化剂中，其面层为 Ti^{4+}，而在其下，数层系由 Ti^{2+} 和 Mg 组成。由此他们认为催化剂的表面可能是由一些

Ti^{2+}取代了 Mg 原子，然后才是 TiCl$_4$、TiCl$_3$、TiCl$_2$ 和此 TiCl$_2$ 表面的结合。Ziegler 等人经计算认为的确它们与 TiCl$_2$ 的结合能高。当 Mg 原子被 Ti 原子取代后 TiCl$_4$ 与 MgCl$_2$ 的结合会变得很强，同时 TiCl$_4$ 与 TiCl$_2$ 的结合也会变得很强。因此认为氯化钛分子实际上是和 MgCl$_2$ 晶面中的 TiCl$_2$ 相结合的。

Ziegler 等人[106]用密度函数方法研究了 MgCl$_2$ 和氯化钛结合的情况。他们归纳了前人所提出的 TiCl$_4$ 结合在 MgCl$_2$ 上三种可能方式的模型，分别命名为 Slop、Corradini 和 Edge。钛化合物根据化合价也设定为三种，即 TiCl$_4$、TiCl$_3$ 和 TiCl$_2$。所以研究工作包括三种结合方式加上三种钛化合物一共 9 种结合的可能性。图 3 - 11、图 3 - 12、和图 3 - 13 即为 TiCl$_4$、TiCl$_3$ 和 TiCl$_2$ 结合在 MgCl$_2$ 上三种可能方式的模型。

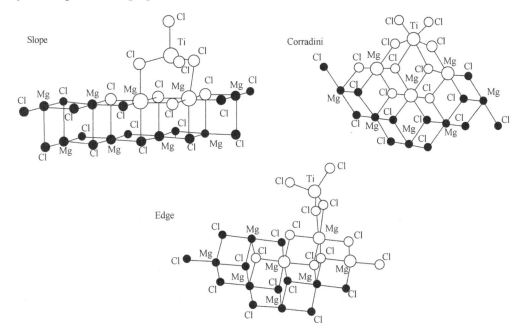

图 3 - 11　TiCl$_4$ 结合在 MgCl$_2$ 上三种可能方式的模型

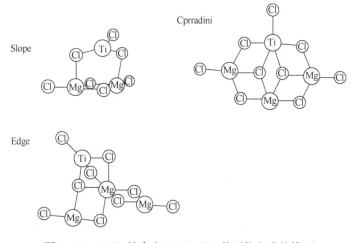

图 3 - 12　TiCl$_3$ 结合在 MgCl$_2$ 上三种可能方式的模型

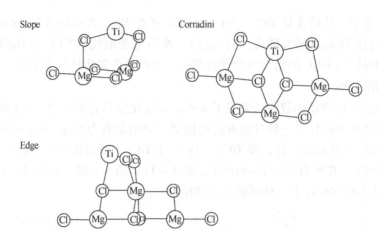

图 3 – 13　TiC$_2$ 结合在 MgCl$_2$ 上三种可能方式的模型

对这 9 种情况进行进一步的分析表明，实际成为活性位的可能性大小可以分为三类，即：

情况 A——可能存在的活性位；

情况 B——可能存在但属于比较差的活性位；

情况 C——不大可能存在的活性位。

首先来看结合在 MgCl$_2$ 晶面 TiCl$_4$ 基的情况。上面已经提到，计算的结果发现不管哪种方式，TiCl$_4$ 在 MgCl$_2$ 晶面上的结合能都很低，因此 TiCl$_4$ 不大可能牢固地结合在 MgCl$_2$ 上。另外其中 TiCl$_4$ 基的 Corradini 构型因其中的 Ti 原子是 6 配位，已经饱和，没有空位留给聚合时单体插入配位用，因此这种构型是不大可能进行聚合反应的。而 TiCl$_4$ 基的其他两个构型则因为上面所说的结合能太低，构型不稳定，无法牢固地结合在 MgCl$_2$ 的晶面上，丙烯聚合是无法形成真正的活性中心，乙烯相应会略好一些，因此估计此类情况应当属于情况 C。

再来看结合在 MgCl$_2$ 晶面的 TiCl$_2$ 情况。计算的结果表明，TiCl$_2$ 可以用上述三种构型与 MgCl$_2$ 相配位。但是，在 TiCl$_2$ 和 MgCl$_2$ 配位的过程中，从构型上看（见图 3 – 13），TiCl$_2$ 和 MgCl$_2$ 之间至少需要有两个 Cl 原子用来桥连 Ti 和 Mg 其构型才能稳定（不会发生旋转）。而 TiCl$_2$ 本身只有两个 Cl 原子，所以都需要用在 Ti 和 Mg 的桥连上，没有富裕的 Cl 基可以用来在聚合时被烷基铝的烷基取代而形成活性中心，因此在 MgCl$_2$ 晶面上，以 TiCl$_2$ 为基础形成活性中心的可能性也不大，估计此类情况也应当属于情况 C。

第三种是 TiCl$_3$ 结合在 MgCl$_2$ 晶面上的情况。MgCl$_2$ 晶面上 TiCl$_3$ 基的 Corradini 构型，由于其终止反应的活化能比增长反应低，反应不大可能顺利进行，因此也不大可能构成合适的聚合活性中心。而 MgCl$_2$ 表面上 TiCl$_3$ 基的 Slop 构型，其增长反应的活化能与终止反应相近，此构型只能生成短的聚合物链，属于比较差的聚合活性中心，故此类情况应当属于情况 B。

还有一种就是 Magni 和 Somorjai 等人提出的 TiCl$_2$ 表面上 TiCl$_4$ 基构型情况。其中的 Slop 构型和上面所述 MgCl$_2$ 表面上 TiCl$_3$ 基的 Slop 构型类似，也属于情况 B 类比较差的聚合活性中心。

而 TiCl$_2$ 表面上 TiCl$_4$ 基的 Edge 构型和 TiCl$_3$ 基的 Edge 构型，这两种构型比较符合 MgCl$_2$/TiCl$_4$ 催化剂体系聚合活性中心的性质，是属于较理想的聚合活性中心，故此类情况可能属于情况 A。

因此，他们得出的结论是：钛的化合物与 $MgCl_2$ 之间真正的配位方式应该是，$TiCl_4$ 配位在取代了 Mg 原子的 $TiCl_2$ 上而构成聚合活性中心。

此外，考虑到乙烯聚合时的插入情况和丙烯聚合有些类似，可以将计算得到的乙烯和丙烯插入的几率共同作为参考。每种位型乙烯插入的几率(P)及聚合物的 M_n 和 M_w 见表 3-13。

表 3-13 每种位型乙烯插入的几率(P)及聚合物的 M_n 和 M_w

位　型		P	M_n	M_w
在 $MgCl_2$ 表面				
$TiCl_4$	slope	0.821619	157	286
$TiCl_4$	edge	0.998214	15709	31390
$TiCl_3$	slope	0.829006	164	300
$TiCl_3$	corradini	0.267678	38	49
$TiCl_3$	edge	0.999894	265742	531455
在 $TiCl_2$ 表面				
$TiCl_4$	slope	0.950936	572	1115
$TiCl_4$	edge	0.951223	575	1122
$TiCl_3$	slope	0.000090	28	28
$TiCl_3$	corradini	0.103712	31	35
$TiCl_3$	edge	0.363110	44	60

3.3.2.2 钛镁催化剂活性中心的活性衰减

钛镁催化剂的活性衰减情况，不同的催化剂区别很大，见图 3-14。

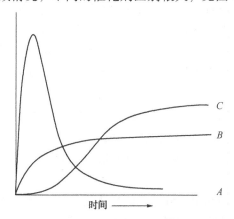

时间 ——>

图 3-14 过渡金属催化剂的聚合反应速率[1]

A—聚合动力学表现出很高的初活性，然后快速衰减；

B—聚合动力学速率逐步增加趋于稳定，是一种长寿命的催化剂；

C—反应初期聚合动力学速率很低(感应期)，而后成为长寿命催化剂

从图 3-14 可以看到，过渡金属催化剂的动力学曲线可以有区别很大的三种情况，原因是它会受到不同类型的活性中心、毒害物质的品种和数量、聚合反应机理的区别等等因素的影响。而且动力学曲线的形态和聚合工艺条件密切相关，不同的聚合工艺条件得到的动力学曲线形态差别很大。

对于乙烯均聚合来说，聚合温度对其聚合动力学曲线的形态影响也很大。原因是随聚合温度升高，乙烯的聚合速率会大大增加，使聚合动力学速率迅速达到最高点，使其与低温聚合时聚合动力学速率逐步升高的情况不同。所以，低温和高温聚合反应的聚合动力学有很大区别，见图 3 – 15。

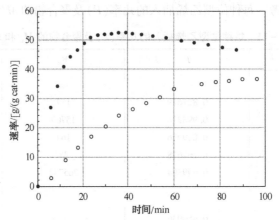

图 3 – 15   TlCl$_3$/MgCl$_2$/SiO$_2$ – AlEt$_3$ 载体催化剂体系乙烯均聚合动力学曲线[107]
50℃（○）及 80℃（●）

3.3.3   钛镁催化剂的聚合反应动力学机理

3.3.3.1   钛镁催化剂的聚合反应机理

前面已经提到，按照聚烯烃研究早期的认识，采用过渡金属催化剂进行烯烃聚合的化学问题比较简单，聚合反应也很有规律，而且聚合物链中发生的结构错误也比较少。但是，近年来技术上的进步使情况发生了变化：一方面是茂金属和后茂金属催化剂的发现，由此产生了很多新的化学认知和问题；另一方面是由于分析技术的不断改进，特别是高分辨率碳[13]核磁共振技术的进步，在新的技术条件下，每一个聚合反应阶段都有可能确定单个聚合物分子的结构，以及链引发，链增长和链转移等的化学和立体化学信息。

另外原来在采用过渡金属催化剂进行烯烃聚合时，所谓"链引发反应"，"链增长反应"和"链终止反应"等概念，都是从已经成熟的聚合反应研究的项目库中借来的相应定义，而且都假定 Ziegler 催化剂只有一种活性中心。因此，在烯烃聚合反应中，上面的每一个反应都规定了特定的化学含义，如：

链引发反应：是指引发剂和单体分子之间发生的反应，衍生出自由基；

链增长反应：是单体分子添加到聚合物自由基上发生的反应；

链终止反应：则是两个聚合物自由基之间互相发生反应，结果自由基被破坏而终止反应。

但是根据现代技术的认识，如果过渡金属催化剂进行烯烃聚合时完全采用上述的概念，那就有可能产生错误，原因是各个不同阶段的化学过程非常不同。对催化剂聚合反应的动力学研究表明，通常每一个活性中心能发挥聚合作用（生成聚合物）的时间，总要超过单个聚合物生长反应的周期，可以达到几百个甚至几千个聚合物分子的生长时间。然而单个聚合自由基通常只能生成一个聚合物分子。虽然过渡金属催化剂不是很稳定，但是它们的平均寿命从几分钟到几小时不等，总是比单个聚合物分子的典型生长时间（几秒或更短）要长很多。所以，一个比较合理的看法是：在单个聚合物分子的生长时间之内即发生终止反应的活性中心（即活性中心被不可逆的破坏）是不大可能存在的。

现代烯烃聚合反应的机理研究还表明，聚合物链生长反应主要包含三个有关因素：

第一个因素是过渡金属原子和碳原子之间的键，即 M—C 键（在有些情况下是 M—H 键）；

第二个因素是烯烃分子单体中的碳—碳双键即 C≡C ；

第三个因素是在聚合反应中，使过渡金属原子和聚合物链最后的单体单元中的碳原子即 M—C 键分离的"链转移试剂"。这些"链转移试剂"或者是单体本身，或者是专门的化学品，它是用来与 M—C 键反应的烯烃分子竞争，作用是结束链增长反应。所述的化学品可以作为催化剂的组成而参与反应系统（例如，助催化剂），或者是被另外加入到反应中。

烯烃聚合主要过程之一是嵌入过程。嵌入过程按协同反应途径发生，即在链的增长过程中存在一个有些极化的环状过渡态，在此状态中断键和成键同时发生。环状过渡态的特征是活化能低于最弱键的键能（离解能），通常是

碳—碳键所需的键能：264kJ/mol；

金属—碳键所需的键能：125～380kJ/mol；

环状过渡态金属—碳键的键能：60～80kJ/mol。

因此，环状过渡态金属—碳键的状态非常有利于烯烃单体分子反复插入。

所以，对聚合物链和它们的生成反应的描述应该是：

起始链端—(内部单体单元)$_n$—最终链端

即，每一个聚合物分子由三个不同部分的结构组成，两个链端，即起始的链端和最后的链端，和含有许多单体单元的大分子本体。

起始链端和最终链端的差别是二者是按时间顺序排列和构筑的，第一个单体分子嵌入到 M—C 或 M—H 键，然后，其后链的增长会有许多链生长步骤，碳—碳双键 C≡C 会在内部发生反应接到金属碳键 M—C 上生成大分子本体。而最终链端的生成则同时发生两个过程：即聚合物链从活性中心上分离，同时生成下一个起始链端。所以起始链端和最终链端是相互联系的，需要一并讨论导致它们生成的反应。

3.3.3.2　关于聚合物的支链

在过渡金属催化剂进行烯烃聚合生成聚合物链的过程中，还有一个问题是许多支链是怎么生成的？这里借用自由基聚合生成支链的聚合反应动力学过程加以说明[108]：

在乙烯聚合反应中，通常存在两个相：乙烯连续进料形成的乙烯相和连续聚合过程生成的聚合物聚乙烯相。在聚乙烯相中容易生成长支链聚合物，而在乙烯相中容易生成短支链聚合物。

长支链和短支链聚合物的生成原因主要是链转移反应。

短支链的形成主要是分子内链转移反应的结果，可以用下式表示：

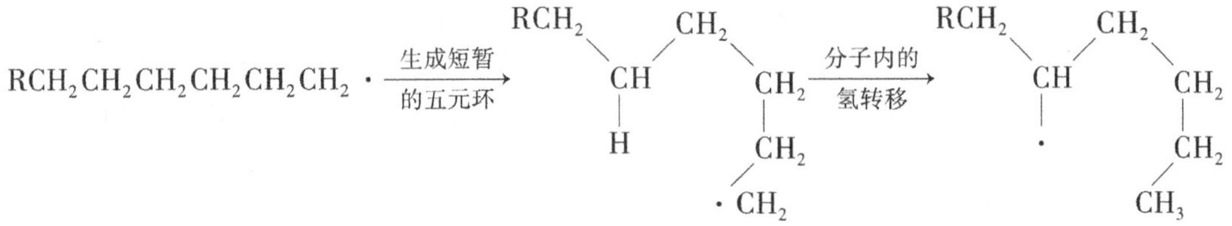

$$\xrightarrow{CH_2=CH_2} \begin{array}{l} RCH_2 \\ | \\ CH-CH_2-CH_2-CH_2-CH_3 \\ | \\ CH_2 \\ | \\ \cdot CH_2 \end{array} \tag{3-17}$$

从式(3-17)可以看出,在链增长的过程中,生成短暂的五元环相对来说可能性较大,所以短支链的生成量较多。短支链是以丁基支链为主,也有乙基支链。短支链的生成反应速率与链增长速率之比就决定了短支链的支化度。可用下式表示(·是活性标志):

$$R_S = k_S[R\cdot] \tag{3-18}$$

$$R_i = k_i[R\cdot][M] \tag{3-19}$$

$$R_S/R_i = k_S[R\cdot]/k_i[R\cdot][M] = k_S/k_i[M] \tag{3-20}$$

式中　R_S——短支链的生成反应速率;

　　　R_i——链增长速率;

　　　k_S——短支链的生成反应速率常数;

　　　k_i——链增长速率常数;

　　[$R\cdot$]——自由基浓度;

　　[M]——单体乙烯浓度。

从式(3-19)可以看出,当聚合压力升高时,单体乙烯浓度[M]提高,R_i增大,短支链的生成就少,聚乙烯的密度较高。

长支链的形成是由于分子之间的链转移反应,其链转移反应的机理如下式表示:

$$\underset{\text{增长链}}{P_1CH_2CH_2\cdot} + \underset{\text{死高分子}}{P_2CH_2CH_2P_3} \xrightarrow[\text{氢转移}]{\text{分子间}} \underset{\text{死高分子}}{P_1CH_2CH_3} + \underset{\text{增长链}}{P_2CHCH_2P_3} \tag{3-21}$$

式中　P_1,P_2,P_3——聚乙烯分子链;

　　　死高分子——指不带自由基的分子,但遇到自由基的分子可以起反应。

由生长的增长链再与乙烯聚合,所得到的聚乙烯长支链的长度可与主链的长度相当。长支链的生成反应速率与链增长速率之比,就决定了长支链的支化度,可用下式表示:

$$R_1 = k_1[R][P] \tag{3-22}$$

$$k_1/R_1 = k_1[P]/k_i[M] \tag{3-23}$$

式中　[P]——聚乙烯浓度;

　　　R_1——长支链的生成反应速率;

　　　k_1——长支链的生成反应速率常数。

从式(3-22)可以看出,当聚乙烯浓度[P]大时,长支链的生成就多。

图3-16为钛基催化剂乙烯和1-已烯共聚物不同聚合物链段的GPC曲线。

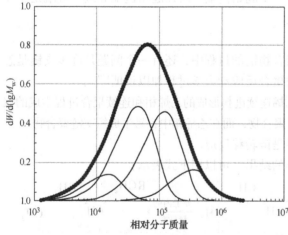

图3-16　非均相钛基催化剂的乙烯和1-己烯
[$C_{Hex}=2.8\%$(摩尔)]共聚物的GPC曲线[109]

3.3.3.3　不同代的聚乙烯催化剂动力学数据

Z/N 催化剂各代聚乙烯催化剂的动力学数据列在表 3 – 14 中。

表 3 – 14　不同代催化剂乙烯聚合的动力学数据比较[110]

催化剂[①]	聚合温度/℃	聚合活性/[kgPE/(gTi·h)]	C*/(mol/molTi)	k_p/[L/(mol·s)]
第一代催化剂	80	2	0.01	
第二代催化剂 TiCl₃	80	2.3	0.1	12,000
第三代催化剂研磨法 TiCl₄/MgCl₂	80	830	0.36	10,000
第四代催化剂 CT 催化剂[118,41]	50	3.25×10^4 mol/(mol·h)	0.26	25.0×10^5 L/(mol·h)

①助催化剂为 $Al(C_2H_5)_3$。

从表 3 – 14 的数据可以看出，第一代催化剂和第二代 TiCl₃ 催化剂的主要区别是活性中心 C* 增加了。而 C* 增加的原因是因为活性中心可以载负在大比表面积的 TiCl₃ 表面，但是增加的比例相对来说还不是很大。而第二代 TiCl₃ 催化剂和第三代、第四代载体 TiCl₄/MgCl₂ 催化剂聚合速率的差别，则明显是因为活性中心浓度[C*]的差别而造成。其原因就是因为有了载体氯化镁而使活性中心的数量大大增加。按照谢有畅等人的研究结果[110]，这是因为催化剂的活性组分在载体氯化镁的表面上达到单分子层分布的结果，而且几乎每个过渡金属原子都可以起活性中心的作用，因此催化剂的活性大幅度提高。

表 3 – 14 的数据还说明，第三代和第四代钛镁催化剂的聚合活性提高，不但因为活性中心的数量大大增加，而且还因为给电子体取代基的作用而使得聚合速率常数 kp 也大大提高。BRICI 的第四代 CT 催化剂的聚合活性提高幅度很大。

图 3 – 17 对 TiCl₄/MgCl₂/SiO₂ – AlEt₃ 催化剂中的动力学数据进行了分解，给出了不同活性中心的动力学曲线。而这些不同活性中心动力学曲线的叠加就是总的动力学曲线。

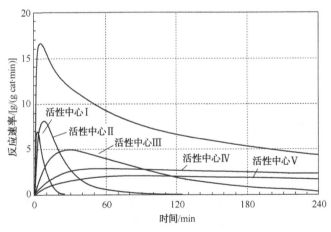

图 3 – 17　TiCl₄/MgCl₂/SiO₂ – AlEt₃ 催化剂体系的乙烯/1 – 己烯在85℃进行共聚合的反应动力学[101]

3.3.4　钛的氧化态

过去，在三氯化钛与 DEAC 系统中，大多数的看法都认为作为活性中心的钛原子是三价的。可是，在钛镁催化剂中，初始的四氯化钛中的钛原子为四价氧化态，在反应的过程中被还原，而且有可能发生过度还原。虽然由于使用不同的催化剂和分析方法，文献报道的结果常有矛盾，但是，对于同样都是四氯化钛/EB/氯化镁催化剂，可以得到以下的数据：

Kashiwa：三价钛为 20%，二价钛为 80%[112]；

条件：催化剂与三乙基铝在 60℃接触 2h(铝/钛比为 50)后测定；

Chien：三价钛为 85%，二价钛为 15%[113]；

条件：催化剂与三乙基铝在 50℃接触 10min(助催化剂为 3∶1 的 TEA/MPT)后测定；

Weber：三价钛为 70%，二价钛为 30%；

条件：在 25℃与 TEA 接触后测定；

四价钛为 35%，三价钛为 25%，二价钛为 40%；

条件：与 TEA/MPT 接触后，不管有无烯烃存在，都可以检测[114]。

以上的数据表明，虽然不同学者得到的数据并不相同，甚至还有不同结论的报道，但是可以肯定的是，在催化剂和烷基铝接触以后，系统中钛的氧化态并不都是三价氧化态。

Chien 结合 ESR 和滴定技术确定了邻苯二甲酸酯/硅烷系统催化剂中钛的氧化态[115]。在与 TEA/PES 反应(50℃，1h)后，发现了下面的分布：四价钛离子约 28.1%，三价钛离子约 38.5%(24% 可以由 ESR 检测，其余的 ESR 检测不到)，二价钛离子约 33.4%。没有 PES 时，则发现了下面的数值：四价钛离子约 7%，三价钛离子约 73.7%(34% 可以由 ESR 检测)，二价钛离子约 19.3%。

Fregonese 等人[116]研究了用 TEA 处理 $TiCl_4/MgCl_2$/EB 催化剂进行丙烯聚合时，Ti 的氧化态随 Al/Ti、温度和时间的变化情况。实验结果表明，Ti 的还原和反应时间有明显的依赖关系，特别是在 Ti^{4+} 消耗时，Ti^{2+} 明显增加，活性也随之发生变化。可是乙烯聚合的情况就有所不同，在 20~120min 的活化时间内，随反应时间的延续，Ti^{4+} 逐渐下降，而 Ti^{3+} 则快速减少，同时 Ti^{2+} 迅速增加，但 Ti^{2+} 和 Ti^{3+} 的总量基本不变，而且关键是乙烯聚合的活性也基本上不变。

尽管催化剂及反应条件各不相同，但根据上述结果可以得出这样的结论：钛镁催化剂在聚合条件下，会发生多种钛原子的还原反应，钛原子不仅会被还原为三价钛离子，而且也会被还原为二价钛离子，或者还有部分没有被还原的四价钛离子。但是乙烯聚合和丙烯聚合的区别是：乙烯聚合可能主要是 Ti^{2+} 和 Ti^{3+} 在起作用，而丙烯聚合可能主要是 Ti^{4+} 和 Ti^{3+} 在起作用。

3.3.5 给电子体的作用

通常认为内给电子体的作用是加速氯化镁颗粒的破碎，稳定氯化镁微细的初级晶粒，并可以调节在最终催化剂上的 $TiCl_4$ 量和分布。

聚丙烯催化剂加入内给电子体的作用，是为了让内给电子体与 $TiCl_4$ 和 $MgCl_2$ 的 100 面和 110 面相竞争络合[117]，由于内给电子体更容易和 110 面络合，这就使 $TiCl_4$ 不易和 110 面络合，从而阻止了单核无规活性中心的生成。所以对于聚丙烯催化剂来说，加入内给电子体的一个重要的作用是控制活性中心的类别。

但是对于聚乙烯催化剂来说，因为没有要求生成双核等规活性中心的需要，而是只要求生成单核活性中心作为乙烯聚合的活性中心即可。所以加入给电子体的作用显然与聚丙烯催化剂不同，它主要是影响 $MgCl_2$ 醇合物在 $TiCl_4$ 溶液中的分解、络合和重结晶，从而影响 $MgCl_2$ 络合物的微晶结构和催化剂的颗粒形态，而且加入给电子体可以影响催化剂的载 Ti 量和 Ti 的分布。因此，聚乙烯催化剂加入给电子体的目的，明显与聚丙烯催化剂为了阻止单核活性中心的生成不同，所以应该从与聚丙烯催化剂不同的角度来研究聚乙烯催化剂给电子体的作用。

当然，也有的学者认为乙烯淤浆聚合催化剂中也含有少量的给电子体，并认为其作用可能是提高载体催化剂的比表面积，调节活性中心特性。

3.3.5.1　PE 和 PP 催化剂给电子体化合物作用的异同

给电子体化合物的作用通常分为两类，即内给电子体(Di)和外给电子体(De)。内给电子体一般是指在催化剂合成时使用的给电子体化合物，而外给电子体则是指在聚合反应时使用的给电子体化合物。对于乙烯聚合来说，由于没有丙烯单体聚合时的甲基取向问题，对聚合物的立体构型(等规或无规)没有特殊的要求，因此，不需要在聚合时加入外给电子体来控制立体构型。所以对于聚乙烯催化剂来说，一般没有外给电子体问题，而主要是内给电子体问题。

对聚乙烯催化剂内给电子体作用的认识是一个比较复杂的问题。文献中[118]对于聚丙烯内给电子体作用提出的明确看法是：内给电子体可以阻止聚丙烯催化剂中无规活性中心的形成，能够调节钛活性中心周围的空位，参与等规活性中心的形成，并将低等规活性中心转变为高等规活性中心，或将无规活性中心转变为等规活性中心等。归纳起来，聚丙烯内给电子体作用的中心问题主要是如何提高催化剂的定向能力。

可是对于聚乙烯催化剂来说，它对提高聚合定向能力并没有要求，那么它加入给电子体的作用又是什么呢？

众所周知，聚乙烯催化剂虽然没有对聚合定向能力的需求，但是它对活性、相对分子质量和相对分子质量分布等参数要求是很高的。而加入给电子体化合物对于提高催化剂的这些性能是很重要的。因此，聚乙烯催化剂和聚丙烯催化剂相比，加入给电子体化合物的设计重点是不完全相同的。

进一步看，原始载体的结构对催化剂表面和形态的影响，对于聚乙烯和聚丙烯的催化剂也有所不同。概括地说，聚丙烯催化剂主要是靠所配位的给电子体来影响催化剂的结构、形态和性能并最终控制聚合的立体定向能力、活性等性能。所以对于聚丙烯钛镁催化剂来说，如何保护好配位在催化剂上的给电子体，让它能在聚合过程中很好地发挥作用是催化剂合成技术的关键之一。

而聚乙烯催化剂很重要的一点是要靠钛/镁共晶体发挥作用。为了得到合适的钛/镁共晶体，一个重要的措施是进行醇合，目的是让氯化镁溶解于烃溶液中，使其能方便地和 $TiCl_4$ 形成符合要求的共晶体。为了改进和提高催化剂的性能，一项重要的技术就是在醇合阶段加入给电子体以影响共晶体的组成和结构。但是，聚乙烯催化剂通常在醇合后又会和大量的 $TiCl_4$ 接触进行载钛反应。孙仪菁等人的报告[119]证实，醇合物和大量的 $TiCl_4$ 进行载钛反应之后，其所加入的给电子体一般都被 $TiCl_4$ 抽提反应消耗殆尽，产物中测量不到给电子体的存在。但是即使如此给电子体也还是必须加入，否则催化剂的性能会很差。那么给电子体加入了又被 $TiCl_4$ 抽提掉但是还是要加，这是为什么呢？

Sozzani 等人[120]对乙醇的作用提出了"记忆"效应的概念，指出原始载体的结构对催化剂的表面和形态有重要的影响，从而也明显影响载钛的结果。原始载体中配体(乙醇)所占的位置和分布在载钛时会有"记忆"效应，从而影响钛在催化剂中的位置和分布。这说明 $MgCl_2$

和 EtOH 进行醇合反应会影响到所生成载体的结构，而所生成载体的结构又决定了载钛的效果。因此，它们是一串互相关联、互相影响的效应。

Sozzani 等人的这个观点看起来也可以延伸到对给电子体作用的解释。虽然对于加入的给电子体作用，不同的研究者的看法和解释可能不完全相同，但是比较有可能的一种情况是，醇合时不但加入乙醇且加入给电子体，而且给电子体加入的时间是在与 TiCl₄ 反应步骤之前，此时反应液中还没有 TiCl₄，这说明此时加入给电子体化合物所发生的反应和作用与 TiCl₄ 无关。应该说醇合物中此时所加入给电子体化合物最有可能的作用是，对所生成的氯化镁载体络合物的组成、结构和性质加以影响。而一旦氯化镁载体络合物的结构确定后，虽然后面再加入的 TiCl₄ 会和给电子体反应将加入的给电子体从氯化镁载体中清除。但是，所生成的氯化镁载体络合物的结构已经形成，不会因为给电子体的被清除而改变，这就决定了 TiCl₄ 加入后载钛的效果。也就是说，聚乙烯催化剂的给电子体即使被 TiCl₄ 反应清除掉了，但是它对所生成载体络合物的组成、结构仍然保留了影响，这样载体络合物的组成、结构就会影响载钛的结果，因而也就对钛/镁催化剂的组成、结构和性能产生最终的影响。

所以，形象的描述是，聚乙烯催化剂的给电子体好像是"无形地"影响聚合结果。而聚丙烯催化剂的给电子体是"有形地"影响聚合结果。

刘东兵等人[89]的研究结果表明，给电子体可以使催化剂的载钛量提高，从而帮助提高催化剂的活性。另外，给电子体的加入，一方面可以改进粒子表面的电荷分布状态，较均匀地吸附活性中心离子 Ti³⁺，从而帮助提高催化剂的活性。另一方面，粒子表面电荷的均匀分布又可以减少过大和过小颗粒的生成，使催化剂颗粒的平均粒径增加，使颗粒更均匀。

3.3.5.2　内给电子体的结构特征

做为一种性能优良的内给电子体化合物，除了要有良好的给电子性能外，它还必须能和氯化镁或钛镁络合物进行配位。如果不能很好地配位，即使有再好的给电子性能也无法在聚合中发挥作用。而能否有效地参加配位，按现在的认识主要是靠给电子体化合物中的含氧官能团结构。而具有含氧官能团结构的给电子体至少应有以下几个特点：

① 已经知道给电子体是通过其官能团中的氧原子和氯化镁或钛镁络合物进行配位。因此不管是哪种类型的化合物，如果能作为给电子体使用就需要有含氧原子的官能团（含氮原子和硫原子的官能团也有可能）。而对于有双含氧官能团结构的给电子体来说，因为它有两个氧原子可以参与这种配位过程，因此由它得到的催化剂的稳定性要优于有单含氧官能团结构给电子体的催化剂。

② 研究又表明，单含氧官能团结构的给电子体通常只是和镁配位而不和钛配位。而双含氧官能团结构的给电子体则不但可以和镁配位，有的还可以和钛配位（当然也有不同看法的文献报道）。Yang[121]等人在用 IR 对钛/镁催化剂的研究中发现，单酯催化剂的红外吸收峰很简单，C＝O 基在 1667cm⁻¹ 处有一尖峰。而二酯催化剂的红外吸收峰就很复杂，C＝O 基在 1900～1600cm⁻¹ 范围内有不同强度的峰存在，说明二酯催化剂有不同的二酯配合物存在，其中可能包括酯钛配合物。从电子传递的角度看，如果给电子体除了和镁配位外还可以和钛配位，那就又增加了一条可以向活性中心原子传递电子的通道，这也许会有利于催化剂性能的提高。

③ 研究还表明，双含氧官能团结构给电子体与镁原子和/或钛原子的配位效果，和它两个氧原子之间的距离有很大的关系。氯化镁的 110 晶面四配位相邻镁原子的间距大约为

0.27～0.28nm。可以想象如果要和这样的镁原子配位，给电子体两个官能团的氧原子之间的距离应该也在此范围是比较合理的。以苯甲酸二酯给电子体为例，邻位二酯两个氧原子的间距大约为0.27nm，而间位和对位二酯两个氧原子的间距都大于0.5nm，实际应用的结果证明，只有邻位的邻苯二甲酸二酯做内给电子体用于催化剂时才有效，使用间位的或对位的苯二甲酸二酯做内给电子体都不行，这从一个方面证明了上述的推测。

而对于氯化钛来说，因为钛原子的半径与镁相近，而且钛是取代镁而进入氯化镁的晶体或与氯化镁生成共晶体的，因此在共晶中相邻钛原子的间距应该也与镁相近，因此和钛原子的配位效果应该和镁的规律类似。

LiuB等人[122]通过密度函数理论分析认为，内给电子体化合物的偶极距和配位键长度，是会影响催化剂的活性和聚合物的空间立体性能的。这也说明给电子体化合物对载体结构的影响。当然，给电子体化合物自身的性能也是需要考虑的问题。

3.3.6　氢调敏感性

上面讨论了有关内给电子体对催化剂性能方面的影响问题，可是是什么原因影响聚乙烯催化剂的氢调敏感性呢？让我们先来看看聚丙烯的情况。Chadwick等人[123]对聚丙烯Z/N催化剂的氢调敏感性进行了研究，发现单体的插入方式有重大的影响，即单体的插入是以1，2方式插入还是以相反的2，1方式？研究发现，丙烯聚合时不管丙烯是1，2插入或是2，1插入，其后都可以与氢发生链转移，但是与单体发生链转移则只能发生在1，2插入之后。以1，3-二醚为内给电子体的$MgCl_2/TiCl_4/$二醚-$AlEt_3$催化剂体系为例，因为在丙烯聚合过程中，丙烯不断以1，2方式插入，偶尔也发生2，1插入，如接着又发生与氢的链转移，那么所生成的大分子链的末端就会出现正丁基基团，而在正常以1，2方式插入时生成的是异丁基基团。其反应式如下：

1，2插入

$$Ti—CH_2—CH(CH_3)—[CH_2—CH(CH_3)]_n Pr + H_2 \rightarrow Ti—H + iBu—CH(CH_3)[CH_2CH(CH_3)]_{n-1}Pr$$

2，1插入

$$Ti—CH(CH_3)—CH_2—[CH_2—CH(CH_3)]_n Pr + H_2 \rightarrow Ti—H + nBu—CH(CH_3)[CH_2CH(CH_3)]_{n-1}Pr$$

因为聚合物末端所生成的正丁基基团的量与催化剂的本质和氢的加入量有关，只要通过观察聚合物末端$n-Bu$和$i-Bu$的比例，就可以了解催化剂这方面的情况。

实验证明在相同的氢分压下，1，3-二醚为内给电子体的催化剂相比于苯二甲酸酯类内给电子体的催化剂，其$n-Bu$末端基明显增多，也就是说在这类催化剂中，2，1插入的机率要高。而一旦发生2，1插入后，链的增长就要减慢。但如有氢的存在，氢能使其再度活化。再度活化后生成的Ti—H，如再呈现2，1插入，接着并发生氢的链转移，则会产生2，3-二甲基丁基的末端基团。而如仍以1，2插入，则生成正丙基团。研究发现，在$MgCl_2$载体型的催化剂中，带有2，3-二甲基丁基末端基者达5%～20%。这就是该体系氢调敏感性好的原因。

Chadwick还和Busico等人合作[124]用丙烯和含^{13}C示踪原子的乙烯[1，^{13}C]进行共聚后再测定共聚物^{13}CNMR。正如上面所述，在丙烯聚合时，一旦发生2，1插入，阻止了其后正常的1，2插入，如果是与氢发生链转移就变得容易进行。而乙烯和氢一样，其插入反应也快于丙烯，所以应该使共聚反应也可以顺利进行。如能求得在2，1插入后乙烯[1，^{13}C]的量，那么就可以比较准确地了解催化剂中区域插错情况。

表 3－15 是他们研究的两种催化剂结果的数据，催化剂 1#是 $MgCl_2$/苯二甲酸二异丁酯/ $TiCl_4$ 体系，催化剂 2#是 $MgCl_2$/1，3－二甲氧基丙烷/$TiCl_4$ 体系，助催化剂均用三异丁基铝。可以采用增大反应介质中乙烯/丙烯进料比的方法，来改变共聚物中的乙烯含量。

表 3－15　不同催化剂体系 2，1 插入后，乙烯[1,^{13}C]量变化情况

催化剂种类	总乙烯[1,^{13}C]量/%（摩尔）	2，1 插入后乙烯[1,^{13}C]的量/%（摩尔）
体系 1	0.40	0.014
	1.13	0.035
	1.72	0.042
	2.73	0.057
	5.80	0.092
体系 2	0.67	0.052
	1.74	0.12
	3.20	0.15
	6.00	0.18

表 3－15 数据说明：

① 与催化剂体系 1 相比，催化剂体系 2 的 2，1 插入能力较强，而且所生成的区域插错的分布比较均匀，也就是说，其活性中心的性质比较均一。

② 两种催化剂体系有不同的氢敏感性，催化剂体系 1 的部分活性位几乎只能作 1，2 插入，氢进行链转移困难，与催化剂体系 2 相比，为达到相同的相对分子质量必须加大氢分压。也就是说催化剂体系 1 的氢调敏感性差。

那么乙烯聚合的氢调情况又如何呢？乙烯是两个碳原子构成的单体，1，1 结构，即无论从哪个方向插入都是一样的，没有 1，2 和 2，1 的区别，所以乙烯聚合和丙烯不一样，不能以单体的结构来影响氢调的效果。但是按照聚丙烯单体插入方式不同明显影响氢调效果的研究结果看，是不是乙烯聚合时会有其他的结构因素影响氢调呢？例如活性中心的结构是不是也会影响氢调的效果呢？

根据 UCC 和 BP 公司的专利[125~131]，在 $MgCl_2$ 或 SiO_2 为载体的氢调效果比较好的催化剂中，经常会使用的组分有烷氧基钛、卤代烷烃、THF 等给电子体和大基团的烷基铝等。这种情况是否也说明催化剂活性中心需要有比较大的配位基团帮助构筑合适的空间结构？

张启新、王海华等人[132]研究了 $ZnCl_2$ 等组分在 HM 钛/镁/THF 催化剂中的影响，发现随 $ZnCl_2$ 用量增加，M_w 由 1.65×10^6 减少到 1.4×10^6。在共聚单体 1－丁烯为 10%时，随 $ZnCl_2$ 用量增加，M_w 由 5.55×10^5 减少到 3.47×10^5。说明加入 $ZnCl_2$ 确实有帮助调节相对分子质量的作用。对此作用的解释是，$ZnCl_2$ 在烷基铝的作用下可以形成烷基锌，而烷基锌是有效的链转移剂，因此能帮助降低相对分子质量。

从上述的情况来看，使用烷氧基钛、卤代烷烃、THF 等给电子体和 $ZnCl_2$，以及大基团烷基铝，都是要调节和控制催化剂活性中心的结构，目的是得到一个氢敏感性好的效果。所以这样看来，改进催化剂活性中心的结构应该是问题的关键之一，加入给电子体化合物有可能起到相关的作用。

3.4 助催化剂化学

在 Ziegler 催化剂和单活性中心催化剂体系中，催化剂必须与助催化剂配合使用。助催化剂在多数情况下是烷基铝，它的作用可以分为两部分，一部分是在催化剂合成时使用的烷基铝，加入烷基铝的目的主要是为了影响所生成催化剂的结构和性能。

另一部分是在聚合时使用的烷基铝，它的主要作用是起烷基化作用，还原所载负的过渡金属构成聚合活性中心，另外还可以起链转移剂作用。所以这两部分烷基铝的作用是不相同的。

对于催化剂合成时使用的烷基铝来说，因为烷基铝是一种路易斯酸，它在催化剂合成中会和一些碱性物质如给电子体等发生反应生成化合物或配合物。而为了控制所生成的化合物或配合物，这部分加入的烷基铝数量一般都比较少，条件也比较严格。而且多数催化剂制备的过程是在加入烷基铝反应后再进行载钛处理。在这种情况下，无论前面加入几种或几次烷基铝，到了这一步都要被其后加入的 $TiCl_4$ 抽提脱除。因此对此处加入烷基铝的作用，估计和加入给电子体的情况类似，主要是为了影响所生成的催化剂前体的结构和形态。另外，所加入烷基铝的不同还可能会影响催化剂前体的载钛空间并进而影响催化剂的载钛结果。应该说这一步的烷基铝加入和聚合时加入烷基铝的作用是不同的。但是如果制备过程是在催化剂制备的最后阶段加入烷基铝进行处理，而且其后除洗涤、干燥外不再有任何反应过程，那么加入烷基铝的作用可能有类似聚合过程中加入烷基铝的作用。

对于在聚合时使用的烷基铝来说，情况就完全不同了，研究聚合过程中加入烷基铝作用的文献很多，归纳起来主要有以下几方面：

（1）还原钛价

烷基铝在烯烃聚合中所起的作用是，将 $TiCl_4$ 中的四价钛 Ti^{4+} 还原成三价钛 Ti^{3+} 甚至二价钛 Ti^{2+}，只不过生成的比例要随烷基铝的用量和聚合条件而变化。Soga[133]等人的研究认为，Ti^{3+} 对乙烯、α-烯烃、二烯烃都有聚合活性，而 Ti^{2+} 只对乙烯有聚合活性（加大烷基铝的用量）。

（2）构成聚合活性中心

烷基铝能使 Ti 烷基化生成 Ti—C 键，形成聚合活性中心。Mori 等人[134]的研究发现，烷基铝的体积与所生成的活性中心浓度有关。在三烷基铝中，随烷基的体积增大，其催化剂的活性中心浓度明显下降。因此也可以认为"烷基"体积与聚合活性有关，"烷基"体积越大活性越低，但不同"烷基"得到的活性中心种类是相同的只是数量不同，且不同三烷基铝的链增长速率常数 k_p 变化不大。

增加烷基铝用量可以增加活性中心浓度，但不影响活性中心的性质也不影响聚合动力学行为，可以提高活性而不影响链增长速率常数 k_p。

研究还发现，催化剂的活性与烷基铝的配位能力以及催化剂的离子性质有关。另外，烷基铝是一种路易斯酸，在聚合过程中它会和给电子体（路易斯碱）发生反应，生成各种配合物，它既影响聚合物的动力学特征、相对分子质量及相对分子质量分布等指标，也会影响聚合物的立体结构，因此烷基铝的作用对钛/镁催化剂体系来说是十分重要的。

（3）实现链转移

烷基铝的链转移能力也和烷基的体积大小有关，烷基的体积越大链转移能力越低。所以 TEA 的链转移能力要比 TBA 高。

另外，对于加入不同烷基铝的作用，有研究者认为大烷基的烷基铝如 TBA 主要使高相对分子质量活性中心活化，但生成的活性中心浓度较低，所以聚合活性低而聚合物相对分子质量高。而小烷基的烷基铝如 TEA 则主要使低相对分子质量活性中心活化，但所生成的活性中心浓度较高，因此聚合活性高而聚合物相对分子质量低。

对于茂金属单活性中心催化剂，烷基铝不是有效的助催化剂，这可能是因为它没有萃取能力来产生离子活性中心的配位基。而能做到这一点的是铝氧烷 MAO 和芳基硼。

好的 MAO 是无定形、白色易脆的固体物，Al 含量为 43% ~44%（理论量为 46.5%）。

作为茂金属催化剂的另一种助催化剂是芳基硼。最常用的是五氟苯基硼（FAB），即 $[C_6F_5]_3B$。FAB 是一种很强的路易斯酸，它可以进一步衍生出有更强路易斯酸性的三苯基四（五氟苯基）硼（ATE），即 $PH_3C^+[C_6F_5]_4B^-$。强路易斯酸性的 FAB 和 ATE 的复合物，可以从单活性中心的过渡金属提取一个基团创造出一个活性中心阳离子。用它的好处是不用像 MAO 那样大量的过量[135]。

3.4.1　烷基铝的种类及对性能的影响

烷基铝是聚乙烯催化体系所使用的助催化剂，除烷基铝外还有给电子体（或称路易斯碱）。

3.4.1.1　烷基铝对三氯化钛催化剂活性的影响

以 γ 结晶形态的三氯化钛为例，与其配伍的烷基铝对活性的影响趋势如下[136]：

三乙基铝 > 一氯二乙基铝 > 一溴二乙基铝 > 一碘二乙基铝

主要原因是不同烷基铝的还原能力的差别：

$$Al(C_2H_5)_3 > Al(i-C_4H_9)_3 > (C_2H_5)_2AlCl$$

其中

$Al(C_2H_5)_3$ 还原能力强，催化体系活性高，但聚合反应不稳定，较难掌握；

$(C_2H_5)_2AlCl$ 还原能力较低，催化体系活性较低，但聚合反应较平稳，较易掌握；

$Al(i-C_4H_9)_3$ 介于上述二者之间。

范志强等人[137]采用多个 Flory 分布峰叠加拟合相对分子质量分布曲线的方法，对 TEA 和 TIBA 这两种烷基铝对 Z/N 催化剂活性中心的影响进行了研究。研究发现，使用 TEA 的 Z/N 催化剂体系其活性中心的种类较多，共有 4 ~5 种，且各中心生成的聚合物量差别不大，因此相对分子质量分布比较宽。而使用 TIBA 的催化剂体系其活性中心的种类较少仅有 2 ~3 种，Al/Ti 比例为 77 时只有 2 种，且高相对分子质量部分占 80%，因此相对分子质量分布比较窄。产生这种区别的原因，可能是由于不同活性中心对助催化剂还原作用的敏感程度不同而造成的。

3.4.1.2　烷基铝对催化剂颗粒形态的影响

实验证明，烷基铝是催化剂制备过程中微孔形成的关键，它影响组成和比表面积。以 $AliBut_3$ 为例，$AliBut_3$ 和乙醇反应产物在己烷中的溶解度如下：

$$Al(OEt)_3 < Al(OEt)_2(iBut_3) < Al(OEt)(iBut_3)_2$$

烷基铝用量大时，主要生成 $Al(OEt)(i-But_3)_2$，大部分溶于己烷，所得催化剂内孔多比表面积大，但因烷氧基少而载钛量低，仅3%左右。

烷基铝用量小时，主要生成 $Al(OEt)_2(i-But_3)$，大部分存于固相，所得催化剂内孔少比表面积小，但因烷氧基多而载钛量高，可达6%~7%。

3.4.1.3 三氯化铝的影响

对于三氯化铝，与纯三氯化钛相比，它可以使活性提高2~7倍[138,139]。而且最佳的铝/钛摩尔比是0.33:1。对于三氯化铝活化作用的解释，有一种理论认为是电子效应的影响。而另一种解释则认为是聚合中由于 TEA 或 DEAC 对三氯化铝有溶解作用，结果使催化剂的比表面积增加，这样相应地使处于表面位置的钛原子数量增加[140]。研究的结果还表明，三氯化铝的存在，减少了聚合物的平均相对分子质量并在一定程度上加宽了它的相对分子质量分布。

3.4.2 烷基铝在催化剂体系中的作用

虽然文献中有不同的观点，但是在现在看起来要得到较高性能的催化剂，就需要在催化体系中加入给电子体。而给电子体是一种路易斯碱，烷基铝则是一种路易斯酸，这两种物质相遇时，必然会发生反应。因此在整个 Z/N 催化剂体系的聚合过程中，如果给电子体没有在合成时被 $TiCl_4$ 作用掉，烷基铝和给电子体的相互作用就不可避免。

3.4.2.1 烷基铝和给电子体的作用

由于内给电子体与三烷基铝有较高的反应性，它通常会从催化剂内被置换出来。文献报道了[141]通过与助催化剂的交换平衡而在催化剂内部发生以下的变化：

① 由于与三烷基铝的反应，内给电子体被深度脱除；

② 催化剂中包容大量的烷基铝；

③ 四氯化钛有少量损失。

为了解决给电子体因与三烷基铝发生反应而被抽提的问题，可以通过降低三烷基铝的使用浓度[142]，或是使用受阻烷基铝[143]等来使给电子体少被抽提或不被抽提。

3.4.2.2 烷基铝的结构对聚合的影响

Kolvumaki 等人[144]的研究证实了烷基铝的结构对聚合行为的影响：

① 烷基铝的体积反比于催化剂的催化活性，烷基铝的体积越大，催化活性越小；

② 烷基铝的体积越小，链转移越容易进行，所得到聚合物的相对分子质量越低；

③ 烷基铝铝中心的电子密度影响共聚物结构，铝中心的电子密度越低，共聚合物的无规倾向越大。

此研究结果体现了烷基铝在和主催化剂形成催化配合物后，除去它的品种对催化配合物性能的影响外，它的体积所产生的位阻作用也非常明显。

3.4.2.3 烷基铝的"清道夫"作用

另外，烷基铝还有一个相当重要的作用是清除反应系统中的有害杂质，如水、氧等。丙烯聚合所用的活化剂一般是三烷基铝。由于三烷基铝比早期催化剂使用的 DEAC 有更高的还原能力，因而可以容易地和路易斯碱发生反应或配位。到目前为止效果最好的三烷基铝是三乙基铝和三异丁基铝，而其他的氯化烷基铝因为性能较差，因此通常都是与三烷基铝配合使用[142]。

　　除去合成中产生的杂质外，环境中的杂质对于催化剂性能的影响也是非常重要的。通常 Z/N 催化剂需要高纯度惰性气体的保护，以保证在没有氧和水的条件下存储和聚合。因为正如前面所讨论的那样，起活性中心作用的主要是三价钛离子。如果有氧存在，三价的钛离子会进一步被还原成二价钛离子，而水的存在则会使卤化钛和烷基铝分解，三价的钛离子也会被氧化，催化剂因此就失去了活性。生产中往往希望能降低催化剂对氧和水的敏感性，可以考虑的方法是尽量增加催化剂中的钛含量，但是这也仅仅能允许有少量氧和水的存在。

第4章 铬系催化剂化学

在乙烯聚合反应中有两种铬系催化剂最具有商业价值，它们就是氧化铬催化剂和有机铬载体催化剂。这些催化剂生产的聚乙烯产品大约占全世界制造的所有聚乙烯树脂的 40%。用铬系催化剂生产的乙烯和 α - 烯烃的共聚物可以有很宽的相对分子质量分布，M_w/M_n 可达 12 ~35。

世界上进行铬系催化剂研究开发的公司，除了最早的发明者菲利浦斯（Phillips）石油公司外，还有联合碳化物公司（UCC）和 Basell 等公司。UCC 的铬系催化剂应用于它所开发的乙烯气相聚合工艺，而 Basell 公司生产的 AvantC 铬催化剂则应用于它所开发的淤浆法液相聚乙烯工艺。Basell 公司还收购了 IneosSilicas 公司的高孔容铬催化剂业务，包括用于 HDPE 生产的淤浆环管和气相工艺所需的 EP350、EP350HiTi、EP241A 等铬催化剂。

所以直到今天，铬系催化剂仍然是聚乙烯催化剂体系中的一个重要组成部分。铬催化剂化学仍然是聚乙烯催化剂化学的一个重要研究领域。

4.1 铬系催化剂的特征

McDaniel 等人的研究发现[145]，当铬催化剂用在乙烯聚合反应时，铬酸盐物种被还原成二价铬 Cr^{II} 而形成活性中心：

$$(\equiv Si—O)_2CrO_2 + C_2H_4 \longrightarrow (\equiv Si—O)_2Cr + 2CH_2O \qquad (4-1)$$

Hogan 和 Hsieh 的研究证实[146,147]，该催化剂也可以用一氧化碳或者是用有机镁化合物在 300 ~350℃进行活化。这两个方法都可以将六价铬还原成二价铬 Cr^{II} 和/或三价铬 Cr^{III}。

应当说明的是，到目前为止对于氧化铬催化剂烯烃聚合的反应动力学研究相对还比较少，原因是对它的聚合反应动力学研究相当困难。

McDaniel 等人的研究还发现[148,149]，铬催化剂在聚合反应开始时，是由周围环境中的乙烯和高温活化、而不是用助催化剂活化的（氧化铬催化剂的聚合操作温度一般为 85 ~ 110℃）。当铬催化剂进入到乙烯环境中，它的活泼程度相应下降，但是聚合速率逐渐增加，催化剂活性经过一个长时间的增长，最后达到稳定的聚合速率，显示出了非常高的活性[145,150]。大约每克催化剂可以得到 3 ~ 10kg 的聚乙烯，相当于每克铬得到 300 ~ 1000kg 的聚乙烯。

Grayson 和 McDaniel 等人的实验证明[151~154]，铬系催化剂对乙烯中的微量杂质非常敏感，如氧、醇、CO、炔烃、硫醇等，它们都很容易让铬系催化剂中毒失活。

所有上述这些特征表明，铬系催化剂和钛/镁 Ziegler 催化剂相比，它们的聚合特征和动力学行为有很大区别。所以对氧化铬催化剂烯烃聚合反应动力学的研究，不能简单地套用 Ziegler 催化剂的方法，而是需要采用新的方法对其进行研究。

4.2　铬系催化剂的合成

McDaniel 等人的研究发现[145,155]，所有的氧化铬催化剂，基本上都是六价铬载负在惰性的多孔物质的表面上，形成载体铬催化剂。

4.2.1　氧化铬催化剂的合成

氧化铬催化剂的组成很简单，主要就是氧化铬化合物，但是价位不同。氧化铬化合物的价位从二价位 Cr^{II} 到六价位 Cr^{VI} 都有，关键是要控制好铬化合物的价位。

Hogan[146] 和 Theopold[156] 的氧化铬催化剂的合成主要有两个步骤：

第一步，用铬酸的水溶液或铬盐的有机溶液（醇溶液）浸透载体微粒。

第二步，升高操作温度，将载体中的溶剂蒸发掉，得到催化剂前体。然后将此催化剂前体放在干燥的有氧环境中，在 500～850℃条件下煅烧活化。在此温度下，催化剂表面和活性中心前体中存留的水或溶剂和大部分的羟基都被除去，形成了含有六价铬 Cr^{VI} 的催化剂前体。

发明氧化铬催化剂的美国菲利浦斯石油公司，他们用来进行氧化铬催化剂制备的具体方法是：采用氧化铬或经过煅烧的氧化铬化合物溶液去浸渍硅胶铝，然后在约 200℃的温度下脱水或脱溶剂进行干燥，最后再在 400～800℃的空气中煅烧活化 3～10h，得到成品催化剂。

此催化剂在使用前，先通入干燥空气并加热到 500～600℃进行活化，得到六价的铬催化剂供聚合使用。失活的催化剂也使用此条件再生。

Hsieh[147] 和 Pullukat[148] 等人引入了各种添加剂对铬催化剂进行改进，其中最有效的一种添加剂是烷氧基钛。方法是在煅烧之前用 $Ti(OR)_4$ 或者 $(NH_4)_2SiF_6$ 对催化剂进行预处理。

另外，也有将已活化的催化剂再用 CO 或 H_2 在 300～500℃温度条件下进行还原的情况。

文献报道认为载体中 $SiO_2:Al_2O_3$ 的比率以 9:1 为最好。催化剂活性、产品的相对分子质量、相对分子质量分布等可以用煅烧温度来加以控制。

菲利浦石油公司的氧化铬催化剂不能用加助催化剂的方法来控制活性，也不能用加氢的方法来控制相对分子质量。

4.2.2　有机铬催化剂的合成

1967 年，UCC 研制出采用有机铬化合物二茂铬、双苯基硅烷铬酸酯负载在 SiO_2 上的高效载体催化剂，其后又用钛化合物加以改进，将所得到的 Ti – Cr/SiO_2 载体催化剂应用于该公司的气相聚合工艺，采用 Unipol 技术生产 HDPE 树脂。

UCC 具体合成有机铬催化剂的方法如下：

首先是合成助催化剂乙氧基二乙基铝。将适量的三乙基铝溶解在异戊烷中，然后在激烈搅拌下并降温至 25℃后，再加入适量的乙醇，经反应得到乙氧基二乙基铝。

其后是有机铬催化剂的合成。将适量的硅胶在 325～700℃的氮气流中干燥后，加入到有异戊烷的反应瓶中，接着加入主催化剂双苯基甲硅烷基铬，并在氮气保护下搅拌 1h。再加入助催化剂乙氧基二乙基铝溶液搅拌 30min 后，用多孔过滤板滤去溶剂，最后在氮气流中干燥，得到粉末状催化剂。此催化剂用于沸腾床气相反应器进行乙烯聚合，聚合温度

100℃，聚合压力 7kg/cm²，气相表观质量速度大约为 10000kg/(h·m²)，催化剂活性可达到 1000~2000g 聚合物/g 催化剂。

UCC 的铬催化剂只要选用不同的铬化合物，不同的载体和不同的助催化剂，就可以制备出不同牌号的铬催化剂。

4.3 铬系催化剂的结构

菲利浦斯石油公司的六价铬 – 钛 – SiO₂ 催化剂的结构如图 4 – 1 所示，CrO₃ 和 SiO₂ 上的羟基结合在一起而形成载体催化剂。

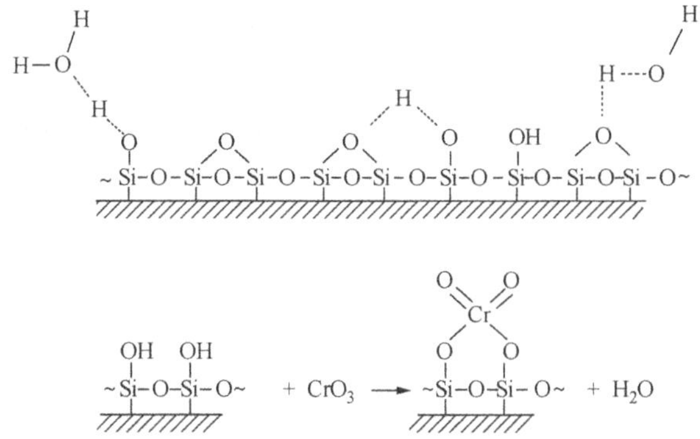

图 4 – 1 硅的表面含有高浓度吸附水的氢键、硅氧烷(Si – O – Si)

基团和分子内氢键连接的硅醇(SiOH)基团[157]

Phillips 催化剂是由铬化合物(通常是 CrO₃)和脱水硅胶反应得到

在菲利浦斯石油公司的单铬酸盐催化剂和双铬酸盐催化剂中，主要起作用的是单铬酸盐催化剂。通常单铬酸盐是聚合活性中心的前体，而双铬酸盐有时也可能形成活性中心。它们是用 CrO₃ 和硅胶在高温和有氧的条件下经过煅烧得到的，可以保证铬处在 +6 价状态。结构如图 4 – 2 所示。

菲利浦斯石油公司的第二代铬催化剂的结构如图 4 – 3 所示。第二代催化剂是一种改进了载体表面结构的、含钛化合物的铬催化剂。通常使用四丙氧基钛(TIPT)，在载体表面上生成六价的铬钛酸物种形成多种活性中心。此催化剂不能生产高 MI 的聚乙烯树脂，但是相对分子质量分布要比第一代铬催化剂的树脂宽。

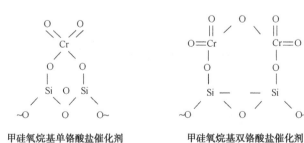

甲硅氧烷基单铬酸盐催化剂   甲硅氧烷基双铬酸盐催化剂

图 4 – 2　硅胶经 CrO₃ 处理得到的铬化合物表面结构[157]

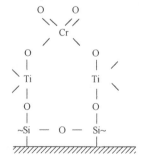

图 4 – 3　六价铬钛物种形成的
第二代 Phillips 催化剂的结构[158]

菲利浦斯石油公司第四代铬催化剂的结构如图 4-4 所示。第四代催化剂是使用磷酸铝（AlPO$_4$）和氧化铝载负在硅胶上。其好处是，在 AlPO$_4$ 上的铬能响应氢调。使用这种催化剂允许在聚合反应器中用调节氢浓度的方法宽范围地调节相对分子质量。另外，AlPO$_4$ 和 SiO$_2$ 能生成多种活性中心，每个活性中心与反应器内的组分（乙烯、共聚单体、氢等）都有不同的反应能力，因此可以得到非常宽的相对分子质量分布（$M_w/M_n > 50$）[157]。

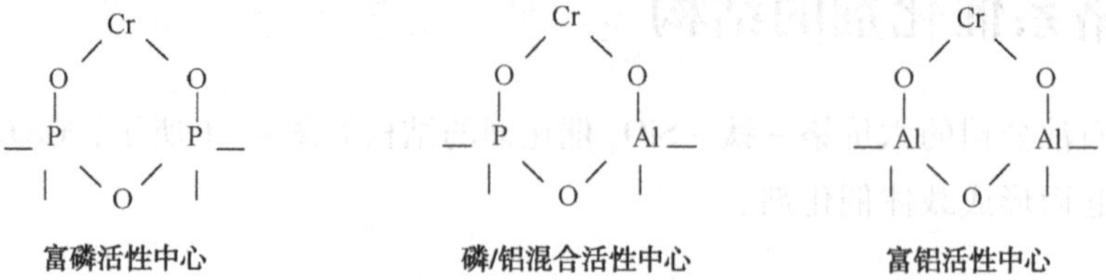

富磷活性中心　　　　　磷/铝混合活性中心　　　　　富铝活性中心

图 4-4　菲利蒲斯石油公司的第四代催化剂的结构

Karol 和 Wagner 等人[159,160]公开的包括二(3-苯基甲硅氧烷基)铬(BTSC)和二茂铬两种类型的铬催化剂结构如图 4-5 所示。

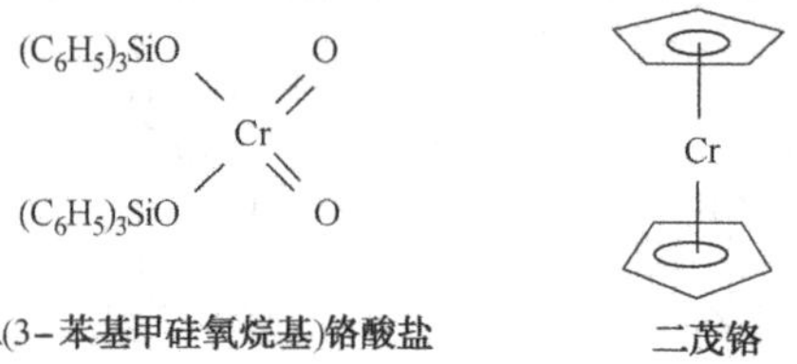

二(3-苯基甲硅氧烷基)铬酸盐　　　　　二茂铬

图 4-5　由 UCC 开发的用于生产 LLDPE 和 HDPE 的载体铬催化剂的结构

UCC 的上述铬催化剂，为了保证最佳性能必须使用以硅胶为载体进行载负的载体催化剂。二茂铬催化剂通常不使用助催化剂，而 BTSC 催化剂则使用二乙基烷氧基铝作为助催化剂。UCC 就是用它们在气相聚合工艺中来生产 LLDPE 和 HDPE。

4.3.1　氧化铬催化剂的载体结构

菲利浦斯石油公司早先为制造乙烯均聚合物（HDPE 树脂）而开发了氧化铬催化剂。该催化剂不但可以将乙烯转化为宽相对分子质量分布的高相对分子质量聚乙烯树脂，而且还可以用来进行乙烯和 α-烯烃的共聚合。

Langer[143]和 Grayson[153]等人的研究结果证实，所有的氧化铬催化剂都是将六价铬载负在惰性的多孔基体上，而且最好是载负在多孔的硅胶上。UCC 公司用氧化硅做载体，制备有活性的铬化合物催化剂，并和助催化剂一起在气相法工艺中生产聚乙烯。

载体对催化剂的最终性能有重要的影响。载体除了氧化硅以外，还有低铝含量的硅酸铝，硅-钛合金等。而 Cheung 的研究结果说明[163]，AlPO$_4$ 也可用来作为氧化铬催化剂的载体。如果还有其他的成分，应当是耐熔的金属氧化物，如氧化铝、氧化硼、氧化钍、氧化锆、二氧化钛或上述耐熔氧化物的混合物。

Hogan 等人认为[161,162]，无定形磷酸铝盐载体的平均颗粒尺寸为 180~250μm，它们的比表面积非常高，一般要 >300m^2/g，而孔容则 <2cm^3/g。

铬催化剂中的铬含量通常都很低，一般铬的含量大约为 0.1%~5%（最好是 0.5%~1%），相当于每 10 平方纳米面积有 2~4 个铬原子，而进一步增加铬的载负量并不能增加催化剂活性[164]。按照 Langer[143] 和 Kolvumaki[144] 的活化条件，催化剂前体中六价铬 Cr^{VI} 的含量大约占 50% ~ 100%，并以甲硅氧烷基铬的单铬酸盐(低载铬量时占优势)和双铬酸盐的方式存在。

Weist 认为[165]，合成高活性催化剂的先决条件是载体具有很高的孔隙率和相对低的机械强度。而 Langer 和 Wang 则进一步认为这两个条件是在聚合反应过程中使催化剂颗粒从约 200μm 迅速分解为 8 ~ 10μm 所必须的。McDaniel[166] 通过实验得到的结论是：当煅烧的温度达到 500℃ 时二氧化硅表面的铬酸盐已完全形成。但是催化剂的活性随煅烧温度的增加而继续增加，原因是在二氧化硅中残留的硅醇基团逐渐被清除，而最大活性是在煅烧到 925℃ 时。在 80 ~ 90℃ 典型的聚合条件下，氧化铬催化剂的产率很高，大约为 500kg/(mol Cr·h)[167]。

氧化铬催化剂和 Z/N 钛基催化剂的最大区别是对氢调不敏感，氧化铬催化剂制备聚乙烯的相对分子质量主要是靠反应温度来控制。

用氧化铬催化剂制备的乙烯均聚合物具有高相对分子质量和宽相对分子质量分布，它的 MWD 很宽，$M_w/M_n > 10$，而且每 10000 个碳原子的主链上有几个长支链，该树脂具有独特的黏弹性，比 Z/N 或茂金属催化剂生产的聚乙烯有更高的熔融张力和膨胀比，适合应用于吹塑成型，如制造塑料瓶和容器[168]。

Grayson[153] 和 McDaniel[169] 等人的研究还证实，这些催化剂也可以经过改进用来进行乙烯和 α - 烯烃的共聚合反应。制备用作共聚合反应的催化剂方法包括以下步骤：

① 用铬酸钛盐代替硅胶作为载体。通常含有 5% ~ 8% 的钛和有非常高的比表面积：$> 500m^2/g$；

② 将铬前体用一般的方法加入到载体中，使其形成二氧化硅、钛和氧化铬的共沉淀凝胶，或者是用铬酸钛和三价铬 Cr^{III} 盐浸泡。得到催化剂中的铬含量大约为 1% ~ 2%。

③ Cr^{III} 的价位是由氧、空气的混合物在 600 ~ 800℃ 条件下氧化得到的。这个工艺几乎能使所有的铬前体转化成 Cr^{VI} 物种[170,171]。研究证明，对于在无定形的二氧化硅平坦表面上制备的氧化铬催化剂，它的活性中心是从在高温下稳定的、载体表面上的单甲硅烷基铬酸盐中衍生出来的产物[172,173]。

④ 铬催化剂前体也可由 CO 或 H_2 在 350 ~ 500℃ 还原成 Cr^{II}。并可以引入各种添加剂对铬催化剂进行改进，其中最有效的添加剂如前所述是烷氧基钛[146,174]。

另外，通过改变组合物中各个铬催化剂组分的量，或改变组合物载体的平均孔半径，可在聚合时将大部分共聚单体引入到高相对分子质量部分。

Levine 认为[168]，其他类型的氧化铬催化剂也用二氧化硅作为载体，但是要用 Ti(Oi - Pr)$_4$ 和 $(NH_4)_2SiF_6$ 作为改性剂。而有些用于乙烯和 α - 烯烃共聚合的氧化铬催化剂是由固体氧化铬催化剂和三烷基硼助催化剂组成[171]。

4.3.2 有机铬催化剂的载体结构

工业用载体有机铬催化剂[175,176]，是由 2 - 三苯基甲氧基硅烷铬酸盐和在碳氢化合物介质中煅烧过的二氧化硅反应而制备的[177,178]。铬酸盐移动到二氧化硅的孔洞中与二氧化硅表面游离的硅醇基团形成复合物 $(Ph_3Si—O)Cr(O_2)—OPh_2—Ph\cdots H—O—Si\equiv$。这些铬活性前体被 Et_2AlOEt 还原并生成在二氧化硅表面上的 Cr^{II} 共价键活性前体[179]。

$$(Ph_3Si—O) Cr(O_2)—OPh_2—Ph\cdots H—O—Si\!\!\equiv\!\!+Et_2AlOEt \longrightarrow L_xCr—O—Al(Et)—O—Si\!\!\equiv$$

$$(4-2)$$

这里 L 是 O= 或 Ph_3Si—O—。这个催化剂主要用于乙烯均聚合。

Zakharov[179] 和 Cann[175] 的研究证明，有机铬催化剂和氧化铬催化剂可以互相转换。按反应(4-2)制备的有机铬催化剂在真空或者氧气流中，它就转化为氧化铬催化剂。而换一种情况，氧化铬催化剂与 Ph_3SiOH 在缓和的条件下反应，则可转化为甲硅氧烷基铬酸盐催化剂。

$$(\equiv\!Si—O)_2CrO_2 + Ph_3SiOH \longrightarrow (\equiv\!Si—O—CrO_2—O - SiPh_3 + \equiv\!Si—OH \quad (4-3)$$

Fang 采用类似催化剂进行 XPS 分析显示[177]，反应(4-3)的转换按 [silanol]∶[Cr] 的比率从 50% 到 100% 变化，催化剂中 ~95% 的铬原子保留在 Cr^{VI} 状态。这种催化剂用 $AlEt_3$ 活化，在 60℃ 进行乙烯聚合，得到有非常宽的相对分子质量分布或双峰相对分子质量分布的高相对分子质量产品，M_w/M_n 的比值为 40~100。

Wehrman[180,181] 和 Arean[182] 等人的实验证明，第二类有机铬催化剂是由二茂铬与二氧化硅表面上的硅醇基团或铝反应制备的：

$$Cp_2Cr + H—O—Si\!\!\equiv\!\! \longrightarrow CpCr—O—Si\!\!\equiv\!\!+环戊二烯 \quad (4-4)$$

载体在 600℃ 煅烧，然后与甲苯中铬载负量为 1.5%~2.0% 的二茂铬溶液结合，接着在适中的温度下干燥催化剂时将溶剂脱除。载体二茂铬催化剂在 90~110℃ 下进行乙烯聚合反应，它们具有高活性 [80℃ 的产率 5~7kgPE/(g·cat·h)]，生成的聚合物具有中宽的相对分子质量分布，M_w/M_n 的比值从 4~5 到 >8。树脂的相对分子质量用氢控制。这些催化剂主要用于合成低相对分子质量的乙烯均聚物，适合用于注射成型工艺。

另外的有机铬化合物，如三 [二 - (三甲基硅) 甲烷] 铬3 Cr^{III} [$CH(SiMe_3)_2$]$_3$，在二氧化硅煅烧时也能生成高活性的乙烯聚合催化剂[173]。这个催化剂显示了很多氧化铬催化剂的特点，它生成具有宽相对分子质量分布的高相对分子质量的乙烯聚合物，聚合物的平均相对分子质量随温度而增加。这些聚合物含有少量的长支链，含量大约为 0.02%。这种催化剂的活性很高，与相当铬含量的、用相同二氧化硅的氧化铬催化剂相比，要高出 6~7 倍。

4.4 铬系催化剂乙烯聚合物的结构

下面分氧化铬催化剂和有机铬催化剂两部分来讨论它们的乙烯聚合物结构。

4.4.1 氧化铬催化剂乙烯聚合物的结构

按照烯烃聚合反应化学，聚合物的结构经 IR，^{13}CNMR 和齐聚物 GPC 的数据测定，氧化铬催化剂与钛基 Z/N 催化剂稍有不同。用氧化铬催化剂制备的乙烯均聚物完全是线型的。其结构简单的乙烯均聚物低相对分子质量部分，类似于用 Z/N 催化剂制备的乙烯均聚物。但是，对于这些聚合物分子的两个链端，即所得到的开始的链端和最后的链端仍然不能最终确定。因为用氧化铬催化剂制备的乙烯/α - 烯烃共聚合物的 IR 和 ^{13}CNMR 分析显示，α - 烯烃的插入可能有两种模式，即 1，2 式或 2，1 式。而 α - 烯烃插入到铬 - 碳键的聚合反应缺少严格的区位选择性，而是具有随意的性质。

Karol[183] 和 Kissin[184] 由此得出的结论是，在低 α - 烯烃浓度下进行乙烯/α - 烯烃共聚合反应的氧化铬催化剂，其链转移的方向是向共聚物分子中乙烯留下的两个不同类型的双键（还有乙烯基键），即 CH_2＝CR – Polymer 和 R—CH＝CH – Polymer 进行的。

4.4.2 有机铬催化剂乙烯聚合物的结构

Karol 等人的研究发现[185,187]，用于烯烃聚合反应的载体有机铬催化剂，不同于用于催化剂合成的有机铬化合物的类型。由 Cp_2Cr 和硅胶反应而生成的催化剂，在乙烯聚合时不会向单体进行链转移反应或进行 β – H 的链终止反应，而这在 Z/N 催化剂和茂金属催化剂中都是很显然的。但是该催化剂与氢显示了很高的活性：

$$（L）Cr—CH_2—CH_2—Polymer + H_2 \longrightarrow （L）Cr—H + CH_3—CH_2—Polymer \quad (4-5)$$

这些催化剂的共聚合能力相对较差，在有相同碳原子数正烷烃中有溶解氢的情况下，用此催化剂可制备乙烯和 α – 己烯的低相对分子质量共聚合物（共齐聚物）组分，$H\text{（}CH_2\sim\sim CH_2\text{）}_n H$（反应 4 –5 的产物）。这些齐聚物中生成少量的异烷烃 $H—CH_2—CH(C_4H_9)\text{（}CH_2—CH_2\text{）}_{n-1}H$，在乙烯分子的链生长反应的顶点按基本的插入方式 α – 己烯分子插入到 Cr—C 键，随后与氢进行类似的反应（4 –5）。

$$（L）Cr—CH_2—CH_2—Polymer \longrightarrow （L）Cr—H + CH_3—Polymer \quad (4-6)$$

如果在这些有机化合物催化剂中 Cp_2Cr 被替代，用它的开放链段模拟两个 2，4 – 二甲基戊二烯配位基，虽然氢的链转移反应仍然很有效，但是 β – H 反应在这里就变成主要的链转移反应。Kissin、Karol 和 Fang 等人[183,184,186,187]在研究中发现，有两个类型的有机铬载体催化剂，Cp_2Cr/silica 和铬酸盐催化剂，在乙烯聚合反应中，其活性中心显示了非常罕见的链行走反应，与反应（4 –6）相同。它们在聚合物链中生成了少量的甲基和正丁基支链。链行走的几率随温度而增加，在 90℃用 Cp_2Cr/SiO_2 催化剂制备的聚乙烯只有少量的支链，即 1.7CH_3/1，000C，而在 140℃时增加到了 16CH_3/1000C。

4.5 铬系催化剂的活性中心

4.5.1 铬系催化剂活性中心的生成

氧化铬催化剂是载负在惰性多孔无定形基体上的催化剂。前面已经说过多数情况是硅胶、铝化合物、硅 – 铝化合物、硅 – 钛化合物或磷酸铝 $AlPO_4$ 等。

按照前面氧化铬催化剂制备的方法，首先将载负基体用含铬化合物的水溶液或醇溶液浸透，然后在 500~850℃ 干燥含氧的环境条件下煅烧活化。按照此活化条件，这些催化剂前体含有 50% ~100% 铬的价位为六价的 Cr^{VI} 活性前体[143,144,147]。

Thune 等人[172,173]用 XPS/SIMS/SEM 研究的载体催化剂样品，其制备方法则是，先在平面硅胶基体的表面上覆盖了浸透无定形 CrO_3 化合物的水溶液硅胶，然后在不同温度下进行煅烧来达到所需要的结果。

大多数氧化铬催化剂的活性中心前体，是由通过氧原子附着在载体上的含单核 Cr^{II} 价位原子产生的。研究证明，活性中心是从一价甲硅氧烷基（silyl）铬酸盐活性基体的表面键衍生出来的，它们甚至在 700℃ 都很稳定。Ghiotti 的研究证明[188]，氧化铬催化剂在硅胶载体催化剂中的连接方式是 Si—O—Cr，而 Rebenstorf 的研究则证明[189]，在磷酸 $AlPO_4$ 载体催化剂中的链接方式是 P—O—Cr。Cr^{II}基体在低温时相对稳定。

Thune[190]用原子显微镜观察载负的催化剂，则发现样品只有非常低的铬载负量，每平方微米含有约 200 个铬原子，并可以观察到直径为 ~1.2nm 的半球形聚合物小球，它们是由含有单个 Cr 原子的、相互隔离的活性中心形成的。

这些单核的 Cr^{II} 原子是由六价的铬 Cr^{VI} 和乙烯反应而生成的。乙烯在这些反应中起两个作用：它既是六价铬 Cr^{VI} 的还原剂，又是铬原子的烷基化试剂。乙烯将六价的铬 Cr^{VI} 还原成二价的铬 Cr^{II} 和三价的铬 Cr^{III}[143,191]。还原反应还生成几个乙烯氧化产品，包括甲醛和水[192]：

$$(\equiv Si—O)_2CrO_2 + C_2H_4 \rightarrow [(\equiv Si—O)_2Cr] + 2CH_2O \qquad (4-7)$$

无论聚合反应式(4-7)是在高温 ~150℃ 或高乙烯分压[150]条件下进行，聚合反应的速率都会明显增加。二价铬 Cr^{II} 可用各种取代基进行调节。例如，在反应(4-7)中生成的乙烯氧化产物强烈的吸附在二价铬 Cr^{II} 上，使得聚合反应直到它们被除去才能开始[193]。而此后，乙烯和 Cr^{II} 原子进行 π-配位生成几个为($\equiv Si—O)_2Cr\cdots(C_2H_4)_n$ 类型的表面复合物。

研究还发现，六价的 Cr^{VI} 也可以用 CO 在 300~350℃ 的高温进行还原预处理，生成单一的氧化物产品 CO_2。McDaniel 等人还发现[194]，用 CO 预还原的催化剂和在乙烯中生成的催化剂，在聚合行为上没有重大的差别。当所准备的催化剂是硅胶载负的 Cr^{II} 时，Cr^{VI} 还原到 Cr^{II} 的步骤就可以完全避免，而且从乙烯引入到反应器中开始，甚至是在室温的条件下聚合反应都会立即开始[147]。

在低温条件下，乙烯会吸附在样品催化剂 Cr^{II} 原子上，Groppo 等人检测到两种络合物[195]：一种是在低乙烯分压条件下生成的含一个乙烯分子的 π 键络合物，另一种是在高乙烯分压条件下生成的含两个乙烯分子的 π 键络合物。这两个络合物在反应温度慢慢升高时会逐渐分解。而且这两个分解反应和乙烯单体的聚合反应是平行出现的。只不过，实验数据还不足以证明，在催化剂 Cr^{II} 原子上生成的乙烯络合物就是聚合反应的第一步。

活性中心聚合反应的第二步是形成 Cr—C 键(或者是 Cr—H 键)，它可以插入到烯烃分子的碳—碳双键 C=C 中，当然单体也可以插入。但是，要直接观察这些反应中的真实活性中心是很困难的，因为催化剂中的这种活性中心的浓度非常低[144,147,195]。

对于铬系催化剂初始的活性中心，学者们提出了几种模型，它们大多数是 $Cr^{II} \sim Cr^{VI}$ 的氧化物。并且认为所提出的各种模型都是活性中心在不同情况下转化的结果。

氧化铬催化剂起始活性中心的推测结构见图 4-6。

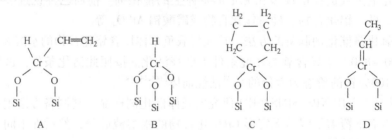

图 4-6 氧化铬催化剂起始活性中心的推测结构

A 中心：氧化一个被吸附的乙烯分子添加到 Cr^{II} 物种上生成 A 中心；

B 中心：Cr^{II} 物种与邻位的硅醇基团反应生成 B 中心；[196]

C 中心：另一个可能是含有 π 配位乙烯分子的 Cr^{II} 物种到茂环上重排生成 C 中心；

D 中心：生成烷叉(次烷基)结构

但是，对这些活性中心的价位都无法进行实际的观察，因为每一个价位结构都存在许多变数，而这些变数或者相一致或者相对立[197]。例如，硅醇基团 Si—O—H 参与 B 中心的生长说明，在首先生长的聚合物链中需要有氢原子，以便生成≡Cr—$(C_2H_4)_n$—H。而另一方面，这个模型又要适合从彻底脱水的硅胶载体，或者流化的二氧化硅载体[143,166]来制备具有高活性的氧化铬催化剂，而对这样的中心要进行实际观察是非常困难的。茂环/二烯烃活性中心（C 中心和 D 中心），据分析含有同位素混杂在乙烯聚合物之中，所以多数也都不能用实验进行观察。

Thomas 等人[198,199]试图用三价铬 Cr^{III} 的单环戊二烯复合物来进行均相氧化铬催化剂的研究，其 Cr^{III} 复合物具有二齿状配位基[200]或三齿状配位基[201]。但是，它们并不是很成功。$[Cp^*Cr^{III}-Me]^+$ 离子与不同的反离子并列存在，构成低活性的单中心烯烃聚合催化剂。而含有铬碳键 Cr—C 多齿状配位基的 Cr^{III} 络合物则仍然需要助催化剂 MAO 或 AIR_3 来形成聚合活性中心。

由于乙烯还原反应比较慢，需要较高的反应温度和乙烯压力，因此，最近的发展趋势是采用助催化剂来生成铬催化剂的活性中心。

4.5.2 铬系催化剂活性中心的结构

铬系催化剂的活性中心在不同的聚合条件下存在两种不同的形式：反应在低温诱导期（感应周期）的情况下，氧化铬催化剂活性中心是以一种"烯烃异位中心"的形式存在，即它主要是生成一些不同链长度的烯烃。而当温度达到 100℃以后，它才转化成聚合活性中心生成大分子链。这也是为什么氧化铬催化剂体系聚合得到的 HDPE 树脂相对分子质量分布很宽的原因。

氧化铬催化剂的组成很简单，但是它在使用前需要焙烧。而焙烧的过程和条件对催化剂的影响很大，前面已说过，聚乙烯的活性、相对分子质量、和相对分子质量分布都可以用煅烧温度来调节，但是温度过高时催化剂会被烧结，使聚合时的相对分子质量上升而活性下降。

4.6 铬系催化剂的聚合行为

铬系催化剂在高乙烯分压下进行聚合反应的动力学行为，是由一个活性中心及两步工艺形成（并且有一步失活反应）。但是必须注意，这个催化剂至少含有六种以上活性中心，能生成很宽的不同相对分子质量的聚合物。而且不同活性中心的动力学行为不同，但是得到的动力学途径却很相似。对于做聚合工艺模型来说，参照动力学要比参照聚合反应分析设备的结果更合适。

4.6.1 铬系催化剂的活化

Hogan[146]和 Hsieh[147]等人的实验证实，铬催化剂通常是在聚合反应开始时，因高温和乙烯环境而被活化。此活化进程可被一氧化碳加速。氧化铬催化剂的操作温度一般为 85～110℃。当铬催化剂进入到乙烯环境中，它的活泼程度相应下降，但是聚合速率逐渐增加，最终达到一个稳态的活化速率，显示出了非常高的活性。大约每克催化剂可以得到 3～10kg

的聚乙烯，相当于每克铬得到 300～1000kg 的聚乙烯。

4.6.2 铬系催化剂的诱导期

铬系催化剂系统有没有诱导期（感应周期）和它是否经过预还原处理有关。如果用烷基铝或 CO 进行过预还原，该催化剂体系遇乙烯就立即发生反应，几乎没有诱导期。但是如果催化剂没有经过预还原，则催化剂就显示出有诱导期，而且反应温度越低，诱导期越长。

Langer[143]、McDaniel[194] 和 Clark[191] 对诱导期的研究发现，诱导期的开端通常是由于催化剂中最初的六价铬 Cr^{VI} 被降低价态变成了二价铬 Cr^{II}，因为真正有聚合活性的催化剂是二价铬。当催化剂从 Cr^{VI} 变成 Cr^{II} 被减少的中间体是单体本身时，就生成了主要的乙烯氧化物产品甲醛[192]。当然，价态的降低也能用 CO 还原来实现。

在有诱导期的情况下，催化剂诱导期的时间长短还取决于反应条件，不同的反应条件差别很大。如果乙烯是在 80～120℃ 非常典型的温度条件下进行聚合，此阶段的诱导期通常会延续几分钟，而在 150℃ 进行聚合时此阶段诱导期就非常短。但是当催化剂用 CO 进行预处理后，甚至在大约 25℃ 的低温条件下，诱导期都会小于 10min[197]。

需要说明的是，诱导期是指该催化剂体系活性持续增加阶段的整个过程。此诱导期在催化剂达到稳定活性之前的时间可以超过 60min[202,150,203]。而活性周期是由催化剂的化学转化所引起的聚合能力，它不是因为催化剂颗粒逐渐破碎的结果。

4.6.3 铬系催化剂聚合特征

McDaniel 等人的实验证明[145]，铬系催化剂在聚合过程中会发生活性波动，但是影响活性波动的原因并不一定很复杂，首先是，反应系统内杂质对其活性能力的消耗，它们能够被加入少量的三烷基铝 AlR_3，或者其他的有机金属化合物烷基镁 MgR_2 或烷基锂 LiR 而减弱。在催化剂完全活化后，反应速率即趋于恒定。

Kissin 等人[184] 考察了乙烯聚合反应动力学。方法是在聚合反应开始时用 MgR_2 对氧化铬催化剂先进行活化。图 4－7 显示了 90℃ 及三个不同的乙烯分压下进行的乙烯均聚合反应，其动力学曲线显示了普通催化剂的所有三种特征：开始的诱导期（显然仅是低乙烯分压的反应），90℃ 的反应加速周期持续大约 30min，而最后是稳定的反应周期。

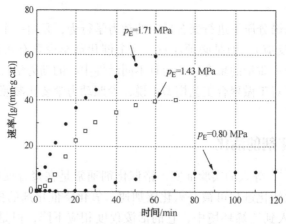

图 4－7　使用 MgR_2 在 90℃ 活化的氧化铬催化剂在三个不同乙烯分压下的乙烯均聚合反应动力学

用 MgR_2 活化的氧化铬催化剂的乙烯聚合反应基本动力学特征在淤浆聚合反应中已被确定。图4-7中的动力学曲线给出了乙烯分压对静态聚合反应的影响，它的速率所考虑的第一顺序是乙烯分压[204]。显示了乙烯分压对加速阶段的时间有很强的影响，这对于理解活性中心形成途径很重要。采用氧化铬催化剂在不同反应压力下的乙烯均聚合物的GPC曲线都非常类似。显示了这些反应的链转移步骤是向单体链转移的。每个Flory组分的相对分子质量取决于乙烯的浓度。

氧化铬催化剂乙烯聚合动力学的反应温度影响是和许多其他的非均相催化剂相同的，当温度增加时活化周期变得较短，而活性中心也变得较不稳定。乙烯聚合的活化能为 $42.8kJ/mol$。

除去活化过程（包括诱导期）的影响外，铬系催化剂的主要问题是乙烯中的微量杂质影响，前面已经说过，铬系催化剂对微量杂质非常敏感。

4.7　铬系催化剂的聚合反应动力学

4.7.1　对"Flory组成"的说明

在说明铬系催化剂的聚合反应动力学之前，先对"Flory组成"的含义作如下说明：

① Flory组成：对任何可能的反应，一个增长着的活性中心总要生成一个"死"的聚合物链，对于"死"聚合物链的分布函数值，就叫Flory函数（有极大可能是无规分布函数），而带有所希望聚合度n的链分布聚合物产品被称为Flory组成。

② 事实上所有的烯烃聚合物的GPC曲线，不管用什么方法得到的复合物，都可以用几个Flory曲线复合的方式被满意地表达。

③ 将GPC曲线分解成为它的成分Flory组分时会遇到一个复杂的情况：即相同相对分子质量的线型和支链的大分子在溶液中有不同的流体力学半径，因此它们在GPC分析中的滞流时间是不同的。当支链只有几个而且相对较短时，这种情况问题不是很大，不会影响动力学分析的情况。但是，如果聚合物分子有长支链的话，情况就变得复杂了。在这种情况下，对GPC数据的标准解释就靠不住了，需要用单独的相对分子质量黏度测定来解决。

4.7.2　铬系催化剂聚合反应动力学研究的难点

进行铬系催化剂的聚合反应动力学研究时，存在以下的难点：

① 氧化铬催化剂含有大量不同类型的活性中心（至少有六种以上）。如果用Flory方法显示的结果来衡量，用典型的氧化铬催化剂在90℃制备的乙烯均聚物（$M_w/M_n = 12.3$）中，其不同Flory组分所得到相对分子质量的范围，与这些氧化铬催化剂活性中心所制备聚合物材料的相对分子质量有很大的区别。六种Flory组分的相对分子质量范围从大约2000（属聚乙烯蜡）一直到超过 1.2×10^6。

] I [ ] Ⅱ [ ] Ⅲ [ ] Ⅳ [ ] Ⅴ [ ] Ⅵ

] 4.6×10^4 [ ] 1.37×10^5 [ ] 4.07×10^5 [ ] 1.21×10^6

[ ] 11.8 [ ] 30.1 [ ] 30.8 [ ] 18.2 [ ] 6.1

用氧化铬催化剂制备的乙烯均聚物的 GPC 曲线图见图 4 - 8。

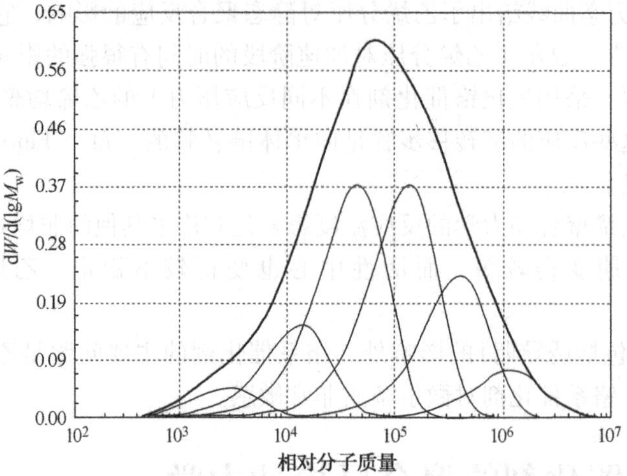

图 4 - 8　氧化铬催化剂在 90℃制备的乙烯均聚物 GPC 曲线图

从图中可以看到几条 Flory 组成曲线，它们复合在一起才构成了整个乙烯均聚物的 GPC 曲线。Flory 组分的相对分子质量为 3×10^3，1.4×10^4，4.6×10^4，1.36×10^5，4.07×10^5，和 1.21×10^6[207]。

为什么氧化铬催化剂会有这么多不同类型的活性中心，以致在相同聚合条件下得到这么多不同相对分子质量分布范围的聚乙烯？如何才能满意地解释此情况？这是一个相当困难的问题。

② 铬催化剂通常在聚合反应开始时要进行活化。由于该催化剂的活化通常不是用助催化剂而是用乙烯，催化剂的活性中心是由乙烯和铬活性中心前体发生还原反应生成的，不需要助催化剂。因此这些乙烯均聚合的反应动力学相当复杂，它在反应过程的初期，有一段时间是完全没有活性的(至少从几分钟到近一小时，依反应条件而定)，这段时间被称为诱导期。在这以后，催化剂活性经过一段长时间的增长，最后达到稳定的聚合速率(但是并非所有的都是这样，因为此活化进程也可被一氧化碳加速)。这样的活化过程增加了问题的不确定性。

③ 铬系催化剂对乙烯中的微量杂质非常敏感，如氧、醇、CO、炔烃、硫醇等，它们都很容易让铬系催化剂中毒失活。

所有上述这些情况表明，铬系催化剂和钛/镁 Ziegler 催化剂相比，它们的聚合特征和动力学行为有很大区别。所以对氧化铬催化剂烯烃聚合反应动力学的研究需要采用不同于 Ziegler 催化剂的新方法对其进行研究。

4.7.3　铬系催化剂聚合反应动力学研究的两个事实

McDaniel[152]、Groppo[195]、Ghiotti[188] 等人早期的一些研究是从 - 150℃到 20℃，采用预活化硅胶载负的氧化铬催化剂进行乙烯聚合反应，并采用红外方法进行研究。研究显示有两个有机物质在催化剂表面共存，即乙烯和聚乙烯。乙烯分子的微弱吸附减少了铬活性中心，而聚乙烯则生长成稳定的团块。乙烯分子吸附的数量约为铬原子的 20% ~50%[205,206]。

这些反应的动力学和红外分析揭露了两个重要的事实：

① 在吸附乙烯和聚合物开始形成之间，存在可测定的时间拖延(维持数秒)；

② 在聚合物上没有甲基。

这两个事实在进行铬系催化剂聚合反应动力学研究时可能需要考虑。

4.7.4 铬系催化剂聚合反应动力学

研究分析的结果认为，极有可能的活性中心烷基化的机理是，在少量减少了的二核铬前体和被吸附乙烯分子之间产生分解反应。这个反应导致卡宾中心 Cr—CH_2 的形成。乙烯插入到卡宾键，可能的结果是产生了包括两个位于铬原子物种附近的 Cr—CH_2—Polymer—CH_2—Cr 结构[205]。

McDaniel[152][188][197]等人对乙烯聚合反应进行了红外研究，包括在周边环境条件下的氧化铬催化剂，和载负在硅胶上的有机铬催化剂，以及预期效果不成功的 γ - 铝[182][206]等，并研究了乙烯分子与 Cr^{II} 活性中心前体生成复合物的过程。唯一可以观察到的反应是聚乙烯链的生长成型。这些聚合物没有"标准聚合反应"所预期那样的任何链端，既没有甲基基团也没有 CH_2═CH—键。甚至在聚合反应时间小于 $1s$ 或者在非常低的乙烯负荷时，也观察不到它们的链端[201]。由这些观察结果得出的结论是，两个乙烯分子配位在单个铬原子上，构成的茂环显示如 C 中心，然后茂环展开形成分子链。应该强调的是，用氧化铬催化剂生成的没有可辨认端基的聚乙烯这个特点，仅仅是在此反应非常早期的阶段。而在标准条件下制备的聚乙烯是含有两个"标准"的链端基团的，即甲基基团和 CH_2═CH—键。

Scott 设计了非常类似的实验性催化剂模型，模仿用煅烧的氧化硅和四(新戊基)铬反应得到的载负在硅胶上的氧化铬催化剂[208,209]：

$$\equiv Si—OH + Cr(CH_2—t-Bu)_4 \longrightarrow (\equiv Si—O)_2Cr(CH_2—t-Bu)_2 + 2CMe_4 \quad (4-8)$$

反应(4-8)形成的 Cr^{IV} 物质是 d^2 金属中心插入到二氧化硅母体中的磁性绝缘体。这种物质在周围环境条件下是催化惰性的，但是在 $70 \sim 100℃$ 的条件下逐渐转化为活性中心。详细的 IR/GC 研究显示，在反应中形成的物质是不稳定的，当加热到约 $70℃$ 时能全部分解成二烯烃复合物[208,210]。

$$(\equiv Si—O)_2Cr(CH_2—t-Bu)_2 \xrightarrow{\triangle} (\equiv Si—O)_2Cr═CH—CMe_3 + CMe_4 \quad (4-9)$$

这个复合物对乙烯和丙烯聚合，甚至是在周边的环境条件下都是非常活泼的催化剂。这个物质和乙烯相遇后立即开始反应，在催化剂中含有 $30\% \sim 35\%$ 的铬原子。聚合的速率首先取决于乙烯和二烯烃物质的浓度。该催化剂显示了一些动力学特征，Scott 因此得到了一个很好的氧化铬催化剂模型[208]。其特点是：

① 活性非常高，每摩尔铬的活性是标准的氧化铬催化剂的 10 倍以上。

② 该催化剂很容易进行乙烯和 α - 烯烃的共聚。

③ 该催化剂所生产的线型聚乙烯均聚物具有很宽的相对分子质量分布，$M_w/M_n = 18$，是典型的工业氧化铬催化剂。

④ 在聚合反应中加入氢对所生成聚合物的相对分子质量仅有轻微的影响，但是使乙烯的消耗速率增加了三倍。

⑤ 用红外光谱观察用氧化铬催化剂制备的聚乙烯，结果显示了同样的端基 CH_3 和

$CH_2 = CH—$。

Kissin[184]和Scott[208]对这种类型催化剂的乙烯聚合反应动力学分析,是以氧化铬催化剂乙烯聚合反应的常规机理为基础。D中心的活性中心前体是二烯烃物质。它插入到两个乙烯分子之中首先形成茂环丁烷物质,然后生成茂环己烷物质。其后的Cr—C键分离反应伴随β—H消除步骤,生成一个在开始的端基上有碳碳双键C=C、生成短聚合物链的开链活性中心。聚合物链的延长显然是伴随着乙烯插入到Cr—C键的反应(可能通过茂环起媒介作用)进行。链终止反应使原始的Cr^V二烯烃物质再生。其后包括氧化反应使形成饱和链端的聚合物分子被消除。事实上,反应机理建议的链端基位置与Z/N催化剂的相反,开始的链端基是两个双键,最后的链端基是甲基。

Espelid[211]提出了氧化铬催化剂形成活性中心可选择的替代机理是,假定乙烯分子配位到Cr^{II}活性中心前体上,首先形成茂环丙烷物种,然后从邻近的硅醇基团吸收一个氢原子转化到$Cr^{IV}—C_2H_5$键,而后按此机理,配位在Cr^{IV}原子上的乙烯分子随后插入到$Cr^{IV}—CH_2$键,类似于Z/N催化剂的烯烃聚合机理。

氧化铬催化剂和有机铬催化剂生长的聚合物链中,其极性Cr—C键与钛基Z/N催化剂的极性Ti—C键不同。三个示踪甲醇($^{14}CH_3OH$、$^{13}CH_3OH$和$CH_3O^{13}H$)的实验显示,Z/N催化剂Ti—C键的溶剂分解作用使CH_3O基团从醇到Ti原子的转移受到限制,而氧化铬催化剂从Cr—C键的溶剂分解作用获得支持而很容易转移[212,213]:

$$\equiv Cr—CH_2—CH_2—Polymer + ROH \longrightarrow \equiv Cr—H + RO—CH_2—CH_2—Polymer \quad (4-10)$$

氧化铬催化剂活性中心的数量估计由于各种毒物、动力学和光谱方法等的影响,造成了很宽的分散结果。氧化铬催化剂活性中心的浓度由反应(4-10)测定得出了一个很低的估计值,铬原子从0.3%~0.4%到1%[214],而动力学也给出了类似的估计结果:约0.1%[217]。另一方面,采用XANEX(X射线吸收接近边缘结构)分析聚合反应1h后的情况显示,参加反应的原始Cr^{II}活性中心前体含量从室温的约25%增加到100℃的55%[215]。但是,这些中心在聚合反应中有不同的活性。

4.7.5 CO对铬系催化剂的毒化作用

一氧化碳是氧化铬催化剂很强的毒物[149,150,216]。对Cr^{II}物种使用5%~10%的一氧化碳就足以终止聚合反应[152]。一氧化碳分子不但能和活性中心的铬原子配位,而且也能插入到Cr—C键中,由随后C^{14}靶的聚集物测出,它们是用^{14}CO毒化聚合反应的聚乙烯。

但是可以用一氧化碳作为还原剂来还原铬催化剂,而且如果铬催化剂不是用CO还原,那么在聚合时就需要用较大量的共聚单体才能在得到的聚合物中具有同样含量的共单体。

4.8 铬系催化剂的乙烯聚合反应机理

4.8.1 氧化铬催化剂乙烯聚合反应的理论分析

氧化铬催化剂乙烯聚合反应的理论分析是基于两个确定的实验:
① 活性中心的前体含有Cr^{II};
② Cr^{II}活性中心前体会和一个或数个乙烯分子进行配位。

理论分析中最主要的假设是活性中心含有 Cr^{VI} 物种。需要考虑两个重要的问题：

① 含有 Cr^{VI} 前体的活性中心结构和从它开始得到的 Cr^{II} 前体的生成机理；

② 在活性中心上链增长的机理。

最初的 Cr^{II} 前体考虑有两种类型，即单核前体[211]和双核前体[217]。在单核复合物中，最有可能成为活性中心前体的候选者是假四面体的 Cr^{II} 簇。它被称为 $Cr(II)-B$ 中心，在文献中它被应用于氧化铬催化剂并进行实验观测。该中心含一个邻近的硅醇基团，并与结合能为 78kJ/mol 和 54kJ/mol 的一个或两个乙烯分子分别配位。单乙烯复合物可以经过乙烯分子捐赠一个 π 电子进一步转化成为茂环丙烷物种，此贡献是从铬原子的 3d 轨道反增一个电子到 $\pi-$ 乙烯轨道。这个转化吸热 24kJ/mol 且形式上形成了在 Cr^{II} 原子上乙烯分子的氧化添加物。生成活性中心的最后步骤是氢原子从临近的 bis–硅醇基团，转移到茂环丙烷物种的一个碳原子上，生成了 $Cr^{IV}-C_2H_5$ 前体。转移的活化能相当低，为 54kJ/mol，全部反应放热为 191kJ/mol。

链增长步骤，乙烯分子插入到 Cr—C 键，类似乙烯分子插入到 Z/N 催化剂的 Ti—C 键。首先，乙烯分子 π 配位到铬原子（$\Delta H = 20$kJ/mol），然后插入到 Cr—C 键，早期转移步骤的活化能在 46kJ/mol 以上，超过 $\pi-$ 复合物。

一个延伸的理论接近二核的 Cr^{II} 前体，$\equiv Si-O-Cr^{II}-O-Cr^{II}-O-Si\equiv$，定位在邻近的或硅胶表面的硅醇 Si 原子上，形式是两个铬原子可以被短烷基链—$(CH_2-CH_2)_2$—或—$(CH_2-CH_2)_3$—桥连[214]。此反应在形式上氧化两个铬原子形成 Cr^{III} 物种。$Cr^{III}-(CH_2-CH_2)_3-Cr^{III}$ 桥连物解除了环的束缚而倾向于进行 $\beta-H$ 转移。该反应生成 $\alpha-$己烯，这与早期阶段用这些催化剂进行乙烯聚合反应实验观测到的 $\alpha-$己烯生成的预测是一致的。

4.8.2 铬系催化剂的氢调问题

Kissin 指出[184]，氧化铬催化剂和钛基催化剂的一个主要不同点是，其催化剂样品对于所存在氢的反应几乎是完全迟钝。氢不能影响用氧化铬催化剂制备的乙烯聚合物平均相对分子质量或者任何 Flory 构成组分的相对分子质量。氧化铬催化剂的活性也不受氢的影响。或者在相同的情况下，在氢存在时相对分子质量反而增加[208]。由这些催化剂生成的低相对分子质量聚合物组分（乙烯齐聚物）可由乙烯基双键作为它们的链端基，而无论是否有氢存在于反应中。

对氢调如此迟钝的原因是，在氧化铬催化剂中氢不能氢化 Cr—C 键。因此在聚合反应中加入氢的结果是，使乙烯的消耗速率增加了三倍，但是对所生成聚合物的相对分子质量仅有轻微的影响。

但是，这种特征并不是所有的铬基聚合催化剂都共有。也有例外的情况，Fang 就指出[177]，采用有机铬 $Cp_2Cr/AlPO_4$ 催化剂在 95℃ 的条件下进行乙烯聚合反应，氢的作用就非常强烈：

P_H/kPa[ ]0[ ]69[ ]138[ ]276

M^6[ ]2.0×10^5[ ]1，1×10^5[ ]7，1×10^4

研究认为，氧化铬催化剂氢调效果不好的原因，主要是因为氢的离解中心和聚合的活性中心不在一起的问题。研究发现，氧化铬催化剂的氢离解中心和聚合活性中心是分开的，不在同一个位置上。由此带来的问题是，如果氢离解中心和聚合活性中心的位置相距较远，那么氢调效果就会很差，就会显示出"氢调迟钝"的状况。

有一个解决的办法是，已知聚合物 MI 和 M 与载体的平均孔径和孔体积相关，如果让平均孔径和孔体积增加，MI 就增加。而催化剂的比表面积减少，也可使 MI 升高。

4.8.3 铬系催化剂的乙烯和 α - 烯烃共聚合

按以前的描述，将 α - 烯烃加入到采用钛基催化剂的乙烯聚合反应中，可以大大增加催化剂的活性，特别是在反应的早期阶段。对于氧化铬催化剂则情况有所不同，α - 烯烃加入的影响取决于加入的时机。如果 α - 烯烃是加入到已经建立了聚合反应的某一时刻，而此时刻聚合反应的速率恒定，那么它的影响是最低的。但是，如果是加入乙烯和 α - 烯烃(从丙烯到 α - 己烯)的混合物到新鲜的催化剂中，那么 α - 烯烃的影响就非常明显[218,204]。这些不同的影响是有区别的。首先，在 α - 烯烃存在的情况下，催化剂的活化阶段将缩短。α - 烯烃也能影响在稳态反应阶段催化剂的活性(虽然活性增加的报告不同的作者差别相当大，不过相对来说这并不很重要)，支化的 α - 烯烃会降低氧化铬催化剂的活性，而异丁烯可以使催化剂几乎完全没有活性。

如果要衡量 α - 烯烃和乙烯共聚合的能力，氧化铬催化剂正好处在茂金属和钛基催化剂的中间位置。氧化铬催化剂对于乙烯和 α - 己烯相配伍的反应速率 r_1 约为 $30 molC_2H_4/molTi \cdot s$，它高于茂金属催化剂的约 $20 molC_2H_4/molTi \cdot s$，但是低于钛基 Z/N 催化剂约 $80 \sim 120 molC_2H_4/molTi \cdot s$。产品的活性比率，$r_1 \cdot r_2$ 值，对于乙烯和 α - 己烯配伍约为 0.2(用 $^{13}CNMR$ 分析共聚物测定)。

4.9 铬系催化剂的颗粒破碎

氧化铬催化剂在乙烯聚合过程中会大量破碎。每一个催化剂的颗粒形成一个小的聚合物颗粒，该颗粒有大致相似的形状但是直径要(比催化剂)大 1000 ~2000 倍。这种形状重现的效果是和非均相 Z/N 催化剂烯烃聚合反应所观察到的结果相似。

McDaniel[202] 观察到催化剂颗粒的破碎是发生在聚合反应开始的最初阶段并且是在头几分钟就完成了，比达到聚合稳态的时间早很多。破碎的过程分两步。首先，原来的大颗粒被分散成很小的碎片，直径为 $0.1 \sim 1 \mu m$，而紧接着，小碎片相互聚集成直径为 $7 \sim 10 \mu m$ 的松散的凝聚颗粒[143,161]。CO 还原催化剂的破碎也有类似的过程。最初反应阶段的原子显微镜分析显示，催化剂的表面逐渐被非常薄(80nm)的聚合物分子聚集束所覆盖[172]。

氧化铬催化剂具有一定的异构作用，原因是因为氧化铬催化剂在使用 CO 还原之后，虽然可以用高纯氮进行置换，但是要完全置换干净是很难的，总会有部分 CO 被吸附在载体 SiO_2 上，而这部分 CO 会起到异构的作用。

4.10 铬系催化剂的生产商

铬系催化剂的生产商见表 4 - 1。

表 4 - 1 铬系催化剂的生产商

生产商	催化剂牌号	催化剂组成	适用工艺	产 品
GraceDavison	SYLOPOLHA30W	Cr/SiO_2	环管淤浆	HDPE 抗环境应力开裂
	SYLOPOL969MPI	Cr/SiO_2	环管淤浆	HDPE 吹塑
	SYLOPOL969	Cr/SiO_2	气相	HDPE
	SYLOPOL957	Cr/SiO_2	气相	HDPE
	MAGNAPORE963	$Cr/Ti/SiO_2$	环管淤浆	HDPE 管材/薄膜
	SYLOPOL9701	$Cr/Ti/SiO_2$	环管淤浆	HDPE 薄膜
	SYLOPOL9702	$Cr/Ti/SiO_2$	气相	HDPE 管材/薄膜
	SYLOPOL967	$Cr/F/SiO_2$	环管淤浆	HLMI 极低 MIHDPE
Univation	UCAT B	B - 300Ti 改性 Cr 催化剂	中等 MWD	吹塑，树脂密度 0.939 ~ 0.965g/mL，MFI60 - 90g/10min
		B - 400Ti，F 改性		树脂密度 0.915 ~ 0.922g/mL，MWD9 ~ 15
	UCAT G	G(Al/Ti) * 100 Cr 催化剂	宽 MWD	片材，树脂密度 0.930 ~ 0.962g/mL，MFI90 ~ 120g/ 10min，MWD12 ~ 30
				MDPE 薄膜/管材/土工膜
				HDPE 大部件吹塑品
LyondellBasell	Avant C	Cr/SiO_2 三价铬盐 $< 1 \times 10^{-5}$	气相及 环管淤浆	抗冲击合 ESCR 性能好的大型吹塑制品 宽 MWD 吹塑/管材/薄膜
BRICI	BCW	$Cr/Ti/SiO_2$	气相	管材/电线/电缆
SRICI	SCG3/4 SCG5		气相	HDPE，LLDPE MFI50 ~ 90g/10min HDPEMFI75 ~ 150g/10min

第 5 章　单活性中心茂金属催化剂化学

在单活性中心(SigelSiteCatalyst,SSCs)的催化剂体系中,最先引起全世界关注的是第四副族的茂金属催化剂,包括非桥连或桥连的茂金属,以及所谓"限制几何构型"的半茂金属催化剂和含有给电子配体的单茂金属催化剂。其后又发现了第四副族的不含茂类配体的非茂金属催化剂,如以镍钯体系和铁钴体系等为代表的"Brookhart - Gibson"后过渡金属催化剂体系,以及三井公司的 FI 前过渡金属催化剂。另外,还有其他副族过渡金属的化合物,如第三副族和稀土化合物催化剂,钒系、铬系的均相催化体系等。

单活性中心催化剂是一种均相催化剂,它的特点是,每一个过渡金属原子都可以成为同样的聚合活性中心,而每一个活性中心都具有同样的活性和聚合单体的能力,在铝氧烷的帮助下可以达到极高的聚合活性,而且配位的金属不同,催化 α - 烯烃的聚合活性也不相同。它们的聚合物具有高度的均匀性,相对分子质量分布很窄,可萃取物含量很低,因此称为单活性中心催化剂。

对于单活性中心催化剂来说,它们的共同特征可以概括如下:

① 烯烃聚合反应中的链增长速率和所有的链转移反应速率都是恒定的,而且所有的活性中心都相同。这些动力学特征会导致用性质均一活性中心所制备的任何聚合物,都具有类似的相对分子质量分布类型——Schulz - Flory 分布,相对分子质量分布指数接近 2。

② 所有给出类型的活性中心的立构特征(如均聚合物链中所发生的立构错误)都是相同的。这种特征导致烯烃均聚合物具有非常窄的等规分布。

③ 在两个烯烃的共聚合反应中,烯烃的相关活性(用 r_1 和 r_2 代表)对于所有给出类型的活性中心都是一样的。这个特征导致烯烃共聚物也有很窄的组成分布。

但是,应当说明的是,所有聚合反应中的链增长和链转移反应都有其自然的概率。上面的三个条件对于同样的活性中心,并不能理解为是所有的聚合物链都完全相同,甚至是当聚合反应在稳态中进行、并且小心控制反应条件时,得到的聚合链也同样不会完全相同。

④ 它们还可以方便地与长链 α - 烯烃、双烯烃、环烯烃,甚至与极性单体发生聚合反应,因此在得到改良的和新型的聚烯烃材料方面,单活性中心催化剂比通常的非均相 Z/N 催化剂有更大的潜力,可以得到许多用常规体系催化剂无法得到的聚合物,如间规聚合物等。

总之由于单活性中心茂金属催化剂是唯一可以在很宽范围内控制聚烯烃的相对分子质量和微观结构的催化剂,而且可以和范围广泛的聚合单体进行共聚合,因此它使我们可以进行全新目标的聚合物合成。

进一步具体到茂金属催化剂来说,对于茂金属催化剂体系它们具体的特征是:

① 通常都是均相和具有单一的活性中心结构。它们的每一个过渡金属原子都可以成为聚合活性中心,在铝氧烷的帮助下可以达到极高的聚合活性,比 Z/N 催化剂体系的活性可以提高 1 ~ 2 个数量级;

② 它们的聚合物具有高度的均匀性,相对分子质量分布很窄,可萃取物含量很低;

③ 在催化剂结构和聚合物性能之间有明确地关系，而且其结构能被准确地确定和调节，因而可以对大分子的构型、相对分子质量分布和支化度等各种立构规整度、局域规整度、共聚单体分布等结构参数进行控制和裁制。

不过这些新的催化剂也并非完美无缺，它们有一些共同的缺点，例如：

① 催化剂形态因为都是均相所以无法进行颗粒形态控制，因而不能直接在现有的诸如淤浆聚合工艺或/和气相聚合工艺中使用；

② 它们需要大量使用价格相对烷基铝来说要昂贵得多的铝氧烷，因此聚合物的成本较高；

③ 它们的聚合物相对分子质量分布过窄，影响其树脂的加工性能。

这些问题的存在延缓了单活性中心催化剂实现工业应用的进程。

茂金属催化剂的研究在最近 20 多年的时间里取得了很大的进展，在此领域内的最重要的成就是，茂金属催化剂的出现加深了人们对催化剂结构与聚烯烃结构性能之间关系的理解。在全世界学术界和工业界的共同努力下，人们通过在分子水平上对于烯烃插入、链增长以及链转移过程的详细研究，取得了认识和控制能力的飞跃。1984 年，Ewen 将催化剂的对称性与聚合物结构和反应机理之间进行了关联[219,220]，促进了聚烯烃催化剂的开发研究，现在，新催化剂体系出现的速度之快前所未有。

另外，人们通过对取代基和桥基两方面的研究，使茂金属催化剂的性能得到了大幅度的改进：

① 配位金属不同，催化烯烃和 α - 烯烃共聚合的活性也大不相同。

② 其他条件相同时，茚基(Ind)和四氢茚基(H$_4$Ind)作为配体的催化剂分子从空间和立体效应考虑应优于茂基 Cp 和芴基(Flu)的活性。含有 C$_2$ 桥的双四氢茚茂金属化合物 rac - Et[H$_4$Ind]$_2$ZrCl$_2$ 催化乙烯聚合可以产生较高相对分子质量的聚乙烯。

③ 不同取代基对含有 C$_2$ 桥基茂金属化合物具有一定影响，给电子体可以增强催化剂活性和立体选择性。

茂金属催化剂在聚乙烯领域主要的应用是 LLDPE。不过由于茂金属催化剂也可以与长链 α - 烯烃、双烯烃、环烯烃等发生共聚合反应，得到改良的和新型的聚烯烃材料。如茂金属催化剂可以用来合成间规聚合物，如间规聚丙烯等等。

5.1　茂金属催化剂的组成和结构

5.1.1　茂金属催化剂的组成

茂金属催化剂需要由锆 Zr(或钛 Ti 和铪 Hf)的化合物和甲基铝氧烷(MAO)一起构成性能卓越的催化剂体系。它的每个活性中心由一个 Zr 和 6~20 个 Al 原子以及茂环(Cp 即环戊二烯)构成。但是并不是所有的双环戊二烯和过渡金属的配合物(茂金属)都可成为烯烃聚合催化剂。

在催化聚合反应中，单活性中心催化剂的定义可以根据动力学和立体化学的性质加以定义。通常被称作"茂金属催化剂"的可溶性有机金属配合物的定义是：

第Ⅳ族金属(钛 Ti、锆 Zr 或铪 Hf)的弯形茂化合物(bentMetallocenes)。

茂金属催化剂的组成比较明确，它是由第Ⅳ族过渡金属和配合物组成。它的配合物主要是包含取代基在内的茂环（或茚环和芴环）。而配位的茂环可以在过渡金属两边都有或只有一边有。另外配位的茂环还可以被桥连。所以，茂金属催化剂主要可以分为三类：

① 无桥键可以旋转的茂金属催化剂，如 Cp_2ZrCl_2 等；

② 有桥键刚性不可以旋转的茂金属催化剂，如 $EtCp_2ZrCl_2$ 等；

③ $CpZrCl_3$ 等只是一边有环戊二烯基的"半夹心面包"式的茂金属催化剂。

一般认为茂金属催化剂的聚合机理是，MAO（或硼烷化合物）与 L_2MCl_2 发生反应，使 L_2MCl_2 甲基化得到 L_2MR^+ 正（阳）离子。因此，茂金属催化体系中真正的活性中心是带有亲电子性质的茂金属正（阳）离子[221]。

俄国科学家发现茂金属催化剂的活性中心是在 Cp_2Ti 和 AlR 之间构成，因为它们用不同的茂金属化合物如 Cp_2ZrCl_2、Cp_2ZrMe_2、$Cp_2ZrMeCl$ 等和 MAO 反应而生成，所测得的结合能都是一样的。

茂金属催化剂的特点是相对分子质量分布很窄，密度比较低，但是共聚性能好，在乙烯共聚合反应中有很高的共聚单体插入能力。二茂锆和 MAO 体系的催化剂在 90℃ 进行乙烯聚合，其活性可达 $3 \times 10^8 kg/gcat$。这个反应进行的很快，生成一个聚合链只要 $0.3s$，也即插入一个乙烯分子只需要 $50\mu s$。

茂金属 Cp_2ZrCl_2 催化剂的 Al/Zr 比是控制烯烃聚合属于齐聚或高聚的关键因素。Al/Zr 比在 1∶1 到 100∶1 的范围，主要得到齐聚物，且活性较低[222]。随 Al/Zr 比增加，反应速率和转化率提高，但 18 碳以下的线型烯烃选择性降低。助催化剂中的 R 基是另一关键因素，当 R 为甲基时，催化剂的活性最高，但是低碳烯烃的选择性最低。随 R 基的加大，齐聚的选择性逐渐升高，但催化剂的活性降低[223,224]。

Z/N 催化剂和单活性中心催化剂的比较见表 5 - 1。

表 5 - 1　Z/N 催化剂和单活性中心催化剂的比较

Z/N 催化剂	单活性中心催化剂
非均相	均相或载体型
有多种活性中心	单一聚合活性中心
不同相对分子质量聚合物的混合	聚合物相对分子质量单一
宽相对分子质量分布	窄相对分子质量分布
相对分子质量高或低控制	准确相对分子质量控制
宽共聚物组成	窄共聚单体分布
嵌段分布产品	均相共聚产品

5.1.2　茂金属催化剂的结构

对于茂金属催化剂体系来说，其结构也有相似的共同特征，即：在催化剂结构和聚合物性能之间有明确的关系，而且其结构能被准确地确定和调节，因而可以对大分子的构型、相对分子质量分布和支化度等各种立构规整度、局域规整度、共聚单体分布等结构参数进行控制和裁制。

茂金属催化剂分两类，一类属茂基类，包括茂（Cp）、茚（Ind）、芴（Flu）及其衍生物。

二氯二茂锆 Cp_2ZrCl_2 就是双茂结构的茂金属催化剂，其活性中心金属 Zr 原子夹在两个环戊二烯环 Cp（或茚环、芴环）中间，形成类似蚌壳的层状结构，俗称为"三明治"结构。

另一类属单茂类或半茂类，即有一个配体是茂基（如茂环等），而另一个配体是由杂原子—OR、—NR$_2$ 等不是环状物的基团所构成。

茂金属 $CpZrCl_3$ 为单茂结构的催化剂，并可称其为"半三明治"结构。因为它一边有环戊二烯环 Cp（或茚环、芴环），而另一边为三个氯没有 Cp 环，这样的结构不如 Cp_2ZrCl_2 的结构稳定。

用这样的单茂结构催化剂可以合成间规聚合物，如间规 PS 以及无规 PS 等。如用来合成间规聚苯乙烯的催化剂结构如下

$$CpZr(OBu)H \cdot n(MAO)$$

如果把金属原子 Zr 换成 Ti 则只能合成无规聚合物和乙烯聚合物。

单茂类茂金属催化剂中有一种由 DOW 公司开发的 InsiteCGC 催化剂[225]，也称"限制几何构型"催化剂，它是由一个环戊二烯基和一个杂原子基（N）与过渡金属所构成（见图 5-1）。Cp-M-N 之间的夹角为 115°，是一种"半夹心"形的化合物。这样的空间构型迫使活性中心只能向一个方向开放，由此可以达到限定几何构型的目的。这种催化剂几乎没有立体选择性。

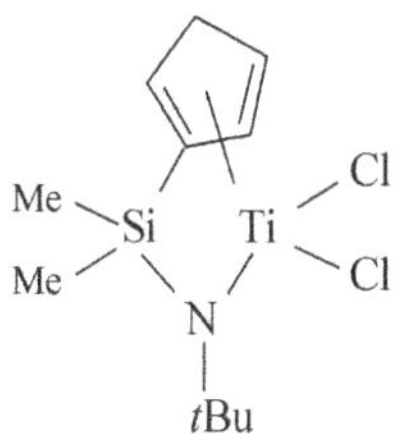

图 5-1 CGC 催化剂的结构示意图

CGC 催化剂是由二烷基硅桥环戊二烯基叔丁基胺钛（锆）茂化合物和铝氧烷（或硼化合物）构成的催化体系。它也是单茂类结构的茂金属催化剂，同样为"半三明治"结构。因为它一边有环戊二烯环 Cp，而另一边为两个氯没有 Cp 环，但有一个 N 原子和 Ti 相接，在 N 和 Cp 环之间有 Si 桥相连。这个结构的体积非常大，可以和很大的单体共聚。它的 N 和 Ti 之间是 Ω 键连接，比上一个键要牢固。这个催化剂的热稳定性很好，可以在高温溶液聚合工艺中使用。

为了增加此催化剂的稳定性，可以考虑在环戊二烯环（或茚环、芴环）上增加取代基如甲基等，增加取代基后催化剂的稳定性增加，甚至可以做到在空气中都是稳定的。

CGC 催化剂既适合 $C_2 \sim C_{20}$ 的 α-烯烃均聚合得到线型聚合物，也适合乙烯与 $C_2 \sim C_{20}$ 的 α-烯烃共聚合得到长链支化的聚乙烯。可以用来合成塑性体、弹性体和超低密度聚乙烯等类型的聚烯烃树脂[226,227]。

另外，Nomura 在 1998 年发现的非桥连单茂类催化剂[228] $Cp'TiCl_2(Oar)$［Cp' 为环戊二烯基，Oar 为芳氧基团］，是一类和 Z/N 催化剂、茂金属催化剂以及 CGC 催化剂有不同特点的催化剂。具体表现为：

① 具有独特的乙烯共聚合性能，可以得到 Z/N 催化剂、茂金属催化剂和 CGC 催化剂不能得到的聚合物；

② 催化剂的合成简单，产率高，配体的改性（电子型或位阻型）比普通桥式茂金属催化剂容易。

该催化剂通过改变配体 Cp' 和 Oar 上的不同取代基，可以实现乙烯和 α-烯烃、苯乙烯、降冰片烯、环己烯、2-甲基-1-戊烯、乙烯基环己烷的有效共聚，合成出许多具有特殊性能的新型聚烯烃材料。

　　用于烯烃聚合的茂金属催化剂基本上是茂基类，是一种类四面体的有机金属化合物，其结构为第Ⅳ族过渡金属原子与两个 η^5 环戊二烯(Cp)衍生物用共价 π 键结合，另外还与两个其他基团(如卤素、烷基、烷氧基等)用 δ 共价键结合，由此形成具有一定倾斜角度的、类似夹心饼干结构的有机金属化合物。其结构见图 5 - 2。

　　作为活性中心的金属原子，研究得最多的是锆 Zr、钛 Ti、铪 Hf 的茂金属化合物。不同的活性中心金属原子对催化剂的立构规整性和活性影响很大。不同的活性中心金属原子在聚合反应时，聚合单体插入反应的活化能各不相同，活化能势垒高的活性较低，相反活化能势垒低的则活性较高。在活性中心金属原子中较多使用的是 Zr 原子，因为它的催化活性和立体结构选择性都很好。例如，Marks 等[229]合成的 $Me_2Si(Me_4C_5) - (C_5H_3R)MCl_2$ 类型的茂化合物(其中 R 为盖基)，金属原子分别采用 Zr 和 Hf。这说明活性中心金属的变化会对催化剂的性能产生很大的影响。

　　在聚合时，环状配位基 Cp 上的 π 键与金属原子相连接，它起的作用是确定催化剂的立构规整性和活性。而其他用 δ 键连接的两个基团在聚合过程中，当催化剂活性中心形成时被除去。由于该催化剂的芳香结构特性，环戊二烯阴离子是六电子给电子体，是非常坚固的配位基。

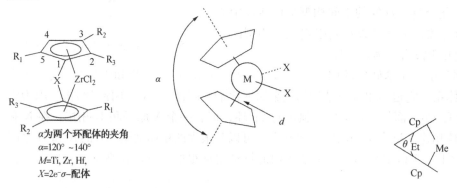

α 为两个环配体的夹角
α=120° ~140°
M=Ti, Zr, Hf,
X=2e⁻-σ-配体

图 5 - 2　茂金属化合物的结构示意图　　　　图 5 - 3　茂金属化合物两 Cp 环的夹角示意图

　　通常茂化合物的金属原子和两个茂环中心有一个约 140° 的夹角，两个茂环平面之间则有一个约 40° 的两平面角(见图 5 - 3)。Cp 环上的不同取代基不仅能改变 Cp 配位键的尺寸和形状，而且还能改变 Cp - M 间的距离(d)和 Cp - M - Cp 间的角度(θ)。如图 5 - 2 所示，其 1 号位是桥键 X 的连接位，X 一般是 $-CH_2CH_2-$ 、Me_2C 或 Me_2Si，3 号、4 号位是前面的位置，承担着 β 取代物，而 2 号、5 号位是后面的位置，承担着 α 取代物，其中的 α 和 β 指出了到桥键的距离。前面的取代物(3、4 位)主要影响聚合物分子的立体构型，向分子提供所需的对称性。而后面的取代物(2、5 位)主要是对于链转移速率起作用，而对于立构规整性只起到次要作用。

　　茂金属催化剂结构的 α 夹角越大，两个环配体越趋于平行，活性中心周围的活动空间趋紧，而 α 夹角越小，两个环配体之间的夹角加大，像蚌壳张口一样，活性中心周围的活动空间变大。乙烯聚合其单体的结构体积相对较小，可以在 α 夹角较大，而两个环配体趋于平行，活性中心周围的活动空间较紧的结构中进行。而且，对于聚乙烯催化剂来说，两个环配体越大，乙烯聚合的效果越好。而聚丙烯的单体结构体积相对较大，需要在 α 夹角较小，以便使两个环配体之间的夹角稍大，活性中心周围的活动空间也较大的结构中进行。而聚环戊二烯单体的结构体积相对更大，需要的 α 夹角要更小，使两个环配体之间的夹角更大，活性中心周围的活动空间也更大的结构中进行。

茂金属催化剂结构的 θ 夹角不同则该催化剂对乙烯和丙烯的聚合能力也不同，所以，不同的聚烯烃单体进行聚合所需的茂金属催化剂的结构是不同的。而最好的聚乙烯茂金属催化剂是：

$$Et(Flou)_2ZrCl_2$$

该催化剂活性为 $5.4 \times 10^7 gPE/(gZr \cdot h)(100℃)$

茂金属化合物的 η^5 – 环本身是可以旋转的，因此当 η^5 – 环上出现取代基时并不足以给催化配合物带来结构刚性，而只是给两个 σ 配位键占据配位的位置以恒定立构环境。大体积的取代基只能起降低配位键旋转速率的作用[230]。解决催化剂配合物结构刚性问题的办法是，通过用一个或多个碳原子或硅原子等形成桥键来连接两个 η^5 – 环，以固定两个 η^5 – 环状配位基[231]。最大的刚性是由单原子桥键提供的，形成该桥键的原子的数目也影响 Cp – M – Cp 角度。该结构的化合物将两个张开的 Cp 衍生物桥联起来。

5.2 茂金属催化剂的立体构型控制

茂金属的突出特点是可以用其化合物的结构来调节聚合活性、聚合物的立体构型、相对分子质量和相对分子质量分布、共聚物组成及分布和密度等性能。在这些方面除了过渡金属原子的作用外，最主要的是配位体(或称为配体)的结构、配位体上取代基的结构和位置，以及桥连结构和数量等参数的作用。

最常遇到的 Cp – 型配位体是环戊二烯配位体自身、烷基或芳基取代的环戊二烯配位体，例如五甲基 – 环戊二烯基配位体(C_5Me_5—)，茚基 Ind(C_9H_7—)配位体和芴基 Flu($C_{13}H_9$—)配位体。

5.2.1 环状配位基及取代基的作用

对于配位体和取代基来说，其作用主要表现为电子效应和立体构型效应。一般来说给电子取代基可以通过电子转移，使活性中心上的电子密度增加，活化能降低，使链增长和链传递反应加快，因此催化剂的聚合活性增加，而对聚合物相对分子质量的影响不大。而拉电子取代基则相反，它降低链增长和链传递反应的速率，使催化剂的聚合活性下降。

5.2.1.1 Cp 配位体

Cp 配位体的碳原子可以连接氢原子或其他取代基，例如烷基、芳基或硅烷等多种不同的取代基，这些 Cp 环上的不同取代基会使活性中心的电子效应和空间效应发生变化，产生多种不同的茂金属催化剂，尤其是会造成活性中心的手征性和立体刚性变化，从而影响茂金属催化剂的聚合性能和立体定向性。通常给电子和大位阻的取代基对提高活性有利，但是如果烷基太大则会使活性下降。如果 Cp 环上的取代基由 CH_3 改变为 H 基或茚基，茂金属活性中心上的电子云密度将下降，带来的影响是催化剂活性下降，而聚合物密度增加。

Cp 配位体上的不同取代基会给茂金属活性中心的电子效应和空间效应带来影响，其程度可以用以下活性 A 的函数式表示[232]：

$$A = a(\theta) + b(H) + c \qquad (5-1)$$

式中，θ 为与烷基相关的空间参数；H 是与电子效应相关的 Hammett 常数。

Cp 配位体上的取代基位置不同，它会改变茂金属的对称性，结果导致聚合物的熔点、相对分子质量和立构性的下降[233]。乙基桥连二茂化合物 2 - 位上的取代基如果是起拉电子效应的，那么它会降低过渡态的路易斯酸性，稳定活性中心并提高催化剂的活性和聚合物的相对分子质量。

5.2.1.2　Ind 配位体

Ind 配位体上的碳原子也可以连接氢原子或其他基团。通常如果仅是在 3 位上用甲基取代，则活性下降 2/3，相对分子质量下降 1/3，数均等规链长由 50.1 下降到 2.1。而仅是在 2 位上用甲基取代，则只是活性下降 1/3，相对分子质量增加 5 倍，立构性提高 10%。

其他条件相同时，茚(Ind)和四氢茚(IndH$_4$)作为配体的催化剂分子从空间效应考虑应优于 Cp 和芴(Flu)作为配体的活性。含有 C$_2$ 桥基的双四氢茚茂金属化合物 rac - En[THInd]$_2$ZrCl$_2$ 催化乙烯聚合可以产生较高相对分子质量的聚乙烯。

Collins 等人对此的解释是，茚配体锆化合物上取代基的电子效应要比空间效应更为突出。认为取代基的推、拉电子性能对茚配体茂化合物的性能有明显的影响。Hoechst 公司对茚配体茂化合物进行了深入的研究[234]，得出的结论是，茚配体的取代基如果是拉电子的卤素或烷氧基则会降低催化剂的活性和聚合物的相对分子质量。而如果是给电子取代基，则要看取代基的位置和大小。原因是适当位置上烷基的给电子效应使得活性中心原子的路易斯酸性减弱，由此导致其争夺 β - H 的能力减弱，使链终止的机会减小，结果聚合物的相对分子质量就增加了。而多烷基取代可以加强这种效应。

另外，对于含取代基的茚配体桥连化合物，当取代基团与茚配体中的六元环相连比与五元环相连可以减少取代基团的位阻效应。

5.2.1.3　Flu 配位体

可能是因为 Flu 配位体本身已经很大，它的取代基产生的空间位阻作用较小，但是它所产生的电子效应对茂金属催化剂的聚合性能有一定影响，见表 5 - 2。

表 5 - 2　芴环上不同取代基对烯烃聚合的影响[235]

茂金属催化剂	MAO/催化剂/%	CE×10^{-3}/[kg/(mol·h)]	T_m/℃
Ph$_2$C(Cp)(Flu)ZrCl$_2$	210	3.37	138
Ph$_2$C(Cp)(2,7-di-t-BuFlu)ZrCl$_2$	170	7.19	147
Ph$_2$C(Cp)(2,7-di-t-TMSFlu)ZrCl$_2$	160	1.73	147
Ph$_2$C(Cp)(H$_8$Flu)ZrCl$_2$	205	9.19	

表 5 - 2 中，第二个催化剂和第一个相比，在芴配体上引入了取代基，结果虽然 MAO 的用量减少了，可是活性反而提高了一倍。

5.2.2　桥链的结构及作用

桥链的作用是防止环状配位体的旋转，赋予茂金属催化剂以刚性并导致产生手性性。改变桥链的长度就可以调节两个环状配位体与金属之间的夹角，从而改变活性中心反应场所的大小，并调节活性中心周围的立体环境。桥链过长会使活性、相对分子质量和立构性下降。也可以改变与桥链相连的基团和基团上的取代基，造成电子效应和空间效应的差别，最终可调控催化剂的活性和聚合物的立构选择性。

桥链上还可以有取代基，如异丙基桥链上有两个甲基，一般桥链上的取代基以相同为好，如果不相同，则差别越大对活性和立构性的影响也越大，见表 5-3。

表 5-3 不同的桥链结构对催化剂活性的影响[235]

催化剂体系	活性/[kg/(mol·h)]	熔点 T_m/℃	相对分子质量 $M_v \times 10^{-4}$
Et(Ind)$_2$ZrCl$_2$	4.9		
Me$_2$Si(Ind)$_2$ZrCl$_2$	2.6	140	
Me$_2$C(Cp)(Flu)ZrCl$_2$	32.0	145	10.0
Et$_2$Si(Cp)(Flu)ZrCl$_2$	8.3	138	
Me$_2$C(Cp)(Phen)ZrCl$_2$	23.0	107	15.5
Me$_2$Si(Cp)(Phen)ZrCl$_2$	2.25	119	6.5

茂金属化合物中有了桥链以后，由于与桥链相连的取代基和配位体的不同就出现了手征性结构，在一个对映体中存在顺、反结构形成几何异构体。如亚乙基桥链二茚基化合物，它的 C_2 对称构型是外消旋体，而 C_s 对称构型是内消旋体。

桥链根据其组成的不同，可以分为碳桥、硅桥和杂桥等等。也可以根据其数量的不同，分为单桥和双桥等。

常用的催化剂称为柄型茂金属催化剂，由于在茂环上的取代基和桥结构上的差异，柄型茂金属催化剂可以有 C_s、C_2 或 C_1 对称结构。

5.2.2.1 碳桥

1C 桥链：Ewen 等[236]合成了桥链长度仅为一个碳的异丙基桥链的茂配体芴配体化合物，发现此催化剂不仅能进行丙烯间规聚合，而且能用于有较大空间位阻的降冰片烯与乙烯的共聚，且有很好的竞聚率和共聚单体的均匀分布。由此可以看出，桥链的长度直接影响环状配体的夹角，短桥链的环状配体夹角大，给活性中心原子周围留出了较大的活动空间，有利于烯烃单体甚至是较大单体的插入，因此催化剂活性得到提高。但是，活动空间加大也会使无序插入和链转移的可能性增加，结果是立构性和相对分子质量可能下降。

Wang[237]等人报道了环烷基连 IVB 族（钛、锆、铪）茂金属催化剂在 MAO 助催化剂作用下，催化乙烯聚合时钛催化剂的活性高于锆或铪催化剂，说明这类环烷基对 1C 桥连钛催化剂有较好的稳定作用。

2C 桥连：亚乙基桥连二茚基二氯化锆是用于丙烯等规聚合的茂金属催化剂，它的桥链为两个碳原子的亚乙基。Brintzinger 等人[238]研究了 $(CH_2)_3(H_4Ind)_2ZrCl_2$ 化合物，认为 $(CH_2)_3$ 桥链破坏了 CH_2—CH_2 桥链的轴对称性，两个配体桥头的距离加长，使得配体和 Zr 原子之间的夹角加大，对烯烃单体的插入有影响。如果把桥链长度再增加到 4 个碳，即 $\{CH_2\}_4$，因为桥链太长，两个茚基平面趋于平行，使活性中心周围的空间受到限制，使烯烃单体的插入发生困难，结果就只有乙烯分子可以插入进行聚合。

对于亚乙基桥连二茚基二氯化锆来说，亚乙基桥链上取代基的吸电子效应会降低过渡金属的路易斯酸性，稳定活性中心而提高催化剂的活性和聚合物的相对分子质量。但是如果用亚乙基桥或二乙基桥代替异丙基桥，则聚合物的活性、相对分子质量、熔点和结晶度等都会有不同程度的下降。

含有 C_2 桥基的双四氢茚 rac-En[THInd]$_2$ZrCl$_2$ 茂金属化合物催化乙烯聚合，可以产生较高相对分子质量的聚乙烯。

5.2.2.2 硅桥

研究发现二甲基硅桥连双茚二氯化锆用于丙烯聚合时，其立构性、熔点要比亚乙基桥连的好，而相对分子质量要比亚乙基桥连的高得多[239]。但是用—Si(CH$_3$)$_2$—(CH$_3$)$_2$Si—桥连的双茚化合物进行聚合时，发现没有二甲基硅桥好，聚合活性大幅度下降，且共聚合单体的插入率也减小。这是因为硅桥链长度增加，活性中心原子与两个茚环之间的夹角减小，空间位阻增加的缘故。但是对乙烯聚合来说，空间位阻的增加对单体插入的影响则要比丙烯小得多。

5.2.2.3 杂桥

桥原子由一种以上的原子构成的称为杂桥。人们合成了包含硅、碳和碳、氧原子构成的杂桥。对于具有长桥[CH$_2$SiMe$_2$Ind]$_2$ZrCl$_2$ 的茚锆化合物来说[240]，桥链为—Si(CH$_3$)$_2$—CH$_2$—CH$_2$—(CH$_3$)$_2$Si—，过长的—Si—C—C—Si—桥向外弯曲，使两个茚环从"张开壳的蚌"变成了"闭合壳的蚌"，活性中心被茚环覆盖，将此双茚化合物用于聚合时，发现只对乙烯聚合有活性，而对丙烯没有聚合活性，这再次证明桥链的长度和结构对催化剂性能有重要影响。

5.2.2.4 锗桥

还可以用锗来做为桥链中的金属原子。徐善生等人[241]合成了含 Me$_2$Ge 桥的桥连茚配体及取代茚配体锆化合物 Me$_2$Ge(2-R^1-4-R^2-Ind)$_2$ZrCl$_2$，其中 R^1 及 R^2 分别为 R^1=R^2=H，R^1=Me、R^2=H 和 R^1=Me、R^2=Ph 的化合物，与助催化剂 MAO 一起，上述各种化合物的催化剂催化乙烯聚合得到聚乙烯的相对分子质量分布比一般的茂金属催化剂略宽。

5.2.2.5 双桥

Dorer 等人合成了一些带有双桥的茂化合物[242]，主要是为了研究不同数量的桥链对茂金属催化剂可能带来的影响。研究发现由单桥链变为双桥链时，两个环状配位体平面的夹角加大。由单亚乙基桥改变为双亚乙基桥时，两个环状配体平面的夹角由55°增加到63°。而单硅桥改变为双硅桥时，两个环状配位基平面的夹角由61°增加到73°，而环状配体平面的夹角加大的结果是反应空间加大，使体积较大的 α-烯烃单体的插入较为容易，催化剂的活性有可能增加，但是对其立体结构的控制能力则有所减弱，另外后位的 α-C 与活性中心原子的距离缩短，链转移反应的可能性增加，聚合物的相对分子质量有所下降。总的看来，第二个桥链的引入发生的主要作用就是加大环状配体平面的夹角，而过于增加环状配体平面的夹角则可能影响催化剂的稳定性。

5.2.2.6 桥的取代基

在桥链上也可以有取代基。Spaleck 等人的研究表明[234]，在亚乙基桥链上如果有不对称的烷基取代可以提高相对分子质量。如果在桥链上有苯基取代通常都有利于相对分子质量的提高，但是提高的幅度会因不同的化合物而不同。另外，桥链上的取代基还可以形成环状结构。

5.3 茂金属催化剂的载体化

茂金属催化剂具有聚合活性高，可以合成各种立构规整度的聚合物等特点。但茂金属催化剂的最大缺点是均相聚合时，聚合物的颗粒形态差（易造成粘壁和堵塞），而且特别是助催化剂甲基铝氧烷的用量很大，大大增加了茂金属催化剂的使用成本。将茂金属化合物载体化的好处在于可以帮助克服均相状态下茂金属催化剂的上述缺点，并为茂金属催化剂带来许多新的特征。茂金属催化剂载体化后，不但可以改善聚合物的颗粒形态，使茂金属催化剂适应现有的聚烯烃生产工艺，而且还可以提高聚合物的相对分子质量分布（从 1~2 提高到 2~5）及定向性，并且可以大幅度减少 MAO 的用量，降低茂金属催化剂的生产成本[243]。

将过渡金属化合物载体化，就是将一种或几种过渡金属载附在无机载体或有机载体表面，并在此表面吸附一定量烷基铝或烷基铝氧烷。这样此载体颗粒就具备了聚合催化剂体系的性能。

但是茂金属化合物载体化还有问题，最主要的问题是活性下降。与均相时相比，活性下降约 10 倍。简单的解释是均相茂金属化合物的活性中心浓度大约是茂金属化合物直接在载体上载负后的 10 倍。所以，茂金属化合物载体化要解决的关键问题是提高聚合活性。

可以考虑的解决办法是，由于茂金属活性中心（路易斯酸）不易到达载体表面以及它们可能会被氧原子等基团（路易斯碱）包埋[244]，因此采用含烯烃基团的茂金属催化剂或后过渡金属催化剂，在自由基引发下，先与烯烃聚合形成高分子化的非均相催化剂，这类高分子非均相烯烃聚合催化剂，由于催化剂与烯烃通过 C—C 的 σ 键相连，所以在催化乙烯、丙烯聚合时保持均相催化剂的高催化活性，及相对分子质量可控性。

关于这种催化剂的聚合反应机理是：当乙烯加到含有催化剂的溶液中时，乙烯便会与含有烯烃键的金属催化剂聚合。结果在没有任何载体的情况下，均相催化剂转变成了异相催化剂，活性中心便会分布在聚合物链上从而充分利用了它们的催化活性。这种自固载化的过渡金属催化剂，不仅具有均相催化剂的优点，而且由于催化剂的模板效应还能改善聚合产物的颗粒形态。

Zhang 等[245]以 4-乙烯酰胺苯酚和溴代烯烃为原料，在 K_2CO_3 碱性溶液中制得了含有烯烃的 Zr 金属催化剂，然后将其与乙烯聚合制得负载型催化剂，在催化乙烯聚合时显示了很高的催化活性，当温度为 40℃ 时其催化活性最高 $[1.8 \times 10^7 \text{ gPE}/(\text{mol} \cdot \text{Zr} \cdot \text{h})]$，$M_w = 2.03 \times 10^4$。

5.3.1 茂金属催化剂的载体

茂金属是一个均相化合物，需要有好的载体才能合成出非均相催化剂。对于载体通常要求应该是惰性不会腐蚀的材料。可用作茂金属催化剂载体的物质种类较多，主要有无机载体、有机载体和有机/无机复合载体等类型。

为了选择一个好的催化剂载体，可以参考以下一些指标：

粒径：20~100μm

比表面积：170~570m²/g

孔容：0.36~2.6mL/g，

孔径：6~54nm。

另外，还有一类载体催化剂与上述的载体催化剂不同，那就是将两种催化剂结合在一起的复合催化剂。例如，茂金属催化剂和 Z/N 催化剂结合在一起，以 Z/N 催化剂为载体，将茂金属化合物载负其上，形成双金属复合催化剂。开发这一类催化剂的目的是为了利用这两种催化剂的不同特性，可以制备物理机械性能和加工性能更为平衡的双峰聚合物树脂[246]。

5.3.1.1 无机载体

较为常用的无机载体有：SiO_2、Al_2O_3、AlF_3、$Al(OH_x)O_y$、$MgCl_2$、MgO、MgF_2、分子筛、黏土、沸石等，但是最常用的无机载体是 SiO_2。

（1）SiO_2 载体

Cp_2ZrCl_2 用 SiO_2 做载体可以有两种情况：

① Cp_2ZrCl_2 和 SiO_2 上面的羟基(—OH)反应脱去一个 HCl 之后 Zr 和 O 络合，于是 Cp_2ZrCl_2 载负到 SiO_2 上。

② Cp_2ZrCl_2 的氯在被烷基置换后再和 SiO_2 的 Si 相络合，于是 Cp_2ZrCl_2 载负到 SiO_2 上；

这两种情况对茂金属催化剂来说都不好，因为 Si 和 O 都会和茂化合物有反应，都不利于茂金属催化剂聚合反应，所以得到的催化剂活性低。因此只有一个办法，那就是让 SiO_2 先和 MAO 作用，然后再载负 Cp_2ZrCl_2。

茂金属化合物和硅胶的连接主要是靠其上的羟基，而羟基存在的形式有很多种，主要有图 5-4 所示的几种形式：

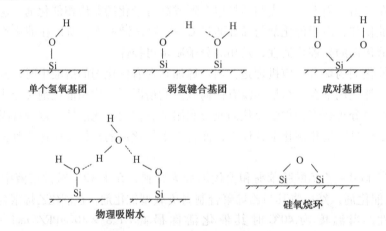

图 5-4　SiO_2 上羟基结合的各种方式

这些不同形式的羟基既是茂金属化合物和 SiO_2 的连接点，同时反过来它又对茂金属催化剂起毒害作用，因此在合成载体催化剂之前，必须对载体进行预处理，并且既需要进行焙烧热处理，也需要进行化学活化处理。

焙烧的目的是为了减少 SiO_2 上吸附的水分和减少 SiO_2 表面存在羟基的数量和种类。SiO_2 焙烧的热处理过程及条件要适当，一般可以在 200~800℃真空或氮气流中进行数小时热处理，其中 SiO_2 的类型、气体环境、焙烧的温度和时间等都是影响 SiO_2 表面羟基浓度和分布等的重要参数。焙烧的目的是为了使 SiO_2 上的羟基达到合适的水平，但是对于羟基在 SiO_2 表面的均匀分布所起作用不大。

焙烧温度对 SiO_2 表面羟基数量的影响见图 5-5。

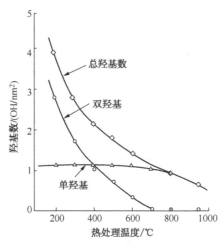

图5-5 SiO₂上羟基数量与热处理温度之间的关系[247]

而化学活化是用化学处理剂对载体进行活化处理，然后再进行茂金属化合物的载负。化学活化的好处是，不但可以消除一些对茂金属化合物有害的杂质，而且可以调节载体上的羟基含量，使羟基经反应而被掩盖从而改善SiO₂表面结构。不过化学活化主要的作用还是使茂金属化合物烷基化，另外还可使因氢链转移反应而生成的不活泼茂金属配合物重新被活化，因此化学活化处理对茂金属催化剂的载体化非常重要。

用于化学活化处理的化学处理剂有氯硅烷、硅氧烷、烷基铝、卤化钛、卤化铝、碳酸酯和偶联剂等。另外，在化学活化处理时还可以加入少量的多官能团有机交联剂，如多元醇、多元胺、多元酸和双酚A等，化学活化处理可以显著提高载体的比表面积从而提高催化剂的载锆量。交联剂的加入使得MAO在载体上呈十分稳定的网状结构，避免了配体和载体直接发生反应而失活，有利于载体催化剂的稳定和催化活性的提高。

王立等人[248]用BF₃对SiO₂表面进行处理后再负载茂金属化合物，研究结果表明所得催化剂在聚合过程中可大大减少MAO的用量，而且催化剂具有良好的催化性能。另外用BF₃对载体表面进行处理的方法也可应用于Al₂O₃载体。

由SiO₂做载体的SiO₂/MAO/En(Ind)₂ZrCl₂催化剂用于乙烯和己烯共聚合结果见表5-4。

表5-4 SiO₂/MAO/En(Ind)₂ZrCl₂载体催化剂体系乙烯和己烯共聚①

己烯浓度/(mol/L)	催化活性×10⁻⁷/[g/(mol·h)]	黏度/(dL/g)	密度/(g/cm³)
0	0.50	2.69	0.9528
0.04	0.60	1.55	0.9300
0.134	0.79	1.48	0.9115
0.201	1.10	1.42	0.9070
0.366	1.09	1.34	0.8940
0.537	1.09	1.30	0.8980

① 聚合条件：温度：40℃；压力：0.7MPa；Al/Zr=500；溶剂己烷。

表5-4数据说明，使用SiO₂做载体的SiO₂/MAO/En(Ind)₂ZrCl₂催化剂，具有很好的乙烯和己烯共聚性能。

（2）IOLA载体

Grace公司开发了用SiO₂和黏土的反应物经喷雾干燥得到的IOLA载体[249]。该载体是一种表面很粗糙而内部充满孔洞的微球状颗粒。这种颗粒中的黏土粒子具有电离状态，在预聚合时可以激活催化剂（离子化），而在聚合时它又起催化剂载体的作用。由于 IOLA 既有载体又有活化两方面的作用，因此在聚合中使用 IOLA 就有可能不需要用助催化剂 MAO 或硼烷，从而降低使用茂金属催化剂的生产成本。

（3）MgCl$_2$ 载体

另一种重要的无机载体是无机盐类如氯化镁，这种载体的特点是表面不含羟基。用 MgCl$_2$ 做载体，因为其中的氯既和 MgCl$_2$ 络合又和 Cp$_2$ZrCl$_2$ 相络合，因此 MgCl$_2$ 对茂金属催化剂有好的作用，用 MgCl$_2$ 做载体的情况有可能会比 SiO$_2$ 更好。

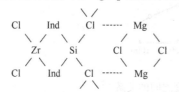

图 5 – 6　Cl$_2$Si(Ind)$_2$ZrCl$_2$/MgCl$_2$ 负载型茂金属催化剂结构

如果茂金属活性中心原子是钛，那么其配位情况就有点像钛 – 镁催化剂，钛和镁通过氯原子配位。其负载步骤一般是载体先和茂金属化合物作用，然后再加入 MAO 处理。Soga 等人[250]将 Cl$_2$Si(Ind)$_2$ZrCl$_2$ 负载到 MgCl$_2$ 上，得到了负载型茂金属催化剂，见图 5 – 6。

另外，当载体具有路易斯酸（如 MgCl$_2$，Al$_2$O$_3$ 等）时，可以在茂环上引入具有碱性原子的取代基（如 O，N 等），通过两者形成配位键而使茂金属固定[251]。

但是如果用球型 MgCl$_2$ 做载体就会有一个醇的问题，醇会破坏茂金属催化剂，因此必须先脱醇，即使是这样茂金属催化剂的活性也不稳定。

（4）MgCl$_2$/MgF$_2$ 载体

采用 MgF$_2$ 掺杂 MgCl$_2$ 的混合载体负载茂金属催化剂催化乙烯聚合，与未掺杂 MgF$_2$ 的负载催化剂相比，催化活性有明显的提高，而且以 TEA 为助催化剂的载体催化剂体系的聚合活性要高于 TBA 体系。另外，MgF$_2$ 掺杂对聚乙烯相对分子质量分布影响较小，而且，对聚乙烯的 GPC 曲线进行 Flory 函数的分峰拟合的结果表明，MgF$_2$ 掺杂对催化剂活性中心种类数没有影响。

5.3.1.2　有机载体

有机载体与无机载体相比具有以下特点：

① 有机载体表面一般很少有对茂金属催化剂有害的基团，通常不会使载负后催化剂的活性降低；

② 可以通过不同的制备方法控制有机载体表面活性基团的数量和分布，从而达到增加茂金属化合物的载负量以提高催化剂的活性；

③ 可以减少 MAO 的用量，有利于降低生产成本；

④ 有机载体基本上不会产生灰分，因此所得聚合物的灰分更低，更适合生产高品质产品。

常用的有机载体大致可分为天然高分子和聚合物两类。常用的天然高分子载体主要是一些表面含有某种官能团的天然高分子。目前研究最多的是含有羟基官能团的环糊精[252]，它是一种低聚糖，最常用的环糊精是分别含有 6、7、8 个葡萄糖基的 α – 环糊精、β – 环糊精和 γ – 环糊精。Lee 等人[253]采用以环糊精为载体的茂金属催化剂（Cp$_2$ZrCl$_2$/环糊精）进行乙烯聚合，得到的聚乙烯的相对分子质量要比均相 Cp$_2$ZrCl$_2$ 催化剂得到聚乙烯的相对分子质量高 15～20 倍。

常用的聚合物载体有聚乙烯、聚苯乙烯、聚甲基丙烯酸甲酯等，交联聚合物也可用作载体，如二乙烯基苯 - 苯乙烯共聚物，还有聚硅氧烷等。其中使用较多的是聚苯乙烯载体，由于其结构中存在有苯环，强度较高而且易于和其他官能团接枝，所以可以在多种情况下使用。

黄葆同等人[254]将苯乙烯与丙烯酰胺共聚物作为载体，此载体先用 MAO 处理，再将 Cp_2ZrCl_2 载负其上，载锆量最高可达 0.35%。与无机载体相比，有机载体催化剂的聚合产物灰分较低，催化剂的活性中心结构单一，分布也比较均匀，孔径易于控制，而且从宏观上看是非均相的，但是从活性中心等微观上看是均相的，因而聚合活性很高，对于乙烯聚合其聚合活性可达 $3.62 \times 10^7 g/(mol \cdot h)$，对于辛烯也有较强的共聚合作用。

诸海滨等人[255]采用烯丙基取代的硅桥连茂金属化合物与苯乙烯共聚合，得到了 PS 载负的茂金属催化剂，在进行聚合时发现有机载体茂金属催化剂的聚合活性明显高于均相茂金属催化剂。Arai 等人[256]用 $Al(i-C_4H_9)_3$ 代替 MAO 作助催化剂，用预先载负了 $B(C_6H_5)_3$ 的聚苯乙烯 PS - B 为载体，载负了 Cp_2ZrCl_2 的催化剂进行乙烯聚合，所得到聚乙烯产品的颗粒很好地重复了球型载体 PS - B 的形态。

聚硅氧烷是主链由 Si—O 键组成的有机高分子化合物。Soga 等人[257]用茂锆催化剂载负在聚硅氧烷上，发现此催化剂的聚合活性要比载负在 SiO_2 上的催化剂高。另外，将茂金属化合物载负在茚配体或芴配体取代的聚硅氧烷上，该有机载体催化剂具有很好的活性和颗粒形态。

5.3.1.3 有机/无机复合载体

也可以将有机载体和无机载体复合在一起作为茂金属化合物的载体。谢保军等人[258]将苯乙烯与丙烯酰胺共聚物(PSAm)载负到 SiO_2 上，得到 $PSAm/SiO_2$ 复合载体茂金属催化剂，该载体负载的茂金属催化剂进行乙烯聚合，催化活性较高而且可以有效地控制聚合物形态。

$$PSA_m-C\begin{smallmatrix}O\\\\NH_3\end{smallmatrix} + HO-SiO_2 \longrightarrow PSA_m-C\begin{smallmatrix}O-HO-SiO_2\\\\NH_3\end{smallmatrix} \qquad (5-2)$$

5.3.1.4 茂金属/Zigler - Natta 复合载体

图 5 - 7 是用茂金属和 Z/N 两种组分制备的催化剂通过聚合得到的聚乙烯树脂的 GPC 曲线。从曲线形状明显可以看出两种催化剂组分的不同特征，可以得到不同相对分子质量的双峰相对分子质量分布聚乙烯树脂。

5.3.2 茂金属催化剂的负载方法

茂金属催化剂的载负方法一般为浸渍法(或反应法)，即将预处理(脱水或官能团化)过的载体与茂金属、烷基铝或铝氧烷等先进行反应，然后经洗涤、干燥得到流动态的固体粉末催化剂。

5.3.2.1 具体的负载方法

具体的负载方法可以分为以下几种：

① 茂金属化合物直接在载体物质上载负；

② 先将茂金属化合物载负在载体物质上，然后再用 MAO 处理；

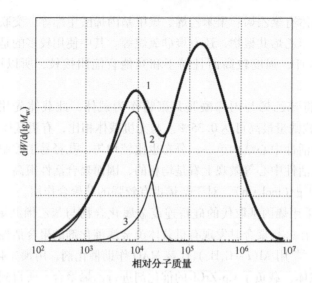

图 5-7　用茂金属和 Z/N 两组分催化剂制备聚乙烯树脂的 GPC 曲线[259]

1—茂金属和 Z/N 两组分催化剂制备聚乙烯树脂的 GPC 曲线；2—茂金属聚合得到的聚乙烯 GPC 曲线；

3—Z/N 催化剂得到的聚乙烯 GPC 曲线

③ 载体物质先用 MAO 或其他物质处理，然后再将茂金属化合物载负其上；

④ 先将茂金属化合物的配位体物质与载体物质反应，然后再和锆化合物反应生成载体化的茂金属催化剂。

这几种制备方法中茂金属化合物与载体物质的结合方式不同。

方法①和②是靠茂金属化合物中的金属原子和载体物质表面的羟基发生反应，生成金属—氧共价键。而加入 MAO 后，在 MAO 的作用下金属—氧共价键断裂而形成活性中心。具体如下式：

$$(5-3)$$

这种载负方法的结合强度要高于方法③。但是因为是载体和茂金属化合物直接相连，茂金属的配体和卤素有可能和载体上的羟基反应，或和其他部位发生反应，结果可能使配体脱落、卤素消耗或 Si—O 键断裂而使部分催化剂失活，导致催化剂活性大幅度下降。并且可能使茂金属化合物的结构发生变化，造成对茂金属催化剂性能较大的影响。另外，由于载体表面羟基分布的不均匀性，还有可能导致局部活性中心浓度过高对聚合产生不利影响。有的茂金属催化剂甚至在载体化后，它的性能都会发生变化。

方法③的具体做法是用 MAO 先和载体物质结合，让载体表面被 MAO 覆盖，然后加入茂金属化合物而得到载体催化剂。Soga 等人[260]认为，此方法首先是 MAO 的 Al 原子通过与硅胶的羟基生成 Al—O—Si 键而化学键合到硅胶表面，然后茂金属化合物再和键合在硅胶表面上的 MAO 以配位键配合生成载体催化剂。Chien 等人[261]认为，此方法使茂锆阳离子基团在载体表面上被 MAO 的多配位"冠状体"所包围并稳定，就好像在均相溶液中一样，从而隔离了载体的影响，大幅度地提高茂金属催化剂的活性。此情况和均相催化剂类似，载体对聚合物的结构一般没有什么影响，聚合时一般也不需要补加 MAO。

也可以采取原位负载的方法，即将未经 MAO 处理过的硅胶直接加入三甲基铝进行反应，得到 MAO 后再载负茂金属化合物，但是加料顺序必须是将湿载体在惰性气氛中缓慢地加入到烷基铝中，只有这样才会得到合适的铝氧烷齐聚物。

最新的研究进展之一是，使用某些硼化合物来对载体表面进行化学处理，使硼化合物和羟基反应形成锚接点，一方面减少载体表面因极性基团存在而产生的不利影响，另一方面在茂金属化合物因此而负载化后，硼化合物可以和载体一起作为茂锆阳离子的平衡离子，给此载体催化剂带来一些新的特性，如增加催化剂的活性等。

方法④则是或者将载体上的羟基氯化后和配体先反应，然后再和氯化锆化合物反应得到载体茂金属催化剂，或者在配体茂环上先引入能够和羟基发生反应的取代基，然后和载体上的羟基发生反应而被固定。因此这种方法与载体物质的结合是最牢固的。

载体茂金属催化剂的制备方法对催化剂的性能影响很大，虽然大多数的研究都采用 SiO_2 作为载体，但是由于 SiO_2 主要是靠其表面上的羟基起作用，而羟基的存在会影响茂金属化合物的活性，因此直接在 SiO_2 上载负茂金属化合物，一般聚合活性都会大幅度下降，只有方法③可以保持较高的活性。

5.3.2.2 负载量

通常在载体上载负茂金属的量都不是很高，这是造成载体茂金属催化剂活性偏低的原因之一。张雷等人[262]在制备 SO_2/MAO/Cp_2ZrCl_2 载体催化剂时发现，Cp_2ZrCl_2 在硅胶上的负载明显具有单分子吸附的特征。而 Iaeadelli 等人[263]的研究发现，载体表面负载的茂金属化合物量远低于物理吸附的理论值，这说明载体表面某些活性中心上存在有副反应发生，结果导致茂金属负载量的减少。

5.3.2.3 茂金属催化剂的固体化发展

均相的茂金属催化剂聚合物颗粒性能很差。如果能够制备固体颗粒状的茂金属催化剂，那么聚合物的颗粒性能将得到极大改善。目前已知至少有以下几种方法可以使茂金属催化剂固体化，改善聚合物的颗粒性能。

(1) 无载体的固体化茂金属催化剂[264]

无载体的固体化茂金属催化剂，即是不使用通常的载体，而是用以下的一些方法得到类似用载体得到的催化剂：

① 不使用载体材料，而是使用 MAO 不溶性溶剂(如癸烷)，使 MAO 呈固体颗粒析出；

② 将茂金属和 MAO 的混合溶液进行喷雾干燥，使茂金属和 MAO 直接生成固体颗粒，然后再经乙烯浆液预聚合的方法，得到经过预聚合的茂金属/MAO 催化剂，不但可使乙烯聚合活性大幅提高，而且聚合物的表观密度可以高达 $0.44g/cm^3$，且聚合物颗粒性能优良。

(2) 使用载体使茂金属/MAO 催化剂体系固体化[265]。

茂金属催化剂载体化的一个新进展是，让载体不但起载负茂金属的作用而且也起活化催化剂的作用，这无疑会大大降低茂金属催化剂的生产成本，Grace 等人[249]开发的 IOLA 载体就属于这一类。IOLA 载体是用 SiO_2 和黏土经喷雾干燥而制成。在催化剂制备时可起分散载负作用，在预聚合时又可起激活催化剂的作用(如离子化)，具有载体和活化剂的双重功能，降低了催化剂的成本。

（3）自固载茂金属催化剂

前已叙述，由于茂金属催化剂的活性中心（路易斯酸）不易到达载体表面以及它们可能会被氧原子等基团（路易斯碱）包埋[244]，因此采用含烯烃基团的茂金属催化剂或后过渡金属催化剂，在自由基引发下先与烯烃聚合形成高分子化非均相催化剂。这类高分子非均相烯烃聚合催化剂，由于催化剂与烯烃是通过 C—C 的 σ 键相连，所以在催化乙烯、丙烯聚合时可以保持均相催化剂的高催化活性，相对分子质量可控。

当乙烯加到含有催化剂的溶液中时，乙烯便会与含有烯烃键的金属催化剂聚合。结果在没有任何载体的情况下，均相催化剂转变成了异相催化剂，活性中心便会分布在聚合物链上而充分发挥它们的催化活性，具有自固载的能力。

采取上述这些方法，可以使茂金属催化剂的乙烯聚合性能得到大幅度改善。

5.4 茂金属催化剂的聚合反应机理

茂金属催化剂的聚合反应机理包括聚合活性中心，以及载体茂金属催化剂的各种聚合改进方法。

5.4.1 茂金属催剂的聚合活性中心

早期的研究发现，在 Cp_2TiCl_2/R_2AlCl 催化体系中，Cp_2TiCl_2 首先和 R_2AlCl 发生烷基交换反应生成单烷基化的钛茂 $Cp_2Ti(R)Cl$，再与 R_2AlCl 形成配合物。而进一步的研究证实，聚合反应是由阳离子活性中心 $Cp_2Ti^+ — R$ 开始引发的。

另外在研究 $Cp_2Ti(R)Cl/AlCl_3$ 体系时发现，$Cp_2Ti(R)Cl$ 和 $AlCl_3$ 作用形成了两种离子对结构，即紧密离子对 $Cp_2TiR\cdots Cl\cdots AlCl_3$ 和溶剂化离子对 $Cp_2TiR^+ \parallel AlCl_4^-$。这两种离子对在体系中以动态平衡的形式存在，溶剂化离子对具有更高的活性。但是这些早期的研究结果并未引起足够重视。

1980 年 Sinn 和 Kaminsky[266] 报道了甲基铝氧烷 MAO，发现 MAO 几乎可以使所有的茂金属催化剂烷基化而催化烯烃聚合，并且活性极高。这就开创了以茂金属催化剂为代表的单活性中心催化剂发展的新纪元。

研究发现，茂金属化合物与烷氧基化合物 MAO 反应，进行配体交换，形成烷基化茂金属阳离子，经 ^{13}C – NMR 和 X 射线分析证实此即聚合活性中心[267]。

$$Cp_2ZrRX + MAO + Olefin \longrightarrow Cp_2ZrR(Olefin)^+ MAOX^- \qquad (5-4)$$

但是，并不是所有的催化剂体系都能通过烷基化过程最终形成离子对结构的活性中心，这要取决于不同的催化剂和铝氧烷。Tritto 等人[268] 用 ^{13}C – NMR 研究了不同助催化剂对茂金属 Cp_2ZrCl_2 和 $(Me_5-Cp)_2ZrCl_2$ 的活化过程的影响，结果用各种助催化剂都没有形成二烷基化的茂金属配合物及其相应的离子对活性中心。只有 $MAO/AlMe_3$ 可以单烷基化 Cp_2ZrCl_2 和 $(Me_5-Cp)_2ZrCl_2$ 形成离子对活性中心，从而对催化乙烯聚合具有活性。

还有的文献报告，在研究茂金属催化剂前体与 MAO 的作用时发现，在不含游离 $AlMe_3$ 的 MAO 作用下，茂金属催化剂前体被单烷基化并形成离子对活性中心，如 $[rac-Et(Ind)_2ZrMe]^+[Cl-MAO]^-$；而在含有游离 $AlMe_3$ 的 MAO 作用下，茂金属催化剂前体经过反应最终会形成杂双核的离子对活性中心，如$[rac-Et(Ind)_2Zr(\mu-Me)]_2^+[Cl-MAO]^-$。

5.4.2 载体茂金属催化剂的改进

茂金属催化剂载体化后，具有可延长活性中心的寿命、改善所得聚合物的颗粒形态和帮助减少助催化剂 MAO 的使用量等作用，明显改善了茂金属催化剂的使用效果。

5.4.2.1 延长茂金属催化剂活性中心的寿命

茂金属化合物载体化后还可以使茂金属催化剂活性中心的寿命，比相同催化剂在均相状态下要显著延长，甚至可以长时间聚合活性不衰减[269]。

但是，需要特别说明的是，尽管已经可以将氧化硅、氧化铝、氯化镁、沸石和聚合物用作茂金属催化剂的载体[270,271]，但是它们的催化活性几乎无一例外地都降低了，这可能是因为茂化合物在载负过程中和载体发生了反应，使其结构发生了变化，有些活性中心甚至失活所至。Marks 等人[272]认为 Cp_2ZrCl_2 和 Al_2O_3 反应时会生成两种物质，一种是 Zr—O—Al 键，另一种是阳离子，前者没有活性，后者有活性，这可能也是这种方法制备的载体催化剂活性低的原因。

因此，茂金属催化剂载体化虽然可以延长活性中心的寿命，但是活性还是大幅度下降了。所以还必须解决载体化后活性下降的问题。

5.4.2.2 改善聚合物的颗粒形态

茂金属催化剂的缺点之一是聚合物的颗粒形态差，表观密度低。Fink 等人[273]认为，在聚合过程中，催化剂是一层一层由外向内破裂，逐步暴露出新的活性中心。树脂的颗粒形态是和催化剂的破裂过程和树脂在碎片上的生长过程密切相关的。

载体化给茂金属催化剂带来最重要的变化是，可以解决其聚合物颗粒形态差的问题。Soga 等[274]将 $rac-Me_2Si(2,4-Me_2Cp)(3',5'-Me_2Cp)ZrCl_2$ 载负在经过 MAO 处理过的 SiO_2 上，与同样组分的均相催化剂进行丙烯聚合对比试验，结果聚合物由细粉变成了球型颗粒，而且表观密度由 $0.08g/cm^3$ 提高到 $0.34g/cm^3$。聚合物颗粒形态得到了很大的改善，和传统的 Z/N 催化剂一样，茂金属催化剂的聚合物也具有催化剂颗粒形态的复现性，见图5-8。

催化剂颗粒形态   聚合物颗粒形态

图 5-8 $Me_2Si(2-Me-BenzInd)_2ZrCl_2/MAO/SiO_2$ 体系的催化剂及聚合物的颗粒形态[269]

载体化的茂金属催化剂，可以通过载体颗粒形态的选择和控制，来达到控制茂金属聚合物的颗料形态的目的，以适应现有的聚合生产工艺的需要。

5.4.2.3　减少助催化剂铝氧烷 MAO 的用量

载体化还可以帮助茂金属催化剂降低 MAO 用量，降低催化剂的成本。用 Al_2O_3、$MgCl_2$、CaF_2 等或用 MAO 处理过的 SiO_2 作茂化合物的载体，所合成的茂金属催化剂可以用 $AlMe_3$ 或 $AlEt_3$ 直接进行烯烃聚合[274]。

Soga 等人已经证明，当茂金属化合物固定在化学改性的氧化硅上时，活化可以简单地由三烷基铝完成而不需要任何 MAO[275]。特别是，由 $=SiCl_2$ 基团功能化的氧化硅可以与 Cp – 型配位键的锂盐进一步反应，并在又与卤化金属反应后，可以生成氧化硅锚固的立构刚性茂金属，通过它的桥链连接。这种方法对降低茂金属催化剂的成本具有重要意义，它为茂金属催化剂成功的工业应用带来了希望。

茂金属催化剂载体化后还可以使聚合物的相对分子质量提高。用 SiO_2 载负的 $Et(Ind)_2ZrCl_2$ 催化剂进行聚合所得到的聚合物，与均相的 $Et(Ind)_2ZrCl_2$ 催化剂相比，相对分子质量可以提高几十倍[276]。

在大多数情况下，载体化的茂金属催化剂是由过渡金属化合物、MAO 和载体以不同的组合进行反应，而三烷基铝则用作杂质清除剂。

5.5　助催化剂及对茂金属催化剂的影响

5.5.1　助催化剂铝氧烷 MAO

5.5.1.1　MAO 的合成

MAO 由三甲基铝 TMA 部分水解制得，提纯后的 MAO 为无定形的白色固体，与原料三甲基铝相比要稳定得多，能溶于甲苯而不溶于己烷。目前 MAO 商品大都为 10%、20% 和 30% 的甲苯溶液，其中含有约 1% 的未反应的三甲基铝。

基于水解反应合成 MAO 的方法如下式所示：

$$AlMe_3 + H_2O \longrightarrow MAO + CH_4 \uparrow \qquad (5-5)$$

这个水解反应是强放热反应，控制不当极易发生爆炸，因此在进行水解反应时应特别注意安全，一般不直接用水进行反应。

合成 MAO 最常用的方法是采用带有结晶水的无机盐（如 $Al_2(SO_4)_3 \cdot 5H_2O$，$CuSO_4 \cdot 5H_2O$，$MgSO_4 \cdot 7H_2O$，$MgCl_2 \cdot 6H_2O$ 等），在溶剂中低温下缓慢地加入 TMA 进行反应。要严格控制反应条件以确保 TMA 的部分水解，得到含有组成适宜的齐聚物 $(MeAlO)_n$。

吕立新等人[277]采用环糊精作为水源载体，在 0℃ 以下的低温环境中和 TMA 反应，使 TMA 缓慢水解，同样可以得到甲基铝氧烷 MAO。

MAO 还可以在聚合反应过程中就地合成[278]，即将单体通过含水的载体后进入含茂金属化合物和三甲基铝的聚合体系中，就地合成 MAO，活化聚合反应，还可以减少三甲基铝的用量。

用冰点测定法、凝胶渗透色谱法和核磁共振法等方法对 MAO 的分析研究表明，它是个由几种不同络合物组成的混合体，包括处于动态平衡的残余的（络合的）三烷基铝和可能存在的三氧化铝。

5.5.1.2 MAO 的结构

MAO 中的活化组分还没有真正搞清。一般认为 MAO 主要是以齐聚物$(AlMeO)_n$的形态存在，其结构为线型结构和环状结构（图 5-9）。

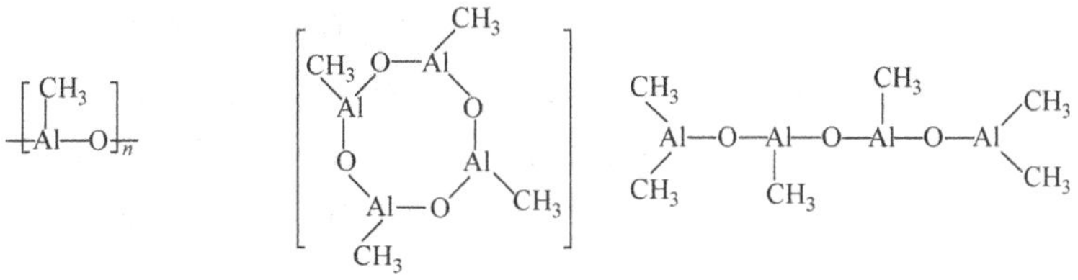

MAO线型齐聚物的结构　　MAO环状齐聚物的结构　　齐聚物$Al_4O_3(CH_3)_6$的结构

图 5-9　MAO 的各种结构

根据 Barron 等人[279]1994 对三异丁基铝水解产物进行的研究，水解产物中有各种环状物，如$[R_2Al(\mu-OAlR_2)]_2$（其中的 Al 为 3 配位），$[RAl(\mu-O_3)]_n$（其中的 Al 为 4 配位）等（$\mu-O$指氧桥）。研究认为，在 MAO 齐聚物分子结构中，可能动态的 Al 为 4 配位笼架结构，比线型的和环状结构更容易出现，而这 4 配位笼架结构正是起活性作用的主要组分。MAO 的立体结构见图 5-10。

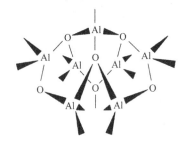

图 5-10　MAO 的立体结构示意图

在各种齐聚分子中，四配位的 $Al_4O_3(CH_3)_6$看来处于主导地位[280]，四个 $Al_4O_3(CH_3)_6$结构可以形成一种半开放的十二面体笼架结构，这种笼架结构可与 TMA 配位，因此 MAO 中的TMA 很难分离干净。除了四价配合物外，^{27}铝核磁共振波谱也证实了有三配位铝存在[281]。并且这些组分的路易斯酸性由于邻近的氧原子的作用而增强。

5.5.1.3 MAO 的作用

（1）烷基化

一般认为茂金属催化剂的助催化剂主要是甲基铝氧烷(MAO)，它的主要作用是使茂金属阳离子烷基化，并成为稳定的活性中心。

烷基化反应的过程可以分为两步：第一步是茂金属和 MAO 或其中游离的 $AlMe_3$发生烷基化反应，生成 $Cp_2ZrMeCl$，然后再进一步和 MAO 作用形成活性中心 $Cp_2ZrR^+(Cl-MAO)^-$。

第一步烷基化　　$Cp_2ZrCl_2 + MAO \rightleftharpoons Cp_2ZrMeCl + Cl-MAO$
$$\uparrow\downarrow$$
$$Cp_2ZrMe_2 + Cl-MAO$$

第二步形成活性中心　　$Cp_2ZrMeCl + MAO \rightleftharpoons [Cp_2ZrMe]^+ + [Cl-MAO]^-$
$$Cp_2ZrMe_2 + MAO \rightleftharpoons [Cp_2ZrMe]^+ + [Me-MAO]^-$$

MAO($AlMe_3$)首先和 Cp_2ZrCl_2发生配体交换反应，生成单烷基化的茂金属配合物$Cp_2ZrMeCl$。而过量的 MAO($AlMe_3$)进一步和 $Cp_2ZrMeCl$发生配体交换反应，生成二烷基化

的茂金属配合物 Cp_2ZrMe_2。倾向性的看法是，MAO（$AlMe_3$）中的 Al 会从 $Cp_2ZrMeCl$ 中夺取一个 Cl^- 或从 Cp_2ZrMe_2 中夺取一个 Me^-，形成离子对结构的活性中心 $[Cp_2ZrMe]^+[Cl—MAO]^-$ 或 $[Cp_2ZrMe]^+[Me—MAO]^-$。

（2）Al/Zr 摩尔比

研究发现 Al/Zr 摩尔比对助催化剂的烷基化作用也有明显的影响。用 $Al(i-Bu)_3$ 活化 $Ph_2C(CpFlu)ZrCl_2$ 只能得到单烷基化的 $Ph_2C(CpFlu)ZrCli-Bu$，即使在很高的 Al/Zr 摩尔比下也不能进一步烷基化。但是，对于 $Cp_2ZrH_2/Al(i-Bu)_3$ 体系，当 Al/Zr 摩尔比小于 10 时，可以观察到一系列烷基化物。当 Al/Zr 摩尔比大于 10 时，只得到唯一的二聚体茂金属配合物 $[Cp_2ZrH_2 \cdot Al(i-Bu)_3]_2$。

当用 $[PhNMe_2H][B(C_6F_5)_4]$ 活化 $Ph_2C(CpFlu)ZrCl_2/Al(i-Bu)_3$ 和 $Cp_2ZrCl_2/Al(i-Bu)_3$ 体系时，形成阳离子活性中心也取决于 Al/Zr 摩尔比。当 Al/Zr 摩尔比小于 50 时，$Ph_2C(CpFlu)ZrCl_2/Al(i-Bu)_3$ 至少形成了两种阳离子活性中心，$Cp_2ZrCl_2/Al(i-Bu)_3$ 体系至少形成了三种阳离子活性中心。

（3）$AlMe_3$ 的作用

$AlMe_3$ 的作用主要也是使茂金属阳离子烷基化，然后形成稳定的活性中心。茂金属催化剂活性中心的结构被假定为是 MAO 和茂金属阳离子的夹心结构[282]，见图 5-11。

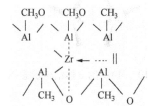

图 5-11 MAO 和茂金属阳离子的夹心结构示意图

有一种看法甚至认为真正的助催化剂是 $AlMe_3$[283]。因为当在 MAO 中加入适量的 $AlMe_3$ 时，聚合的速率会迅速增加，但是过多加入 TMA 则活性反而下降。Ewen 等人认为其原因是 TMA 的体积比 MAO 小，当大量的 TMA 和茂金属催化剂络合时，由于结合过于紧密而阻碍了烯烃分子和茂金属活性中心的结合。

BRICI 在用水合硫酸盐合成 MAO 时也发现，MAO 的甲苯溶液中含有一定量的 $AlMe_3$ 确实有利于 MAO 保持稳定及聚合活性。但是过多的加入 $AlMe_3$ 则活性反而下降。

$AlMe_3$ 另一个可能的作用和 MAO 一样是一种很强的路易斯酸，能快速地发生 β-氢链转移，因此，它能使因为 β-氢链转移反应所生成的不活泼茂金属配合物（$Zr-CH_2-Al$），与 $AlMe_3$ 和 MAO 反应，再生成活性基团 $Zr-CH_3$ 而被重新活化[284]。

另外，$AlMe_3$ 和 MAO 一样也还有一个辅助作用是清除聚合系统中的有害杂质。

5.5.1.4 MAO 的改进

早期的茂金属催化剂所使用的助催化剂，均为可溶于苯、甲苯等溶剂的烷基铝部分水解产物，作为均相溶液使用。但是必须使用大量的苯溶性铝氧烷，一般 Al/Zr 为 500~2000，烷基以甲基为主。

近来铝氧烷种类及制备方法的发展趋势有以下的一些情况：

（1）不溶解于苯的铝氧烷

三井化学公司[285]开发了不溶解于苯的 MAO。方法是由可溶解于苯的 MAO 进一步控制其水解，得到一种新的铝氧烷。此铝氧烷内含有两种烷氧基铝单元，形成苯不溶解的 MAO。

使用此种苯不溶解的MAO可以使聚合活性提高1.2~20倍。

（2）非正烷基铝氧烷与烷基铝混合使用[286]

采用异烷基的烷基铝控制水解，得到含异丁基的铝氧烷。使用这种铝氧烷用量可以大大减少，而聚合活性则有所提高。

（3）就地合成铝氧烷

在反应过程中，不预先合成出铝氧烷，而是在反应器中，在载体SiO_2存在的情况下进行烷基铝的控制水解，使铝氧烷"就地"生成在载体SiO_2的表面上。然后和茂金属催化剂共混进行乙烯预聚合，得到茂金属、MAO/SiO_2预聚合催化剂。此催化剂应用于乙烯聚合可以明显改进聚乙烯的颗粒性能。

5.5.1.5 其他烷基铝助催化剂

2000年，Kissin等人[287]研究发现可以用$AlR_2Cl/Mg(n-Bu)_2$（R = Me 或 Et）作为新的助催化剂。当以$AlR_2Cl/Mg(n-Bu)_2$为助催化剂时，Cp_2ZrCl_2、$Et(Ind)_2ZrCl_2$、$Me_2Si(Ind)_2ZrCl_2$、$Me_2Si(Flu)_2ZrCl_2$等茂金属催化剂都可以催化乙烯聚合，聚合活性约为$1.2~18.0\times10^6$gPE/molZr，类似茂金属/MAO体系的催化活性。Kissin等人还发现，该助催化剂体系中存在下述反应：

$$2AlMe_2Cl + Mg(n-Bu)_2 \longrightarrow MgCl_2 + 2AlMe_2n-Bu \qquad (5-6)$$

因此认为$AlR_2Cl/Mg(n-Bu)_2$中的活性成分是$AlMe_2n-Bu$，而$MgCl_2$是烷基铝的载体，同时可以从烷基化的茂金属催化剂中夺取R^-或Cl^-帮助形成阳离子活性中心。

2004年Fujita等人[288]报道了一种类似$AlR_2Cl/Mg(n-Bu)_2$的$MeCl_2/i-Bu_mAl(OR)_n$助催化剂体系。当以双苯氧基-亚胺基为配体的钛、锆和钒催化剂化合物，和$MeCl_2/i-Bu_mAl(OR)_n$组成催化体系进行乙烯聚合时，相同聚合条件下的聚合活性可以与以MAO为助催化剂体系的系统相当。Fujita等人认为$i-Bu_mAl(OR)_n$对催化剂起到烷基化的作用，而$MeCl_2$的作用是负载$i-Bu_mAl(OR)_n$，并从烷基化的催化剂中夺取R^-或Cl^-形成阳离子活性中心。因此推断MAO为助催化剂体系时，烷基化催化剂前体的作用可能是MAO中含有的$AlMe_3$产生的。MAO的作用是负载$AlMe_3$和稳定所生成的阳离子活性中心。

所以，Kissin和Fujita等人认为MAO与茂金属催化剂的烷基化反应主要是由MAO中的$AlMe_3$产生的，而MAO其实只是个载体，这个结论与Barron等人的研究结果相同。

有文献报道可以采用异丁基铝氧烷（IBAO）代替MAO[289,290]用于烯烃聚合。用IBAO进行烯烃聚合可以降低助催化剂成本，但茂金属催化剂活性会有所降低。具体结果见表5-5。

表5-5 采用IBAO的烯烃聚合结果

单体	催化剂体系	反应条件	聚合结果	文献
$CH_2=CH_2$	Cp_2ZrCl_2	60℃，8×10^2kPa	1.75kg/(gZr·h·kPa)	[292~294]
$CH_3—CH=CH_2$	$Me_2Si(Ind)_2ZrCl_2$	70℃，1h	400kg/(gZr·h)	[293~295]

5.5.1.6 烷基铝助催化剂的链转移作用

1990年，Resconi等人[291]研究发现，由Cp_2ZrR_2可以发生向$AlMe_3$的链转移反应，所以$Cp_2ZrR_2/AlMe_3$（R = Me，Ph，Bz or CH_2SiMe_3）体系所得聚乙烯相对分子质量远低于相应的

Cp_2ZrR_2/MAO 体系所得聚乙烯的相对分子质量。

Kim[292] 等人的研究也发现，对于某些茂金属催化剂，向铝的链转移反应可能成为其主导的链转移反应。例如，$rac-Et(Ind)_2ZrCl_2/MAO$ 体系和 $rac-Me_2Si(Ind)_2ZrCl_2/MAO$ 体系催化苯丙烯均聚时，由于向 MAO 中残留的 $AlMe_3$ 的链转移反应厢起主导作用，所以得到只含饱和端基的聚苯丙烯；而当用 $Cp_2ZrR_2/AlMe_3$ 体系催化苯丙烯均聚时，由于 H 链转移反应起主导作用，所以，得到含亚乙烯基端基的聚苯丙烯。除 $AlMe_3$ 外，茂金属催化剂也可以发生向 $AlEt_3$ 和 $Al(i-Bu)_3$ 的链转移反应。

Naga 等人[293] 用 $rac-Et(Ind)_2ZrCl_2/AlR_3/Ph_3CB(C_6F_5)_4$ ($R=Et$ 或 $i-Bu$) 和 $rac-Me_2Si(Ind)_2ZrCl_2/AlR_3/Ph_3CB(C_6F_5)_4$ 体系催化烯烃聚合时发现，$AlEt_3$ 可以发生向铝的链转移反应，而 $Al(i-Bu)_3$ 则不能发生链转移反应。所以当聚合体系中 $AliEt_3/Zr$ 摩尔比增加时，所得聚烯烃的相对分子质量不断降低，由向铝的链转移反应产生的乙基端基的含量不断增加。相反，当用 $i-Pr(Cp)(Flu)ZrCl_2/AlR_3/Ph_3CB(C_6F_5)_4$ 体系催化烯烃聚合时 $Al(i-Et)_3$ 和 $Al(i-Bu)_3$ 都可以发生向铝的链转移反应，只是 $Al(i-Et)_3$ 向铝的链转移反应速率更快。

Gotz 等人用茂金属催化剂催化乙烯聚合时发现，随烷基铝和茂金属催化剂的不同，向铝的链转移反应速率由 $Ph_2C(CpFlu)ZrCl/Al(i-Bu)_3$ 体系、$Ph_2C(CpFlu)ZrCl_2/AlEt_3$ 体系、$Cp_2ZrCl_2/Al(i-Bu)_3$ 体系到 $Cp_2ZrCl_2/AlEt_3$ 体系依次增加。

这说明茂金属催化剂更容易向体积小的 $AlMe_3$ 和 $AlEt_3$ 发生链转移反应，而不易向体积较大的 $Al(i-Bu)_3$ 发生链转移反应。向铝的链转移反应除了可以影响聚合物的端基种类外，还可以影响聚合物的相对分子质量。

5.5.2 助催化剂有机硼和硼酸盐

可以取代 MAO 作为茂金属助催化剂的物质主要是有机硼化合物，如 $B(C_6F_5)_3$，$NR_3H^+B(C_6F_5)_4^-$，$Ph_3C^+B(C_6F_5)_4^-$ 以及 $C_2B_9H_{13}$ 等全氟芳基硼烷及硼酸盐，它们通常都是酸性化合物。例如 $B(C_6F_5)_3$ 的酸性大约在 BCl_3 和 BF_3 之间[294]。由于 BF_3 和 BCl_3 的 F^- 和 Cl^- 会和茂金属阳离子活性中心配位而使活性中心失活，因此，BF_3 和 BCl_3 不能作为助催化剂来活化茂金属催化剂。

1986 年，Jordan[295] 首先用有机硼的化合物和茂金属催化剂，$[Cp_2ZrCH_3(THF)]^+[BPh_4]^-$，在极性溶剂中进行乙烯、丙烯和其他高级 $\alpha-$烯烃的聚合获得成功。

这些硼化合物具有很强的亲电子性和化学稳定性，能和许多路易斯碱形成各种配合物，而且易溶于非极性溶剂和不发生配位作用的溶剂中，反应生成的配合物容易分离和表征。可以和茂金属催化剂的烷基化物等摩尔比作用形成阳离子活性中心。在不用其他助催化剂的条件下直接催化烯烃聚合。也可以结合少量烷基铝（如 $AlMe_3$ 或 $Al(i-Bu)_3$）与茂金属催化剂前体反应进行烯烃聚合，催化活性接近或高于 MAO。

有机硼化合物与 MAO 的差别是，MAO 会使离子对分开，而有机硼化合物由于极性大，分子体积小，离子对的结合较为紧密。但是，并不是任何的有机硼化合物都是很好的助催化剂。有的有机硼化合物和茂金属配位以后所产生的副产物，会影响聚合反应的正常进行。如三全氟芳基硼 $B(C_6F_5)_3$ 作为助催化剂所得到的聚合物的相对分子质量很低，而三苯基甲基四全氟芳基硼(Ph₃C)B(C₆F₅)₄所得到的聚合物不但相对分子质量高，而且活性和立体选择性也好。

但是，全氟芳基硼化合物也并不是没有缺点，它们的热稳定性差，而且价格昂贵。

根据助催化剂种类的不同，全氟芳基硼烷和硼酸盐活化茂金属催化剂的作用大致可以分为如下四种(Mt 为茂金属催化剂)：

① 硼酸盐氧化解离 Mt—R 键。例如，$Ag^+BPh_4^-$ 与 Cp_2ZrMe_2 的反应：

$$Cp_2ZrMe_2 + Ag^+BPh_4^- \longrightarrow Cp_2Zr(Me)^+BPh_4^- + 1/2EtH + Ag° \qquad (5-7)$$

② 硼酸盐通过烷基夺取反应解离 Mt—R 键。例如，$Ph_3C^+B(C_6F_5)_4^-$ 与 $Et(Ind)_2ZrMe_2$ 的反应：

$$Et(Ind)_2ZrMe_2 + Ph_3C^+B(C_6F_5)_4^- \xrightarrow{甲苯} Et(Ind)_2ZrMe^+B(C_6F_5)_4^- + Ph_3C-Me \quad (5-8)$$

③ 硼酸盐质子化解离 Mt—R 键。例如，Cp_2ZrMe_2 与 $NHMe_2Ph^+B(C_6F_5)_4^-$ 的反应：

$$Cp_2ZrMe_2 + NHMe_2Ph^+B(C_6F_5)_4^- \longrightarrow Cp_2ZrMe^+B(C_6F_5)_4^- + CH_4 + NMe_2Ph \quad (5-9)$$

④ 硼烷通过烷基夺取反应解离 Mt—R 键。例如，Cp_2ZrMe_2 与 $B(C_6F_5)_3$ 的反应：

$$Cp_2ZrMe_2 + B(C_6F_5)_3 \longrightarrow Cp_2ZrMe^+MeB(C_6F_5)_3^- \qquad (5-10)$$

因此作为助催化剂的有机硼化合物，它和茂金属催化剂之间的反应结合力、生成离子的性质以及立体效应等是确定其性能优劣的关键。

有机硼助催化剂对不同茂催化剂烯烃聚合的影响见表5-6。

表5-6 有机硼化合物和 MAO 对不同茂催化剂烯烃聚合的影响[296]

催化剂体系①	催化剂量/μmol			活性×10⁻⁶/ [g/(mol·h)]	$M_w \times 10^{-3}$	M_w/M_n
	Zr	MAO	B			
$Cp_2Zr(CH_2Ph)_2$	9.7		5.2	1.1	81	4.7
$rac-Et(Ind)_2Zr(CH_2Ph)_2$	34.0		5.1	5.6	57	2.1
$i-Pr(Cp)(Flu)Zr(CH_2Ph)_2$	11.0		2.0	17.0	144	4.0
$Rac-Et(Ind)_2ZrCl_2$	4.0	862		12.5	12	1.9
$i-Pr(Cp)(Flu)ZrCl_2$	4.0	862		0.16	44	2.6

①有机硼化合物：$(Ph_3C)B(C_6F_5)_4$。

表5-6 的数据说明茂金属催化剂使用的助催化剂，有机硼化合物与 MAO 相比，有机硼的相对分子质量和相对分子质量分布要比 MAO 高和宽。

有机硼化合物与 MAO 相比，有一个明显的好处是在聚合时有机硼化合物的用量要比MAO 少，通常和茂化合物等摩尔比就够了，这样可以大大降低催化剂的成本。特别是硼化合物的稳定性好，合成硼化合物的危险性要大大低于 MAO，这有利于储存和运输。不过由于硼化合物不能清除聚合系统中的有毒杂质，因此还需要向反应系统中加入少量的烷基铝。这样做还有一个优点是三烷基铝可以消灭杂质也可以烷基化茂金属，由此可以使用较简单的二氯代茂金属[297]。但是助催化剂 MAO 的减少或者被取代通常将影响茂金属催化剂的活性。

5.5.3 茂金属催化剂的活化

5.5.3.1 烷氧基化合物的活化作用

茂金属化合物与烷氧基化合物 MAO 反应，进行配体交换，形成烷基化茂金属阳离子，经 ^{13}C – NMR 和 X 射线分析证实此即聚合活性中心[267]。而且该体系中存在以下的平衡反应：

$$Cp_2ZrRX + MAO + Olefin \longrightarrow Cp_2ZrR(Olefin) + MAOX^- \qquad (5-11)$$

详细的反应方程式如式(5 – 12)所示：

$$(5-12)$$

从反应方程式看，为了使反应向右进行，需要使 MAO 大大地过量，所以 MAO 的用量很大。Resconi 等人[298]也认为，MAO 中真正的活性成分是残留的 TMA，MAO 只是 TMA 的载体，并用来稳定茂金属催化剂和 TMA 反应形成的离子对。MAO 中少量的 TMA 的存在有利于活性中心的形成[299]。

而 Barron 等人[300]的研究更证实了这个结果，并明确认为，在茂金属催化剂和 MAO 的体系中，MAO 与茂金属催化剂的烷基交换反应是由缔合到 MAO 上的 $AlMe_3$ 产生的，MAO 本身的甲基不能发生烷基交换反应。

Barron 等人的研究还得到了结构可以精确表达的铝氧烷 $[(t-Bu)Al(\mu-O)]_6$，其中的 Al 原子都有四个配体，达到饱和配位。研究发现 $[(t-Bu)Al(\mu-O)]_6$ 和 Cp_2ZrCl_2 可以生成聚合活性中心催化烯烃聚合。Barron 称此性质为铝氧烷的"潜在路易斯酸性"。

MAO 的主要缺点是它的用量大(一般地，铝/过渡金属原子比为 $10^3 \sim 10^4$，茂金属载体化后可降至 10^2)，这不但使茂金属催化剂的成本升高，而且使最终产品内的铝含量大大增加。为了减少 MAO 的用量，降低催化剂的成本，可以用其他烷基铝(如三乙基铝、三异丁基铝)代替三甲基铝制备相应的铝氧烷[301]，也可以将 MAO 与烷基铝或其他铝氧烷混合使用[302]，还有用金属氧化物(如 $Me_3Sn-O-SnMe_3$)代替 H_2O 与三甲基铝反应制备 MAO[303]。

5.5.3.2 有机硼化合物的活化作用

早期用硼酸盐和茂金属催化剂前体作用得到茂金属阳离子活性中心。但是，因为当时硼酸盐的路易斯酸性较弱，有明显的给电子效应，与阳离子活性中心的相互作用较强，不能形成疏松的离子对结构，所以聚合活性较低。为了减小茂金属阳离子活性中心与配位阴离子的相互作用，形成更加疏松的离子对结构来提高催化活性，于是就设计了许多含有硼烷和硼酸盐的化合物作为助催化剂。

全氟芳基硼烷可以和茂金属催化剂等摩尔比反应生成阳离子活性中心，因此被应用于研究活性中心的形成和聚合机理。以 $Cp_2Mt(Me)_2$ 为例，用硼化合物活化茂金属催化剂[304]的过程如下：

$$Cp_2Mt(Me)_2 + B(C_6F_5)_3 \longrightarrow [Cp_2Mt(Me)]^+[B(C_6F_5)_3(Me)]^- \qquad (5-13)$$

$$Cp_2Mt(Me)_2 + [Ph_3C]^+[B(C_6F_5)_4]^- \longrightarrow [Cp_2Mt(Me)]^+[B(C_6F_5)_4]^- + Ph_3C(Me)$$
$$(5-14)$$

不同的茂金属催化剂对应使用不同的化合物,可以表现出不同的聚合行为。Marks 等人[305]采用 3,5 - 氟苯基硼烷 $B(C_6F_5)_3$ 进行烯烃聚合。为了提高其路易斯酸性和增加空间尺寸,Marks 等人在 $B(C_6F_5)_3$ 中引入了全氟苯基,形成了 $B[(C_6F_5)C_6F_4]_3$ 等各种新的氟苯硼化合物。由于相邻全氟苯基间的空间作用,抑制了全氟苯基和硼原子间的共轭给电子效应,使氟苯硼化合物的路易斯酸性进一步提高,导致与茂金属结合的催化剂的烯烃聚合活性明显增加。

比较重要的有机硼烷化合物包括:

① 具有强路易斯酸性的全氟有机硼烷 $B(C_6F_5)_3$ 及其同类物全氟二苯基硼烷和三(β - 全氟萘基)硼;

② 有机硼烷盐类 $A^+[B(C_6F_5)_4]^-$ 和 $[B(C_6F_4Si{\it i}-Pr_2)_4]^-$,此处 A^+ 为 $[R_3NH]^+$,$[CPh_3]^+$ 等;

③ 含 $B(C_6F_5)_3$ 的盐类,包括 $A^+[(C_6F_5)_3B-C-N-B(C_6F_5)_3]^-$、$A^+[(C_6F_5)_3B-N(H_2)-B(C_6F_5)_3]^-$、$A^+M[-C-.N-B(C_6F_5)_3]_4^-$ ($M = Ni$,Pd)[306,307]

所有的这些化合物都可以通过两个途径生成,一个是由 MAO 和 PhOH 的反应,另一个是 MAO 和乙醇 ROH 的反应。

$B(C_6F_5)_3$ 是一种基本的构型,在此基础上可以衍生得到各种硼化合物。但要注意的是,在考虑路易斯酸性的同时,必须保证硼烷中不含亲核性较强的取代基,如 BF_3 或 BCl_3。因为 BF_3 和 BCl_3 的路易斯酸性很大,而 F^- 和 Cl^- 会和阳离子活性中心配位使活性中心失活,所以 BF_3 和 BCl_3 不能用作茂金属催化剂的助催化剂。

对硼化合物活化茂金属催化剂的基本的要求是:与阴离子的配位能力必须足够微弱,不会引起与单体和路易斯酸性金属中心的配位进行竞争。

概括地说,全氟芳基硼烷和硼酸盐对茂金属催化剂的活化作用,主要是解离 Mt—R 键,使茂金属催化剂和硼化合物能够形成阳离子活性中心。

5.6　茂金属聚乙烯催化剂的性能

茂金属催化剂用在聚乙烯方面主要是用于 LLDPE 的合成。

由茂金属催化剂聚合得到的聚乙烯性质均一,做包装膜透明度好,Dart 冲击强度高可达 $2000kJ/m^2$,而 Z/N 催化剂的树脂只有 $100kJ/m^2$。

5.6.1　茂金属催化剂的共聚合性能

茂金属催化剂的共聚性能非常好,表现在它不但容易让乙烯和共聚单体聚合,而且共聚单体在聚合链中的分布非常均匀。例如,用 Z/N 催化剂生产的 LLDPE 由于其中含有高密度成分,在熔融和冷却的过程中两种组分的结晶情况差别较大,高密度成分先结晶,然后 LLDPE 再结晶,结晶层的厚度增加,使材料的透明度和抗冲击性能下降。而茂金属催化剂能使共聚单体在聚合链中的分布非常均匀，没有高密度成分产生，因此结晶层的厚度薄，性能大大改善。

茂金属催化剂聚合得到的聚乙烯抽提物也少（＜1%），特别适合用于食品包装。而且膜和膜之间不粘，强度好。

乙烯－己烯共聚合物 GPC 曲线见图 5－12。

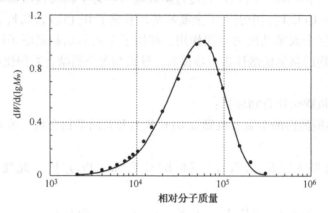

图 5－12　用 Cp_2ZrCl_2－MAO 催化剂

［Al］：［Zr］＝9200 体系制备的乙烯－己烯共聚物的 GPC 曲线［C_{Hex}＝20%（摩尔）］

此曲线表示单个 Flory 组分

5.6.2　用于乙烯聚合的茂金属催化剂

用于聚乙烯的茂金属催化剂最好的催化剂之一是 Et（Flou）$_2$ZrCl$_2$，其催化活性可达 $5.4 \times 10^7 gPE/(gZr \cdot h)(100℃)$。图 5－13 给出的是 Cp_2ZrCl_2 浓度对乙烯聚合的影响。从图上看 Cp_2ZrCl_2 浓度为 $(10 \sim 17)10^{-5} mol/L$ 时，聚合的速率最高。

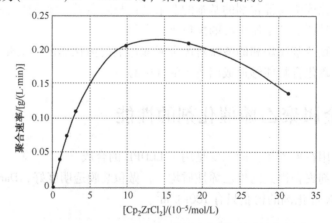

图 5－13　Cp_2ZrCl_2－MAO 催化剂体系乙烯 20℃聚合时 Cp_2ZrCl_2

浓度的影响（［MAO］＝0.05mol/L）[308]

5.6.3　茂金属催化剂和 Z/N 催化剂在性能上的比较

茂金属催化剂和 Z/N 催化剂在性能上的比较见表 5－7[309]。

表 5 - 7 不同聚烯烃催化剂性能的比较

项　　目	传统 Z/N 催化剂	高效 Z/N 钛镁催化剂	茂金属催化剂
催化剂主要组分 主催化剂	$TiCl_4$ AA - $TiCl_3$ 络合型催化剂	载负在 $MgCl_2$ 上或生成共晶的各种钛化合物及给电子体的钛镁催化剂	各种茂金属化合物
助催化剂	AlR_3，AlR_2Cl	AlR_3（$AlEt_3$，$AlBr_3$）	MAO 或硼化合物
催化剂溶解特性	不溶于大部分溶剂中	不溶于大部分溶剂中	溶于芳烃、卤代烃中
聚合反应特点	非均相 聚合在 $TiCl_3$ 结晶表面的 Ti 活性中心上进行	非均相 聚合在 $MgCl_2$ 表面 Ti 化合物的活性中心上进行	未载体化为均相，载体化后为非均相 聚合在茂金属催化剂（离子）的活性中心上进行
活性中心特性	多活性中心	多活性中心	单活性中心
适合的 聚合工艺	浆液法，某些催化剂也可以用于溶液法	浆液法，气相法	可用于溶液法，如用于浆液法和气相法必须载体化
聚合活性	2.3kgPE/molTi	1360 kgPE/molTi	甲苯中聚合活性达 4×10^4 kgPE/molTi，载体化后降低
聚合物特性 乙烯均聚合	相对分子质量大 工业生产需要氢调 相对分子质量分布中宽	相对分子质量大 工业生产需要氢调 相对分子质量分布中宽 活性高 综合性能较好	相对分子质量易于偏小 相对分子质量分布窄 活性可以达到很高水平 可以制备高性能产品 能得到 Z/N 催化剂不能合成的间规聚合物
与极性单体共聚	不可能进行	不可能进行	某些茂化合物可以使极性单体或二烯烃和烯烃共聚
生产成本	较低	较低	较高有望逐步降低

5.6.4　茂金属催化剂的专利问题

茂金属催化剂最重要的一篇专利是 Exxon 公司的专利号为 USP 5324800 的专利，它是 1991 年 8 月 30 日申请的。这篇专利几乎囊括了茂金属催化剂的所有方面。其主要内容是：

申请了表达式中所有化合物的发明权：

$$(C_5R'm)pR''_s(C_5R'm)MeQ_3 - p$$　　其中 $m = 0 \sim 5$，$s = 0$ 或 1，$p = 1 \sim 2$

此结构通式分结构 1 和结构 2。

结构 1 的情况是当 $s = 0$ 时无桥键，此时 m 最大是 5。

如果 $s = 1$ 时为有桥键，是 C 或 Si，m 最大是 4。R 的范围是 $0 \sim C_{20}$，可以是芳香烃或茂、茚、芴基等。$P = 0$ 时，有三个配位基，是单茂化合物；$p = 1$ 时，有两个配位基，它们是烷基或卤素。Me 为 ⅣB 族的金属元素，包括钛、锆和铪。

而结构 2 中的 Me 为 ⅤB、ⅥB 族的金属元素，包括铬、钼、钨等。

此专利是一篇覆盖范围非常广的专利。

DOW 公司的 Insite CGC 催化剂，是单茂类的茂金属结构催化剂。DOW 公司和 EXXON 公司同时开发了此催化剂，但是 DOW 公司在欧洲的专利申请比 EXXON 公司早，所以得到了专利权。

第6章 单活性中心非茂过渡金属催化剂化学

在单活性中心非茂过渡金属催化剂中，有非茂后过渡金属催化剂和非茂前过渡金属催化剂之分，它们与助催化剂 MAO 构成烯烃聚合催化剂体系。

所谓的"单活性中心非茂后过渡金属催化剂"是指：以元素周期表第Ⅷ族的钯 Pd、镍 Ni、铁 Fe、钴 Co 等金属元素构成的催化剂。其特点首先是单活性中心类型的催化剂，其次在催化剂的配位体中没有环戊二烯配位基（包括茂环、茚环、芴环）。因为没有环戊二烯配位基，而且构成催化剂的金属元素超越了周期表前过渡金属元素的区域，所以称为非茂后过渡金属催化剂。

另一类"单活性中心非茂前过渡金属催化剂"，首先它也是单活性中心类型的催化剂，在过渡金属催化剂的配位体中也没有环戊二烯配位基（包括茂环、茚环、芴环）。但是在过渡金属元素方面，是以元素周期表第Ⅳ族过渡金属元素 Ti、Zr、Hf 等构成的催化剂，所以称为非茂前过渡金属催化剂。它和 Z/N 催化剂和茂金属催化剂等的区别是，虽然 Z/N 和茂金属催化剂也是由周期表第Ⅳ族过渡金属 Ti、Zr、Hf 等元素构成，但是，Z/N 催化剂是多活性中心而不是单活性中心催化剂，而茂金属催化剂的配位体中则有环戊二烯配位基。

单活性中心非茂过渡金属催化剂除了可以进行烯烃聚合反应外，还可以在常温下进行烯烃活性聚合，即进行没有链转移和链终止的聚合反应，数均相对分子质量和单体转化率成线性关系，可以用来制备相对分子质量可控的窄相对分子质量分布的均聚合物、嵌段共聚物以及末端功能化的聚合材料。

通常情况下，能够进行长链 α-烯烃活性聚合的催化剂，不一定能进行乙烯和丙烯的活性聚合，进行乙烯和丙烯的活性聚合需要更加严格的条件。如：催化剂应有适当的位阻效应，助催化剂不会引发链转移反应，控制聚合反应的温度足够低等。

20 世纪 90 年代后期不仅出现了以双亚胺为配体的 Pd、Ni 和以砒啶二亚胺为配体的 Fe、Co 后过渡金属催化剂，而且还报道了以水杨醛亚胺为配体的前过渡金属催化剂和含有后过渡金属卡宾键的易位聚合催化剂，以及含有硼杂六元环和氮杂五元环等的催化剂体系、镧系金属络合物，它们都表现出了单活性中心催化剂的特点，在聚合物的相对分子质量、相对分子质量分布、支化度和组成等方面也都可以进行设计和控制，显示了非茂单活性中心催化剂的开发研究非常活跃。

而非茂单活性中心催化剂还有另一个特点是合成相对简单，产率较高，催化剂成本低于茂金属催化剂，助催化剂用量较少，具有有利的发展前景。

非茂过渡金属催化剂的出现给聚烯烃进一步发展带来了新的机遇，它可以使原来 Z/N 催化剂不能聚合的高支化聚乙烯，烯烃和极性单体共聚产物，以及常温下的烯烃活性聚合等变得都可以进行。

但是，非茂过渡金属催化剂也存在缺点，如催化剂的耐温性能比较差，它的聚合活性往往随聚合温度升高而降低(但是 Fe 系催化剂的热稳定性比较好),制备等规 PP 的能力不如茂金属催化剂和 Z/N 催化剂等。

6.1 非茂过渡金属催化剂的分类

前已叙及,非茂过渡金属催化剂主要有两类,即所说的非茂后过渡金属催化剂和非茂前过渡金属催化剂。以 Ni、Pd、Fe、Co 等金属元素所构成的非茂后过渡金属催化剂,不但不含环戊二烯基团,而且其金属元素和含有未共享电子对的 N、O、P、S 等杂原子配位并形成催化剂。

而非茂前过渡金属化合物的结构是以 B、P、N 等杂原子取代环戊二烯基或其他芳环上的碳原子,形成与环戊二烯基类似的阴离子配位体,它们与元素周期表 IVB 族金属元素(Ti、Zr、Hf)配位形成非茂过渡金属配合物。

以往非茂后过渡金属催化剂用于烯烃聚合时,由于容易发生 $\beta-H$ 消除反应,所以很难用于高聚物制备,只能用于烯烃二聚和齐聚。所以如果要使用非茂过渡金属催化剂进行烯烃聚合,一个重要的因素是必须有适当的配位体,否则就不能成为烯烃聚合催化剂。

非茂过渡金属催化剂的配位体有很多类型,其中在后过渡金属催化剂方面有 P-O 类双齿配位体(如酚类、酮类配体)的 Ni 催化剂,N-O 类双齿配位体(如水杨醛缩亚胺配体)的 Ni 催化剂,N-N 类双齿配位体的 Ni、Pd 催化剂,$\beta-$二酮类配位体的 Ni、Pd 催化剂和多核催化剂等。在 Fe、Co 催化剂方面有二亚胺吡啶配位体(包括二亚胺类和二亚胺吡啶类配位体)的 Fe、Co 催化剂。另外还有含呋喃、吡啶环的三齿配位体催化剂等。而在前过渡金属催化剂方面有 O-O 类配位体(如联二酚类配体、$\beta-$二酮类配体),N-N 类配位体(如二胺衍生物类配体),N-O 类配位体(如水杨醛亚胺类配体)等。

其他的有机配位体还有羟基吡啶、羟基喹啉以及三吡唑硼、吡咯、氮杂硼环戊二烯及硼苯等。这些配位体与过渡金属原子结合而生成的催化剂对烯烃聚合均显示出一定的聚合活性。

应当说明的是,对于含氮类配位体,按照过去传统的概念,氮原子上的孤对电子对烯烃聚合反应会起阻聚作用,是不能用于烯烃聚合的。因为氮的孤对电子会与烯烃聚合催化剂中已配位的不饱和活性中心离子再配位,从而使催化剂失活。但是 McConville[310] 披露了以二胺类衍生物为配体,Ti、Zr 为金属中心的催化剂配合物在硼化物助催化作用下可使烯烃聚合。在他的实验中,二胺类钛锆催化剂配合物在烯烃聚合催化过程中并没有失活,反而呈现活性聚合特征。这表明只要选择合适的有机配体,氮原子就可以不发生阻聚作用。

二胺钛配合物对烯烃有很高的催化活性,尤其对长链 $\alpha-$烯烃,其活性达 490kg/(mol·h),并且在室温下就呈现活性聚合的特性。但二胺-锆配合物对烯烃聚合的催化活性则较钛的配合物低,如对 1-己烯只有 50kg/(mol·h),而且在 MAO 助催化作用下呈现多活性中心的特性,所得聚合物既有高聚物也有低聚物,相对分子质量分布很宽。

另外,在此催化体系中,溶剂的选择对催化剂的活性有很大影响。CH_2Cl_2 的存在能显著地提高相对分子质量和催化活性。如前所述的催化体系在加入适量 CH_2Cl_2 后,活性由 40kg/(mol·h)增至 490 kg/(mol·h)。一般认为这是由于 CH_2Cl_2 的极性导致烷基阳离子和硼阴离子间发生电荷分离,从而提高了钛活性中心的活性。

McConville 在研究中还发现，二胺与金属 Ti、Zr 的配合物用于烯烃聚合时，在 1 - 己烯聚合反应中用硼化物代替 MAO 后，消除了向铝原子发生的链转移反应。在室温下生成的高相对分子质量聚合物具有极窄的相对分子质量分布，M_w/M_n 始终保持在 1.06 ~ 1.07，数均相对分子质量 M_n 随时间线性增加。

6.1.1 非茂后过渡金属催化剂

非茂后过渡金属催化剂是以 Ni、Pd、Fe、Co 的配合物为主催化剂，以 MAO 为助催化剂的烯烃聚合催化剂体系。对于这些催化剂的研究工作主要集中在水杨醛亚胺、α - 二亚胺以及吡啶二亚胺等配体的作用，特别是关于引入不同取代基对催化性能的影响，以及催化剂的负载化研究等方面。

在 20 世纪七八十年代，后过渡金属就已经被用于各种烯烃聚合的催化剂体系，但在当时，这些催化剂体系用于烯烃聚合时，由于它们很容易发生 β - H 链转移反应，因而只能得到一些二聚体或小相对分子质量的齐聚体，得不到高相对分子质量的聚合物。但是如果要进行齐聚反应生产乙烯共聚单体——α - 烯烃，含磷氧类配体的后过渡金属催化剂是一种具有极高选择性的齐聚催化剂。Shell 公司主要就是使用 P - O 配体的镍催化剂，用于乙烯齐聚和乙烯与 CO 等极性单体共聚。

1995 年 Brookhart 和他的研究小组[311]开发出了以 Ni、Pd 二亚胺配合物为催化剂的一类新型聚烯烃催化剂体系。他们经过研究证明，利用适当的具有大位阻的配位体(例如他们所研制的二亚胺配位体)，与 Ni、Pd 等后过渡金属结合而成的催化剂，在助催化剂 MAO 的配合下，就能在进行各种烯烃聚合时，不但具有很高的活性，可以得到高相对分子质量的和不同于以往聚合物结构的聚烯烃树脂，而且其支化度比低密度聚乙烯更高，可达到 103 支化链/1000C，是一类新型的无定形聚乙烯树脂。该催化剂体系与 Ziegler - Natta 催化剂、茂金属催化剂使用 Ti、Zr、V、Cr 等前过渡金属元素不同，该体系主要使用第Ⅷ族的后过渡金属元素为催化剂中心原子。其金属元素跨越了元素周期表的过渡金属区域，又可以应用于烯烃聚合，并且具有茂金属和传统 Z/N 催化剂都不具备的性能，如它的亲电性较低，对极性基团的容忍性较好，可以催化含极性取代基单体的聚合反应，如像酯和丙烯酸酯那样的官能团烯烃的聚合(极性单体共聚物)。还可以将齐聚反应和共聚反应在一个反应器内同时进行，只用乙烯单体即可进行原位共聚或多功能共聚，制备高支化结构的聚乙烯产品。杜邦公司将此催化剂的商品命名为"Versipol"[312]。

1998 年美国 North Carolina 大学的 Brookhart[313]和英国 Imperial College 的 Gibson[314]又报道了以吡啶二亚胺配位体制备的三配位 Fe(Ⅱ)和 Co(Ⅱ)催化剂体系。并指出如果其中的芳香基的位阻足够大，就可以得到不但活性很高而且相对分子质量也很高的聚乙烯树脂，成为可以和茂金属媲美的一类新型的聚烯烃催化剂体系。

Kakugo 等人[315]则发现联二酚类衍生物与钛形成的配合物具有很好的烯烃聚合催化活性，如 2,2 - 硫代双(6 - 特丁基 - 4 - 甲基苯酚)(TBP)与钛的配合物在 MAO 助催化作用下能获得超高相对分子质量的聚合物，如聚乙烯的相对分子质量可达到 4.2×10^6，而且能够使 α - 烯烃共聚。

非茂后过渡金属 Fe、Co 体系催化剂的发明使 Ni、Pd 等后过渡金属元素的配合物进入了聚烯烃催化剂的行列。属于单活性中心催化剂在聚烯烃催化剂研究上的最新进展之一。美国 Rice 大学的 Barron 教授称之为是自德国 W. Kaminsky 发现茂金属/MAO 高活性催化剂后,在聚烯烃领域取得的一次真正的进步。Fe、Co 体系催化剂的发现无论是在聚烯烃催化剂的工业应用还是在催化剂的理论研究上都具有很大的意义。

非茂后过渡金属催化剂的特点概括来说如下:

① 用于烯烃聚合的后过渡金属催化剂具有单活性中心结构,并具有非配位的平衡离子,为烯烃单体的插入提供配位轨道。另外,还具有空间立构的大体积取代基团,便于链转移过程中的单体插入。活性与茂金属催化剂相当,比较稳定。

② 后过渡金属催化剂的亲电性较弱,可以使烯烃和极性单体共聚合,而 Z/N 催化剂和大部分的茂金属催化剂都很难进行与极性单体共聚合。

③ 该催化剂聚合物的相对分子质量可以通过配体上基团的变化进行调节,也可以通过变化反应条件得到线型或支链结构的聚合物。价格比 Z/N 催化剂和茂金属催化剂便宜,且易于制备。

所以非茂后过渡金属催化剂可以用来制备高品质的聚乙烯。

6.1.2　非茂前过渡金属催化剂

1995 年 Giorgio 等人发现,用水杨醛亚胺为配体的前过渡金属催化剂可以作为乙烯聚合催化剂进行聚合反应,但是聚合活性很低。

非茂前过渡金属催化剂最先报道的是以二齿 N 为配体的 Ti 催化剂,其后又报道了以二齿酚(O)为配体和以三齿酚(NON)为配体的 Ti 催化剂。这些催化剂都有很大的配位空间,但是对乙烯的活性也很低。

而 DOW 公司采用高通量筛选法,发现胺醚(N、O)配位的 Hf 催化剂对乙烯和 α - 辛烯共聚具有很好的聚合活性。β - 二酮配位的 Ti 催化剂对乙烯聚合及乙烯齐聚也都有良好的活性。

1998 年三井油化的藤田照典(T. Fujita)发表了他们研究开发的非茂前过渡金属催化剂[316,317]。对这些催化剂的研究发现,如果化学反应的自由能变化有利于反应生成体系,那么促进反应的催化剂一定有很多种。也就是说可制取配位化合物的金属数和配位体的结构具有多样性,不会是只有茂金属才是唯一的高活性聚合催化剂。所以在开发研究催化剂时,可以把催化剂的配位体作为催化剂研究的主角,研发具有适度给电子性能的配位体,使所研发的催化剂具有高聚合活性。这就是所谓"以配位体为主"的催化剂开发研发方法[318]。Fujita 的研究组就特别注重催化剂配体的设计,并以配体为催化剂开发研究的核心。他们将具有苯氧基亚胺配位体的第Ⅳ族配位化合物催化剂的日语名称加以简化,用 "FI(Fenekishi – Imin) 催化剂"命名所研发的催化剂。

FI 催化剂是由非对称的苯氧基亚胺配体与过渡金属 Zr、Ti 等活性中心螯合而成的苯氧基亚胺催化剂。Fujita 等人[316]对这类配位体化合物进行了深入的研究。在合成非茂单活性中心催化剂时,发现 schiff 碱化合物中在酚的邻位引入大位阻的烷基,与 Zr、Ti 等过渡金属形成配合物后,在 MAO 作用下具有极高的乙烯聚合活性,其乙烯聚合活性超过了非茂后过渡金属催化剂中活性最高的 Brookhart 催化剂。在 FI 催化剂中,Zr 配位的化合物二苯氧基亚胺二氯化锆活性最高,即使将聚合反应器置于冰浴中,温度也不断上升。对 Zr 配位化合物的活性评价后,得到乙烯在常压、25℃ 的温和条件下可以达到 519kgPE/(mmolcat · h) 的超高活性。该活性大约是 Kaminsky 最初发现的茂金属催化剂 Cp_2ZrCl_2 活性 27kgPE/(mmol-cat·h)的20倍。所得到的PE聚合物为直链状结构，相对分子质量约为1万。

该催化剂不但具有极高的乙烯聚合活性，而且通过改变配体结构，采用不同的助催化剂，还可以得到从低相对分子质量到极高相对分子质量的聚乙烯产品。同时在高温下，该催化剂能够促进异常高速活化的乙烯聚合，生产出窄分散度、高相对分子质量的聚乙烯。

如果将乙烯和α-烯烃或极性单体进行共聚合，FI催化剂还可以得到各种新型树脂。可以用此催化剂开发出用茂金属催化剂也不可能完全控制的聚合物结构或各种新型的聚合物。如：低相对分子质量的烯烃端基共聚物(一端双键结构的低聚物)、超高相对分子质量共聚物、单分散乙烯-丙烯共聚物、乙烯-丙烯嵌段共聚物等各种聚烯烃树脂。还可以使烯烃和α-烯烃、甲基丙烯酸甲酯(MMA)和丙烯腈(AN)等单体共聚而得到新型聚烯烃材料。

采用FI催化剂制备的低聚物，其特征是高结晶性、高融点(120℃以上)、高不饱和性(一端双键结构90%以上)。预计可用作高耐热蜡和各种添加剂，或利用双键结构引入羟基、羧基、环氧基、磺酸基等官能团用作聚烯烃膜的表面改性剂、着色用脱模剂、油墨/涂料的耐磨剂等。可打破原有常规开发用途，拓展聚乙烯的高附加值，创制全新聚合物。另外还可用作长支链聚合物、极性聚合物、嵌段聚合物的成分，开发新材料，扩大新用途。可成功地合成过去用于假肢或合成骨的500万超高相对分子质量聚乙烯，合成具有世界最高立规性的间规聚丙烯sPP，sPP与聚乙烯的嵌段共聚物等。由于这些出众的性能，因此FI催化剂一出现就引起了全世界有关研究人员的兴趣。

6.2 非茂过渡金属催化剂的组成及结构

6.2.1 非茂后过渡金属催化剂的组成及结构

非茂后过渡金属的Ni、Pd和Fe、Co催化剂的结构如图6-1所示。

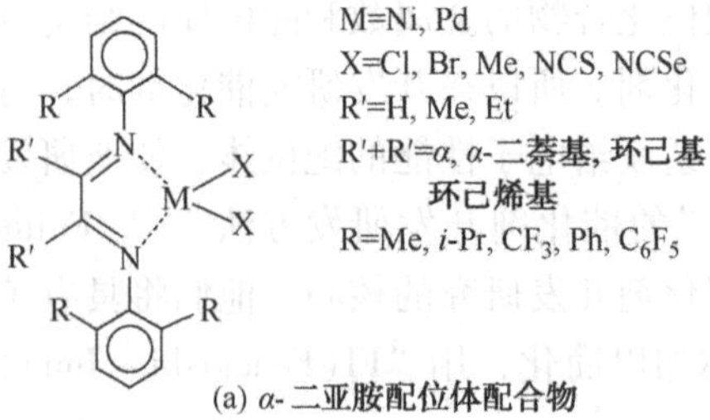

(a) α-二亚胺配位体配合物

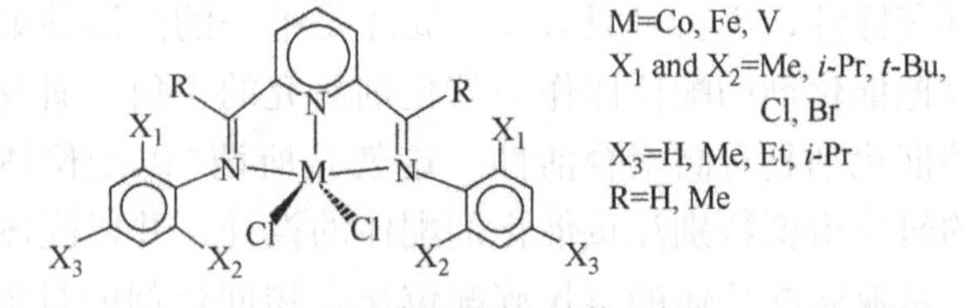

(b) 二(亚胺基)吡啶配位体配合物

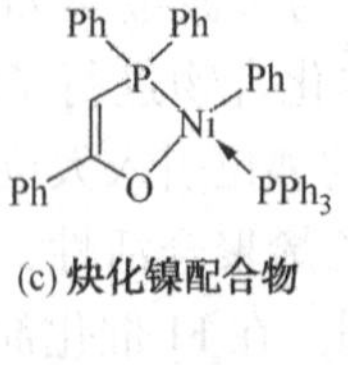

(c) 炔化镍配合物

图6-1 非茂后过渡金属聚合催化剂

这种 Ni、Pd 络合物的结构为 N、N 双齿配位的平面四不象结构。

6.2.1.1 非茂后过渡金属 Ni、Pd 催化剂的组成及结构

非茂后过渡金属 Ni、Pd 催化剂，它们同属于单活性中心催化剂。聚合物的相对分子质量分布不宽，但支化度很高。聚合物具有独特的热力学性质。Ni、Pd 催化剂的聚合温度不高，一般为 0 或 25℃。它们的催化活性、聚合物的相对分子质量、支化度、结晶度和密度等都随聚合温度、压力和催化剂浓度的变化而变化。Ni 催化剂聚合一般使用甲苯为溶剂，而 Pd 催化剂聚合一般多用二氯乙烷为溶剂。

Ni、Pd 催化剂的发展过程如下：

1970 年北卡洛来那大学就发现了 Ni 催化剂。但是此类化合物不能合成 LLDPE。因为它的特点是聚合时支化度很高，它在每 1000 个碳的聚合链上有 10 ~ 100 个支链。Ni 催化剂可以合成完全线型的聚乙烯，也可以合成有 100 个支链的完全无定形的聚乙烯。但温度的影响极大，80℃ 反应得到的聚乙烯熔点只有 – 120℃，支化度可达 90CH$_3$/1000C。催化剂上的取代基不同对聚合的影响也很大，异丙基和甲基相比，甲基的相对分子质量极小，两者的聚合物性能差别极大。

1995 年，Brookhart 等人[319]报道了 Ni(Ⅱ) 和 Pd(Ⅱ) 的二胺配合物催化剂能够催化烯烃聚合。该催化剂可以催化乙烯和 α – 烯烃的齐聚和原位共聚，生成多种性能各异的聚合物。他们的研究证实[320]，该催化剂在助催化剂 MAO 的配合下，可以将乙烯和丙烯等烯烃单体聚合成具有独特微观结构的高分子聚合物。这类聚乙烯比通常 LDPE 的支化度更高，其支化度达到 103 支链/1000 碳原子。而且是不同长度的支链无规分布于主链上，是一种新型的聚合物。一个明显的特点是 PE 的支化度随着取代基增大而增加，并且，由苯环上有 2 位和 6 位二取代的催化剂制备的 PE 的支化度较苯环上仅有 2 位单取代的高。

Wang 等人的研究证明[321]，在水杨醛亚胺型催化剂中引入大取代基，可以明显提高催化活性。而 Johnson 等人则认为[322]，对于 α – 二亚胺型催化剂在苯胺上引入大取代基，其空间效应以及它们对正方平面络合物实际顶点的空间定位，对单体的聚合反应非常关键。

这些催化剂的共同特点是，在乙烯聚合反应中产生很多支链，而且有显著的温度和压力效应。使用 Ni 催化剂时，压力增加，数均相对分子质量增加，支链数减少，聚乙烯的密度和熔点增高。若聚合温度增加，则数均相对分子质量减少，MWD 变窄，支链数增加，结晶度和熔点降低。

特别是对于聚丙烯，Ni 催化剂的丙烯聚合物与正常的聚丙烯完全不同，正常的聚丙烯每 1000 个碳的聚合链上有 333 个—CH$_3$，而 Ni 催化剂的丙烯聚合物每 1000 个碳的聚合链上有 100 个—CH$_3$，只有正常情况的 1/3，它像是链被拉直了。其缺点是聚合活性较低。

在各种 Ni、Pd 催化剂体系中，α – 二亚胺配体在整个催化剂中起着非常重要的作用，它不仅稳定了 Ni、Pd 金属配合物和活性中心，而且它可以通过改变其取代基团很容易调节金属配合物的立体效应和电子效应。正是由于采用邻位大基团取代的芳香基 α – 二亚胺为配位体，Ni、Pd 催化剂体系才会有催化烯烃聚合的活性，得到高相对分子质量的聚合物。另外，由于二亚胺的很大的空间位阻大大地限制了协同置换和链转移反应，而且二亚胺的芳基环又近似垂直于活性中心所在的平面四边形，这样邻位取代基就阻止了烯烃从轴向方位接近的可能性，从而使链增长的速率远远大于链转移的速率，结果就生成了相对高分子质量的聚合物[310]。因此，Ni、Pd 二亚胺催化剂体系可以用于各种 α – 烯烃、环烯烃的聚合反应。

Ni 系二亚胺催化剂乙烯聚合的催化剂速率和乙烯吸收曲线见图 6 - 2。

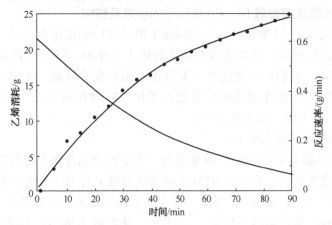

图 6 - 2　采用磺酸镍盐复合活性中心进行齐聚反应的乙烯消耗(●左边)和反应速率(左边)

AlEt$_2$OEt ，70℃

概括起来，单活性中心非茂后过渡 Ni、Pd 二亚胺催化剂具有以下的化学特征：

① 和其他的单活性中心催化剂一样，具有明确的化学结构和组成，可以通过改变配体的结构来控制树脂的结构、相对分子质量、支化度等参数。而做到这一点的关键是使催化剂的配位体位阻增大，降低烯烃插入反应的自由能[323]。而且利用适当的大位阻配位体来阻挡 β - H 的链转移反应，就可以使聚合物的相对分子质量加大，使聚合反应速率有可能增加。

要达到上述的要求，"适当的大位阻配位体"必需满足两个条件：

a. 此配位体必须能在活性中心的轴向相同距离内为活性中心造成位阻，可以防止烯烃单体从轴向接近活性中心；

b. 此配位体必须有一个构型能空出轴向位置的一端供聚合配位。对于芳香烃配位体最好是芳香环与 Ni 的二胺平面平行而不是垂直；

② 存在"链行走"(Chain walking)现象。Ni、Pd 催化剂的链结构与传统的链结构不同，在聚合反应时，金属烷基键能够通过 β - H 的消除和再加成而达到在聚合物的链上移动，无须共聚单体就能合成出支化聚合物，可得到支化度为 80 ~ 150C/1000C 的线型低密聚乙烯。

而对聚丙烯来说，由于有"链行走"的现象，其支化度小于 333CH$_3$/1000C 的理论值，仅为 100CH$_3$/1000C，好像是链被拉直了，表现为一种类似乙烯、丙烯共聚物的弹性体。

③ Ni、Pd 催化剂能够容忍含有氧、氮等原子的极性基团。因此能使 α - 烯烃与极性单体共聚生成含有极性基团的聚烯烃树脂。所生成的这种共聚物其极性基团的位置处在支链的末端，而自由基聚合所得到的产品，其极性基团的位置则处在主链上，两者完全不同。

④ 可以进行活性聚合及制备嵌段共聚物。Ni、Pd 二亚胺催化剂体系可以进行活性聚合，以无规聚丙烯 APP 的聚合为例，随聚合反应的进行，M_w/M_n 不发生变化，基本上是常数。但是，M_n 却直线增长，具有典型的活性聚合特征。

Ni、Pd 二亚胺催化剂体系可以用于各种 α - 烯烃、环烯烃的聚合以及与极性单体的共聚，使用的单体可以是乙烯、丙烯、1 - 己烯、环戊烯、丙烯酸酯、降冰片烯等，因而可以制备各种不同的嵌段共聚物。

6.2.1.2 非茂后过渡金属 Fe、Co 催化剂的组成及结构

1997 年，Brookhart 等人[313]发现催化剂体系的链转移反应是齐聚生成线型 α-烯烃的关键。而后又发现了 α-双亚胺吡啶 Fe(Ⅱ)乙烯聚合催化剂。Gibson 等人[314]则通过减小催化剂配体上取代基的空间位阻，得到了活性更高、线型 α-烯烃选择性更好的乙烯齐聚催化剂。

Brookhart 和 Gibson 等人所发现的非茂后过渡金属 Fe、Co 烯烃聚合催化剂的合成方法非常简单，主要是用 2,6-二乙酰基吡啶和苯胺类化合物通过 Schiff 碱进行反应生成所需的配体，然后与 Fe 或 Co 的含水或无水金属盐类进行反应就可以得到催化剂络合物。使用时用助催化剂 MAO 活化就可得到烯烃聚合催化剂。

Gibson 等人利用二氯甲烷和戊烷的混合溶剂培养出了铁、钴催化剂配合物的单晶，并测试了其分子结构，如图 6-3 和图 6-4 所示。

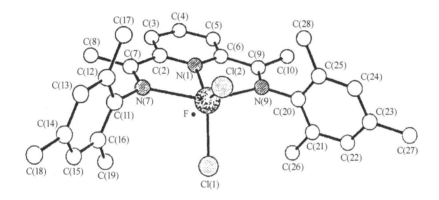

图 6-3 2,6-二[1-(2,4,6-三甲基苯亚胺)乙基]吡啶 FeCl₂ 配合物的分子结构

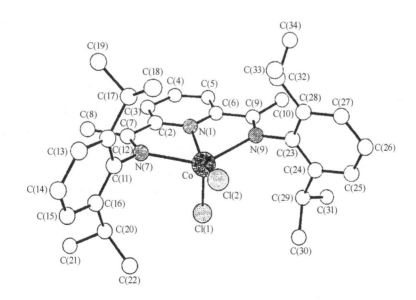

图 6-4 2,6-二[1-(2,6-二异丙基苯亚胺)乙基]吡啶 CoCl₂ 配合物的分子结构

从图6-3和图6-4得知，铁、钴系配合物分子结构大致呈 C_S 对称，对称面为金属原子和两个卤素原子及 N 原子构成的平面。从图6-3和图6-4中还可以发现，铁、钴系配合物的配位体中芳香环上的取代基无论是以2，6-二异丙基亚胺为配位体的化合物，还是以2，4，6-三甲基亚胺为配位体的化合物，芳香环所在的平面和吡啶环所在的平面都基本上是垂直的(77°~90°)。不同之处在于2，6-二[1-(2，4，6-三甲基苯亚胺)乙基]吡啶 FeCl$_2$配合物分子的立体结构是三角双锥结构，而2，6-二[1-(2，6-二异丙基苯亚胺)乙基]吡啶的 CoCl$_2$配合物分子则呈四方锥结构。在三角双锥结构中，金属原子只偏离三个 N 原子形成的平面0.009~0.010nm，在四方锥结构中，金属原子偏离三个 N 原子形成的平面0.056nm。这表明铁、钴2，6-二(亚胺)吡啶配合物分子的几何构型具有一定的可变性，这可能对催化烯烃聚合反应很重要。

铁、钴络合物的几何构型对比见图6-5。

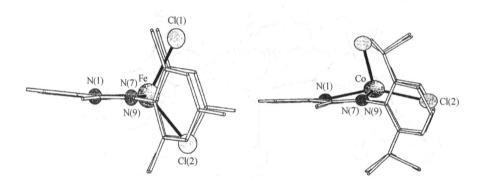

图6-5 铁、钴络合物的几何构型对比

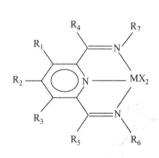

图6-6 Fe、Co系催化剂的
配合物结构示意图

Fe、Co 催化剂的配合物通式如图6-6所示[324]。其中，R_1、R_2、R_3、R_4、R_5可以是氢元素、烷基、取代烷基或其他惰性官能团；R_6、R_7为芳香基或取代芳香基；M 为 Fe 或 Co 阳离子。

典型的 Fe-Co 催化剂的制备方法是，由苯胺类化合物与2，6-二乙酰吡啶(吡啶二酮或醛)通过 schiff 碱缩合反应得到二亚胺吡啶配体，然后再和含水或无水的铁盐或钴盐(FeCl$_2$、FeCl$_2$·4H$_2$O、FeBr$_2$·H$_2$O、CoCl$_2$)反应得到五配位的 Fe(Ⅱ)或 Co(Ⅱ)催化剂。

吡啶二亚胺铁和钴催化剂的合成反应式如式(6-1)所示[325]。

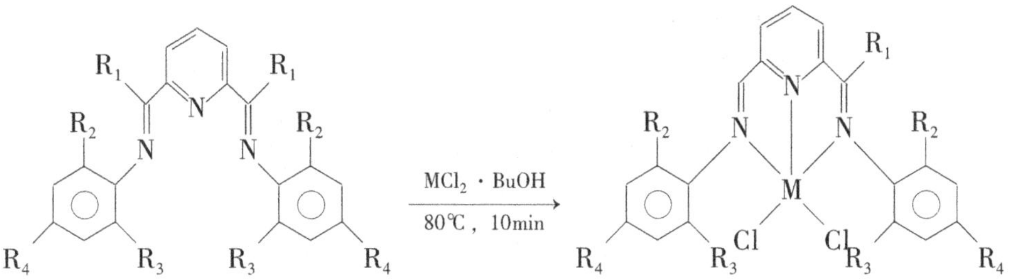

$$M = Fe, \quad Co$$
$$R_1 = Me, \quad H$$
$$R_2 = i - Pr, \quad Me$$
$$R_3 = i - Pr, \quad H, \quad Me$$
$$R_4 = H, \quad Me \qquad\qquad (6-1)$$

铁-钴乙烯聚合催化剂的结构是，Fe 或 Co 金属原子和 3 个 N 螯合成三齿配体，其立体结构为变形四面体，一个氯原子位于顶点，另一个氯原子在底面与其他三个 N 原子共处同一平面，两个 Fe—C 键和 Fe—N(亚胺)键及 Fe—N(吡啶)键的长度各不相等，具有良好的活性和稳定性，寿命比较长。这种 N，N，N 三齿配位的 Fe、Co 配合物都具有顺磁性。主要特点是可以得到高度线型没有支链的聚乙烯。如果减小铁系催化剂吡啶双亚胺配体上的取代基，就能使乙烯齐聚制备线型 α-烯烃，活性和选择性都相当高，并可保持齐聚分布。

胡友良等人推出的催化剂为 $\{[(2 - ArN = C(Me))_2 - C_5H_3N]FeCl_2\}$ 的铁系催化剂，其中 Ar 为 $2 - C_6H_4Me$、$2 - C_6H_4Et$、$2 - C_6H_4(i - Pr)$。结构特点是：在每个芳环上只有一个空间位阻比较小的邻位取代基。齐聚的活性取决于催化剂的结构、乙烯的压力和聚合温度。甲基取代的配合物的活性最高，在温度 90℃，压力 2.4MPa 的条件下，聚合活性可达 $1.8 \times 10^6 kg/(mol \cdot h)$，取代基增大活性下降，对 α-烯烃的选择性可达到 99%。

除了二亚胺吡啶为配体的 Fe、Co 后过渡金属催化剂外，还有以二亚胺吡咯、二胺吡啶、二腙吡啶、二亚胺噻吩等为配体的 Fe、Co 后过渡金属催化剂。但是性能最好的还是以二亚胺吡啶为配体的 Fe、Co 催化剂。

以大体积 2，6-二亚胺基吡啶为配体的 Fe(II) 和 Co(II) 催化剂的三齿配合物的结构如图 6-7 所示。

概括起来，Fe、Co 催化剂体系的具体化学特征表现如下：

① Fe、Co 系催化剂具有单活性中心催化剂共有的特征，如通过调整催化剂的分子结构可以控制所合成烯烃聚合物的性能，可以对聚烯烃催化剂性能进行分子设计。

② Fe、Co 系催化剂的配体为三齿氮配体，突破了传统四或六配位体催化剂结构，并且它打破了单活性中心只局限于IV族金属配合物的界限[326]，对聚烯烃催化剂理论是一项突破。

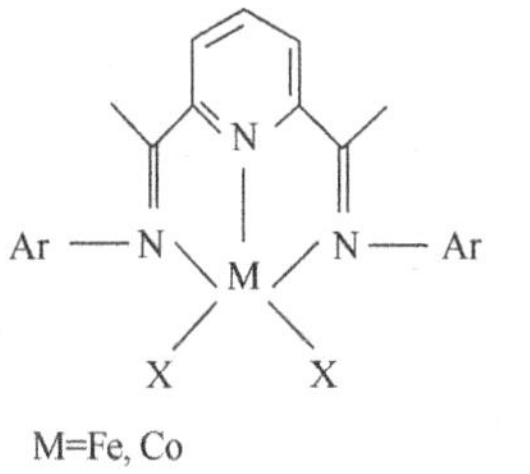

③ Fe、Co 系催化剂对含有杂原子的聚合单体具有很强的耐受力，可催化烯烃与极性单体的共聚合[325]，如可以和苯乙烯、丙

图 6-7 吡啶二亚胺铁和钴催化剂的结构图

烯酸酯、甲基丙烯酸酯、丁基丙烯酸酯、丙烯腈和乙烯基乙酸酯等单体进行共聚合，制备一些新品种的聚合物材料。其聚合物的特点是支链多而结晶度低。

④ Fe、Co 系催化剂的聚合反应条件与 Z/N 催化剂和茂金属催化剂相接近，活性随乙烯压力的增大而提高，得到高线型聚乙烯。与茂金属催化剂相比，尤其是 Fe 系催化剂，在相似的聚合条件下具有相当或更高的聚合活性，并以乙烯的聚合活性最高。其聚合物的相对分子质量随配体、主催化剂和助催化剂浓度的改变而变化。随芳香基邻位取代基的空间位阻增大，聚合物的相对分子质量提高。

对于铁系催化剂，增加催化剂浓度导致聚合物相对分子质量分布变宽，甚至呈双峰分布。加大催化剂用量或缩短聚合时间得到的产物则主要为齐聚物。

⑤ 这类催化剂的热稳定性高，90℃和130℃催化活性仍保持不变。

⑥ Fe、Co 系催化剂比茂金属催化剂的配位体更容易合成[327]，因此催化剂制备的成本比茂金属催化剂低，更有利于工业化应用。而与传统的 Z/N 催化剂相比，则避免了氯化钛与水激烈反应，腐蚀性强，不易操作等缺点，因此更具环保优势。

6.2.2 非茂前过渡金属催化剂(FI 催化剂)的组成及结构

单活性中心非茂前过渡金属催化剂，从结构上讲，是由 N、P、B 等杂原子形成的类似于环戊二烯的阴离子配位体，并由此配位体与Ⅳ族过渡金属原子配位而构成的催化剂。它不但可以用于乙烯聚合，而且也可以用于丙烯聚合和其他单体的共聚合。此类催化剂用于乙烯聚合时，聚合活性和聚合物的相对分子质量都非常高，但是用于丙烯聚合时聚合活性较低，它是一种新型聚烯烃催化剂。

对于所使用的催化剂配位体，需要考虑以下几点：

① 要有适当的给电子性能；

② 要有多个配位体；

③ 要以非对称的配位体作为研究对象。

如果是采用多个配位体，则可期待得到稳定的配位化合物，同时可控制聚合位的位置。本书对单活性中心非茂前过渡金属催化剂，以 FI 催化剂为代表进行说明。

6.2.2.1 FI 催化剂的合成

1998 年，日本 Mitsui 公司的 Fujita 报道了一种新型的聚烯烃催化剂，取名为 FI（Fujita Invent）催化剂。近些年来，文献中对 FI 催化剂配合物催化各种烯烃聚合的研究报道很多，Fujita 等合成的 FI 催化剂是分子结构中含有两分子苯氧基亚胺或类似结构配体的第ⅣB 族过渡金属配合物，这种催化剂的空间位阻和电子效应能够在很宽的范围内进行调节。

FI 催化剂中有一种叔丁基取代水杨醛缩苯胺钛的配合物[316]，对于这种带有取代基水杨醛亚胺配体的 FI 催化剂，其具体的合成过程可分三个步骤：

① 水杨醛的合成是用 2 - 特丁基苯酚为原料，通过甲酰化反应得到 3 - 特丁基水杨醛；

② 3 - 特丁基水杨醛进一步与苯胺通过 schiff 碱缩合得到 3 - 特丁基水杨醛亚胺配体；

③ 叔丁基取代物在 schiff 碱作用下先与 n - BuLi 形成配位体锂盐，然后与 $TiCl_4$ 通过生成 LiCl 而实现配合物催化剂的合成。

概括地说，FI 催化剂是用取代苯酚和多聚甲醛在碱性条件下缩合成的产物取代水杨醛[328,329]，再与一级胺反应得到的取代苯氧基亚胺化合物，最后与烷基锂和 Zr[330]、Ti[331,332] 或 Hf[333] 的氯化物反应生成相应的苯氧基亚胺 Ti 或 Zr、Hf 的配合物。

以水扬醛缩苯胺为原料的 FI – Ti 催化剂的合成反应式见式（6 – 2）、式（6 – 3），它们代表了苯氧基邻位取代的 FI – Ti 配合物的合成路线。

（1）配体 3 – 特丁基水杨醛亚胺的合成反应

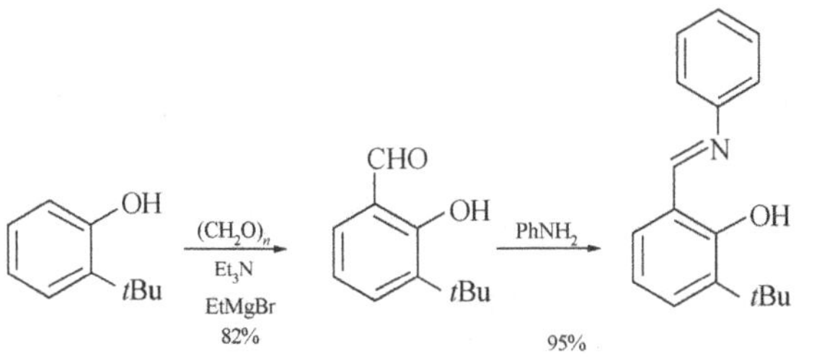

(6 – 2)

（2）FI – Ti 催化剂双（3 – 特丁基水杨醛亚胺）二氯化钛的合成反应

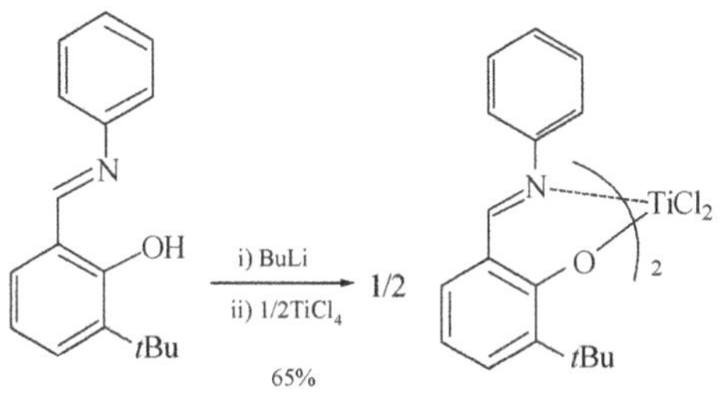

(6 – 3)

6.2.2.2 FI 催化剂的结构

FI 催化剂的结构如图 6 – 8 所示。

图 6 – 8 中 R_1、R_2 和 R_3 配位体为烷基、芳基、硅烷基或含杂原子基团，M 为 Ti、Zr、Hf 或 V 等过渡金属原子。两个苯氧基亚胺配体以双齿螯合于过渡金属原子。

FI 催化剂的典型配位体以及和 Zr、Ti 等过渡金属原子形成催化剂配合物的结构[325]如图 6 – 9 所示。

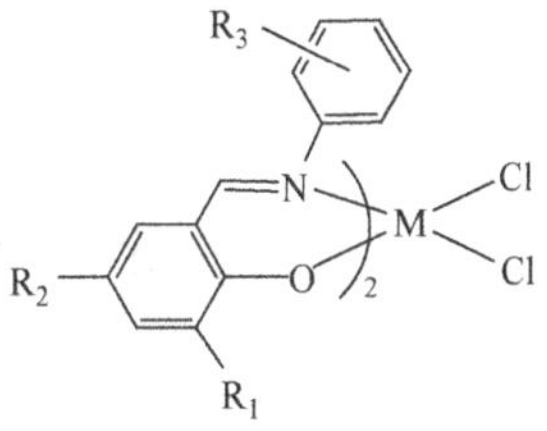

图 6 – 8 FI 催化剂的配合物结构式

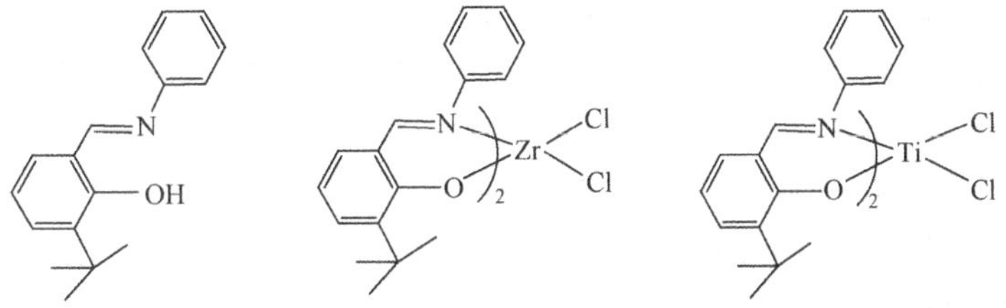

图 6 – 9 FI 催化剂的典型配位体和 Zr、Ti 催化剂配合物结构图

各原子间的键间距和键角见表 6 – 1。

表 6-1　各原子间的键间距和键角

键　间　距/nm		键　角/(°)	
M—O	0.1985(2)	O—M—O	165.5(1)
M—N	0.2355(2)	N—M—N	74.0(1)
M—Cl	0.24234(9)	Cl—M—Cl	100.38(5)

^{1}H NMR 研究表明，上述配合物有多种异构体，是可按五种异构体状态存在的亚胺质子。这就是聚合反应时活性中心的状态。

FI 催化剂配合物可能存在的五种异构体和基于异构体 A 的生成能如表 6-2 所示。

表 6-2　FI 催化剂可能存在的五种异构体和基于异构体 A 的生成能

异构体结构					
	(A)	(B)	(C)	(D)	(E)
基于异构体 (A) 的生成能/ (kJ/mol)	0.0	+25.3	+19.5	+33.3	+37.3

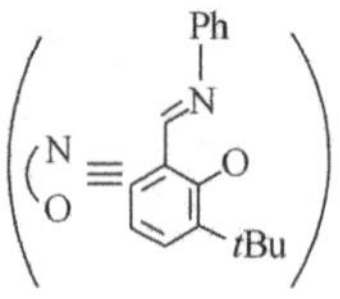

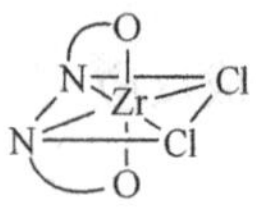

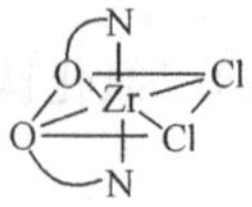

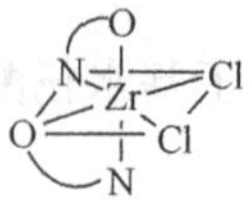

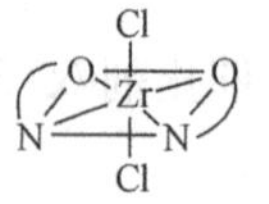

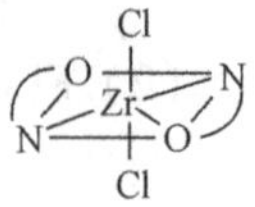

采用异丙苯基、甲基环己基取代的苯氧基亚胺锆化合物，通过改变配位体结构和助催化剂，可以合成出从低相对分子量聚合物到数百万的超高相对分子质量聚合物。

经 ADF(Amsterdam Density Functional) 密度函数程序计算得到的结果证实，两个氧原子呈反式配置，两个氮原子和两个氯原子都呈顺式配置的异构体 A 结构最稳定。而且用 DFT 法求得了与乙烯配位的聚合活性物种的结构。

6.3　非茂过渡金属催化剂的活性中心

6.3.1　非茂后过渡金属催化剂的活性中心

6.3.1.1　Ni、Pd 催化剂体系的活性中心

虽然经过不断的研究发展，Ni、Pd 催化剂体系的结构有了一定的变化，比如配体可以是阴离子物种，随着反应条件的改变可以使用较小位阻的配体等等，但仍然需要满足最初的 Ni、Pd 二亚胺催化剂体系的三个基本条件：

　①以高亲电性的阳离子 Ni、Pd 金属为活性中心金属；

　②需要使用空间位阻大的 α-二亚胺配体；

　③需要使用非配位阴离子来稳定金属配合物[334]。

Ni、Pd 二亚胺催化剂体系的聚合活性中心可以从两条路线产生：

　①和含有弱配位、大空间位阻的阳离子化合物反应生成 Ni、Pd 阳离子配合物活性中心；

　②在烯烃存在的条件下，用 MAO 或 MMAO 与 Ni、Pd 二亚胺二卤配合物反应，生成 Ni、Pd 二亚胺阳离子配合物活性中心。

具体如式(6-4)所示[335]。

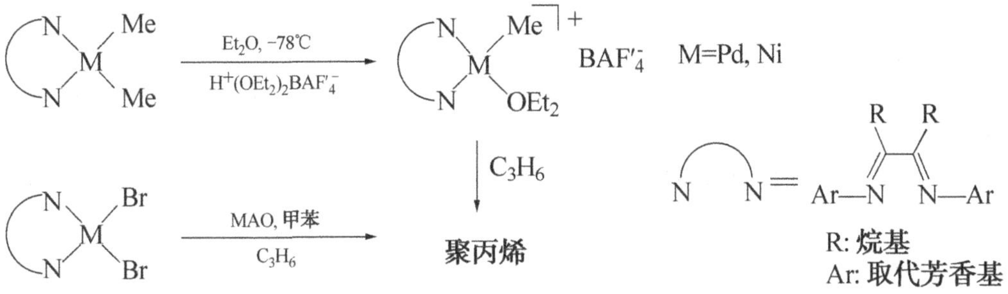

$$(6-4)$$

R: 烷基
Ar: 取代芳香基

二亚胺催化剂体系的乙烯聚合活性可以达到约 4000kgPE/(mmolZr·h)(M:15000),大约要高出丙烯聚合活性的十倍。聚合的温度对活性影响不大,但是对树脂的性能影响很大,提高聚合温度可以增加聚合物的相对分子质量、M_w/M_n 值和树脂的玻璃化温度,同时会使支化度降低[336]。

6.3.1.2 Fe、Co 催化剂体系的活性中心

Fe、Co 催化体系,是以二亚胺吡啶为配位体、以 Fe 或 Co 的氯化物为主催化剂,并以烷基铝或硼的化合物为助催化剂的新型催化剂体系。

Fe、Co 催化剂和茂金属催化剂类似,在催化烯烃聚合时,先由助催化剂(如 MAO)对其进行活化,生成阳离子活性中心,然后烯烃单体配位到阳离子活性中心的空轨道上,通过转移、插入而完成链增长反应。

Britovsek 等人[337]用 Mossbauer 谱和 EPR 研究被 MAO 活化后形成的活性中心时发现,在 MAO 的作用下 Fe(Ⅱ)被氧化为 Fe(Ⅲ),所以认为以双亚胺吡啶为配体的 Fe(Ⅱ)催化剂,在 MAO 作用下生成的活性中心可能是 Fe(Ⅲ)而不是 Fe(Ⅱ)阳离子活性中心。

而 Gibson 等人[338]的研究则发现,以双亚胺吡啶为配体的 Co(Ⅱ)催化剂,在 MAO 作用下却被还原成 Co(Ⅰ)催化剂,因此认为活性中心可能是 Co(Ⅰ)阳离子活性中心。

Talsi 等人[339]用 ^1H 和 ^2H NMIR 研究 Fe、Co 催化剂与 AlMe$_3$ 或 MAO 作用形成活性中心的过程时发现,Fe 催化剂被 AlMe$_3$ 或 MAO 活化形成中性中间体的存在可以明显提高中间体的稳定性。然而 Co 催化剂被 AlMe$_3$ 或 MAO 活化却形成截然不同的两种中间体。MAO 活化 Co 催化剂形成顺磁性中间体 LCo(Ⅱ)(Me)(Cl or Me)。MAO/AlMe$_3$ 活化 Co 催化剂形成一种抗磁性的一价钴配合物。

从他们不同的研究结果来看,助催化剂 MAO 对于 Fe 和 Co 催化剂的作用可能是有区别的,Fe、Co 催化剂的活性中心可能有不同的价位。

6.3.2 非茂前过渡金属催化剂的活性中心

FI 催化剂的结构如图6-8所示,这里用来进行非茂前过渡金属催化剂活性中心研究的 FI 催化剂,其具体结构是:R_1 为异丁基,R_2 无取代基,R_3 为苯基。

在进行烯烃聚合时,该催化剂配合物前体与助催化剂反应生成阳离子配位化合物,此阳离子配合物即为聚合活性中心。但是作为聚合活性中心的阳离子配位化合物的具体结构,用实验观测是非常困难的。可以考虑用 DFT(密度泛函理论)方法进行计算,用 X 射线分析方法可对某些情况进行核对。如 X 射线测得的键角为:

$\angle O—Zr—O' = 165.5°$，$\angle N—Zr—N' = 74.0°$，$\angle Cl—Zr—Cl' = 100.4°$，扭角 $Zr—N—C—C' = 59.8°$；

而用 DFT 方法进行计算的结果为：

$\angle O—Zr—O' = 168.8°$，$\angle N—Zr—N' = 77.0°$，$\angle Cl—Zr—Cl' = 103.2°$，扭角 $Zr—N—C—C' = 60.7°$；

X 射线分析和 DFT 计算的结果基本一致，说明 DFT 计算结果可以用来进行该催化剂的结构分析。

这样便知道了 FI 催化剂配合物前体的结构参数是：两个氧原子处于反式位置（O—Zr—O 键角为 165.5°），两个氮原子位于顺式位置（N—Zr—N 键角为 74.0°），两个氯原子也位于顺式位置（Cl—Zr—Cl 键角为 100.4°）。该催化剂配合物是一个以 Zr 金属原子为中心的八面体结构。

另外，还确定了在催化剂配合物的前体中，Zr—N 的键距离是 0.2340nm，而催化剂变成阳离子配合物后缩短到 0.2232nm。在乙烯进行配位时，乙烯插入后的 Zr—N 键键长和起始配合物的键长在 0.2232~0.2340nm 之间变动，聚合物链 N—Zr 的键距离增为 0.2337nm。如果将这种 Zr—N 的键距离视为是由 N 向 Zr 提供电子的程度，那么该距离的变化在乙烯进行配位和插入的过程中，即聚合的过程中，来自 N 原子的给电子程度与变化相一致。另外，从 Zr—O 的键距离在任何状态下基本一定[二氯体（模型 A）]：0.2021nm，阳离子配位化合物（模型 B）：0.2023nm，乙烯配位状态（模型 C）：0.2023nm 来看，虽然 O 原子与 N 原子同样与 Zr 金属结合，但对聚合的电子性参与少。

这些结果说明，FI 催化剂阳离子配位化合物聚合活性中心具体工作情况的一种可能的解释是：N—Zr 的键距的变动，增加了乙烯配位的空间，有利于乙烯配位。N—Zr 的键距的变动和 O—Zr 的键距基本不动，可能有利于电子稳定互换，这样的状况满足了聚合过程对电子和空间的需要。而两个氯原子被乙烯和聚合物链置换成为聚合活性中心的工作场所。

DFT 方法的计算结果表明，呈顺式配置的两个氯原子被置换成仍保持该位置关系的聚合物链与乙烯的配位位置。而正是由于其阳离子配位化合物的两个顺式位能用于聚合，因此该催化剂配合物前体在助催化剂的帮助下可以进行乙烯高活性聚合。这可能是苯氧基亚胺配体催化剂的重要特性。

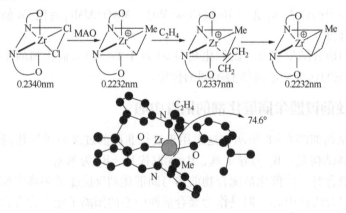

图 6-10 活性中心结构的计算[340]

另外，如前所述，FI 催化剂通过 R_3 引入邻位带有烷基的苯基，生成聚合物的相对分子质量大幅度提高。这是由于增大聚合活性中心附近的空间，抑制链转移反应（β－氢脱除）的结果。这里链转移反应的发生容易程度与聚合活性种的中心金属和聚合物链的 β－氢相互作用的强度一致。即这种相互作用越弱，越难以发生链转移反应。所以容易生成高相对分子质量聚合物[341,342]。

6.4 非茂过渡金属催化剂的载体化

非茂过渡金属催化剂可以使用多种物质当载体，如各种无机氧化物、聚合物以及合成载体等。但是，通常使用氧化硅做载体较为普遍。以非茂后过渡金属催化剂为例，如经过 SiO_2 载负的 Fe－Co 催化剂，其热稳定性明显提高，所得到的聚乙烯树脂的形态和表观密度明显改善。

6.4.1 SiO_2 载体

α－二亚胺镍催化剂可以用各种无机氧化物载体进行负载，但以 SiO_2 较为理想。通常在负载时需要用甲基铝氧烷（MAO）或其他烷基铝试剂，使镍配合物烷基化以生成阳离子活性中心。另外，镍催化剂还可负载于聚合物载体（如聚环戊烯）上；而酸性载体（如蒙脱土）不需要 MAO 活化．原因是载体所具有的强酸性足以激活催化剂[343]。

在使用 SiO_2 载体时，如果加入烷基铝，不同的烷基铝的聚合效果相差很大，使用 $AlMe_3$ 和 $Al(i-Bu)_3$ 的催化剂聚合活性明显低于 MAO 或不加烷基铝的情况。

采用图 6－1(b)相同配体的催化剂，过渡金属为铁，其所使用的烷基除 X_3 为 H 外，其余 X_1、X_2、R 均为甲基。乙烯聚合的结果如下：

图 6－1(b)/SiO_2 和图 6－1(b)/MAO 催化剂催化乙烯的活性：$(5.2\sim8.0)\times10^4$ g/(molFe·min·atm)；

图 6－1(b)/$AlMe_3$/SiO_2 和 6－1(b)/$Al(i-Bu)_3$/SiO_2 催化剂催化乙烯的活性：$(0.7\sim2.2)\times10^4$g/(molFe·min·atm)；

如果用 MAO 先将 SiO_2 处理后再制备载体催化剂 MAO/SiO_2，与 SiO_2 催化剂相比，MAO/SiO_2 催化剂的活性要降低约一个数量级，但是所得聚乙烯的相对分子质量和熔点明显提高。

研究表明，MAO 与 SiO_2 表面羟基作用生成 Si—O—Al 键，而 Fe 催化剂不是直接连接在 SiO_2 表面上，而是通过 MAO 负载在 SiO_2 表面上。

6.4.2 PHT(Partially hydrolyzed trimethylaluminum)载体

SiO_2/PHT 载体制备：

Schmidt 等人[344,345]用 $AlMe_3$ 与经过煅烧的 SiO_2 反应，并在其共存的体系中加少量水，经过水解就制备得到一种新型载体 PHT。

可以将铁催化剂负载在 PHT 上得到 Fe(II)/PHT 催化剂。在相同的试验条件下，Fe(II)/PHT 催化乙烯聚合的活性比 Fe(II)/MAO/ SiO_2 高 30 倍。如果用 $AlMe_3$ 的水解浓缩产物即所谓的固体 MAO 代替 SiO_2 重复上面的制备过程，可以得到另外一种新的载体材料——双壳 PHT（"double shell" PHT），用这种载体得到的负载型铁催化剂，其催化乙烯聚合的活性又比 Fe(Ⅱ)/PHT 高出 35%。

另外，也可采用 PHT 制备 SiO$_2$ - PHT/镍催化剂。SiO$_2$ - PHT 的制备是在甲苯中把煅烧后的 SiO$_2$ 与三甲基铝反应，然后再加入少量水产生铝氧烷结构。它们在加入(二氮双烯镍)二镍配合物时可以使之活化，从而催化乙烯进行聚合。

6.4.3 复合催化剂

把后过渡金属催化剂与其他过渡金属催化剂(如 Z/N 催化剂、茂金属催化剂等)进行复合，可以综合不同催化剂的特点，获得具有新性能的烯烃聚合催化剂。复合的方法有 2 种：

① 均相复合。均相复合是把两种催化剂溶解在溶剂中，形成均相混合催化剂进行聚合。

② 异相复合。异相复合是把一种催化剂负载在另一种催化剂上进行聚合。

将后过渡金属催化剂进行复合的主要目的是，使聚烯烃产物具有某些特定性能和使用单一的乙烯单体就可以制备支化聚乙烯。

6.5 非茂过渡金属催化剂的乙烯聚合行为

6.5.1 非茂后过渡金属催化剂乙烯聚合行为

6.5.1.1 非茂后过渡金属催化剂乙烯聚合

（1）Ni、Pd 催化剂体系

Ni、Pd 催化剂体系可以通过改变聚合条件来改变树脂的性能。采用该催化剂体系[346]的乙烯和丙烯聚合结果见表 6 - 3。

表 6 - 3　Ni、Pd 二亚胺催化剂体系乙烯和丙烯聚合结果

烯烃	溶剂	反应温度/℃	反应压力/atm	反应时间/h	活性/[10^3 g/(g M · h)]	M_n/10^3	M_w/M_n	Me/1000CH$_2$	热分析/℃
乙烯	甲苯	25	1	0.5	74.8	190	2.2	71	39(T_m)，-46(T_g)
丙烯	甲苯	22	~4	2.5	0.29	8	1.8		-44(T_g)

由表 6 - 3 可以看出，该催化剂体系的丙烯活性要比乙烯聚合活性小两个数量级。M_w/M_n 值基本在 2 左右，表明该体系为单活性中心催化剂。

聚合温度对催化剂的活性影响不是很大，但对树脂结构的影响很大，聚合温度的提高可以提高相对分子质量、M_w/M_n 和树脂的玻璃化温度，但同时降低了支化度。而聚合时间的增加会降低催化剂的活性。

用亚胺配位的 Pd、Ni 催化剂体系所制备的聚乙烯往往具有很高的支化度，而且产物呈现出弹性体的性质。

另外，在前面列举的二亚胺催化剂体系中，采用 Kiliam 等人[347]开发的二亚胺镍(Ⅱ)结构的催化剂体系，能够催化 α - 烯烃进行活性聚合，得到嵌段聚合物。在 -10℃下聚合，尽管数均相对分子质量随着时间的增加成线性增长，而相对分子质量分布 M_w/M_n 一直保持在 1.1 左右，显示出了活性聚合的特征。

（2）Fe、Co 催化剂体系

对于 Fe、Co 催化剂，其不同的取代基有很大的影响。通常两个苯基的邻位同时有取代基时，Fe、Co 催化剂催化乙烯聚合得到线型高密度聚乙烯。随取代基的体积增大，则催化剂的活性略有下降，而聚乙烯的相对分子质量显著增加。但是苯基对位的取代基如果是甲基则此规律不明显。苯胺配位体系的 Fe 催化剂，其配位基一个是叔丁基一个是氢时，得到的聚合物相对分子质量特别高。

Fe 催化剂聚合物的相对分子质量一般不高。而该催化剂最重要的是，在 N 邻位上必须有取代基而不能是氢，否则很容易链转移而生成低相对分子质量的聚合物。反应条件如铝铁比、反应温度、催化剂用量等，都会对聚合物相对分子质量和相对分子质量分布产生影响。

该体系催化剂的聚合行为还和助催化剂的种类和用量有关。Al/Fe = 300 时，得到单峰高相对分子质量聚合物。Al/Fe = 1500 时，得到双峰低相对分子质量聚合物。Al/Fe = 4500 时，得到单峰低相对分子质量聚合物。

助催化剂还会影响链转移反应，而且不只是烷基铝会影响链转移反应。Britovsek 等人[314]在 $\{[(2,6-iPr_2Ph)N=C(Me)]_2C_5H_3N\}FeCl_2/MAO$ 催化体系中引入了 $ZnEt_2$，结果发现，在不加 $ZnEt_2$ 时，该催化剂体系在 Al/Fe 为 100 时得到了高相对分子质量部分占绝对优势的双峰分布。当加入 $ZnEt_2$ 后，随 $ZnEt_2$ 加入量的增加，此双峰分布的高相对分子质量部分不断减小，低相对分子质量部分不断增加。当 $ZnEt_2/Fe$ 摩尔比达到 500 时，得到了一个相对分子质量很低（$M_n=700$）、相对分子质量分布很窄（$M_w/M_n=1.1$）的只含饱和端基且相对分子质量分布为单峰的聚乙烯。这说明双峰分布中的低相对分子质量部分是由向 $ZnEt_2$ 的链转移反应形成的。

Gibson 和 Britovsek 等人[348]的研究结果都证明，聚合时间对链转移反应的影响非常明显。在聚合开始的很短时间内，$[(2,6-iPr_2Ph)N=C(Me)_2C_5H_3N]FeCl_2/MAO$ 体系催化乙烯聚合得到一个相对分子质量极低（$M_n=530$）、相对分子质量分布极窄（$M_w/M_n=1.2$）的单峰分布聚乙烯。随聚合时间的延长，高相对分子质量部分逐渐形成并不断增加，而低相对分子质量部分不断减少，得到了双峰相对分子质量分布聚乙烯。用 $^{13}C-NMR$ 对聚合开始很短时间内得到的聚乙烯进行表征，发现所得聚乙烯链的端基都是饱和的。这说明在开始聚合的很短时间内，体系内只有向烷基铝的链转移反应发生，而没有 $\beta-H$ 链转移反应发生。因此，可以得出的结论是：Fe/MAO 体系催化乙烯聚合所得到的双峰分布聚乙烯，其低相对分子质量部分是在聚合初期由向烷基铝的链转移反应形成的，在开始聚合的很短时间内，向烷基铝的链转移反应速率远大于 $\beta-H$ 链转移反应速率。但是随着聚合时间的延长，含等摩尔饱和端基和不饱和端基的高相对分子质量聚乙烯才不断生成。

Gibson 和 Britovsek 还认为，对于 Fe/MAO 体系，Fe 催化剂是向 MAO 中残留的 $AlMe_3$（或 $AlEt_3$）发生链转移反应，而不是向 MAO（或 TEAO）发生链转移反应，生成低相对分子质量部分。只有在残留的烷基铝被消耗完了以后，才引发乙烯聚合生成高相对分子质量部分。所以在聚合开始的很短时间内（<1min），只由于向烷基铝的链转移反应而生成较低相对分子质量、含饱和端基的聚乙烯。

但是如果烷基铝的体积比较大，它将妨碍 Fe 催化剂向其发生链转移反应。比如 Fe 催化剂就不能向残留的 $Al(i-Bu)_3$ 进行链转移反应而生成较低相对分子质量的聚乙烯。

如果烷基铝氧烷中没有残留的烷基铝，那就不能生成杂双核活性中心，而只能像 Fe/

TBAO 体系一样，直接生成单核活性中心，引发正常的链增长反应，生成相对分子质量较高的单峰分布聚乙烯。

硼铝氧烷中如果没有残留的烷基铝，那就也和烷基铝氧烷一样，不能生成杂双核活性中心，也不能向残留的烷基铝进行链转移反应，而只能生成相对分子质量较高的单峰分布聚乙烯。

双核后过渡金属催化剂内的两个金属中心之间存在的协同效应，使得双核催化剂表现出和单核催化剂不同的性能，如在催化剂的活性、聚合物的相对分子质量和相对分子质量分布等方面都有区别。研究表明，吡啶二亚胺铁系催化剂的结构，对该催化剂体系的聚合活性和聚合物的相对分子质量及相对分子质量分布有重要的影响。

在链转移反应方面，对于某些非茂后过渡金属催化剂体系，也可能发生向铝的链转移反应。而由于向铝的链转移反应的作用，得到的是相对分子质量较低的只含有饱和端基的聚乙烯。同样由于向铝的链转移反应的作用，Brookhart[312] 和 Gibson[348] 等人用铁催化剂/MAO 体系催化乙烯聚合时，在一定条件下得到了明显双峰相对分子质量分布的聚乙烯。

概括来说，后过渡金属 Fe、Co 催化剂的聚合特点是[349]：

① 后过渡金属 Fe、Co 催化剂进行乙烯聚合得到的是高度线型的聚乙烯。其聚合物的相对分子质量随配体、主催化剂和助催化剂等组分浓度的改变而变化。特别是催化剂配体的芳香基邻位取代基大小影响很大，随芳香基邻位取代基变大，空间位阻增大，链转移的速率降低，聚合物的相对分子质量则会提高。

② 对于 Fe 系催化剂，增加催化剂浓度会导致聚合物相对分子质量分布变宽或呈双峰分布，吡啶二亚胺配位的 Fe 系聚合催化剂制备的聚乙烯具有非常宽的相对分子质量分布。而加大催化剂用量或缩短聚合时间，则得到的聚合物主要为齐聚物。吡啶二亚胺配位的 Fe 系齐聚催化剂能制备出 $C_4 \sim C_{28}$ 分布的乙烯齐聚物。

③ Fe 系催化剂的聚合活性随着乙烯压力的增加而提高，而钴催化剂的活性则受乙烯压力的影响很小。

④ Fe 系催化剂的热稳定性很高。在 90℃ 和 130℃ 时，催化剂活性仍然能保持不变。

6.5.1.2 非茂后过渡金属催化剂的聚合特征

（1）催化剂分子结构与聚合物相对分子质量的关系

对于铁、钴 2，6 - 二(亚胺)吡啶配合物催化剂分子组成和结构的调整、改进，主要从苯环取代基、亚胺取代基、卤素原子和金属离子等方面着手。研究发现，不同分子组成和结构的催化剂配合物具有不同的聚合性能。其中取代基对催化剂的性能影响很大。特别是亚胺的取代基一个为叔丁基一个为氢时，相对分子质量特别高。但最重要的是在苯环的邻位上要有取代基，而且不能是氢，否则就很容易发生链转移而生成低相对分子质量的聚合物。

在金属离子方面，铁和钴相比，在同样条件下用钴催化剂聚合得到的聚合物的相对分子质量，要比铁催化剂聚合得到的聚合物的相对分子质量更低。

采用铁系配合物和 MMAO 构成的催化剂体系进行乙烯聚合，所得到的聚乙烯相对分子质量分布情况见图 6 - 11。

（2）聚合条件对催化性能的影响

① 聚合温度的影响。铁、钴系催化剂可以在 - 100 ~ 200℃ 的温度范围内聚合。当然，催化剂的寿命是个重要因素，反应温度和配合物的空间立体结构对催化剂的寿命都有影响。很显然，空间位阻大的催化剂寿命随温度升高而有较大降低。

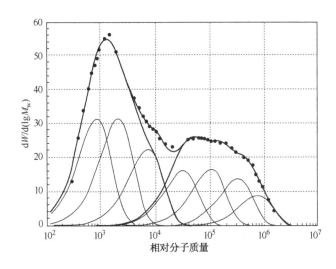

图6-11 采用2，6-二亚胺吡啶铁配合物和MMAO均相系统得到的
均相聚乙烯相对分子质量分布[350]

马志等人[351]将后过渡金属配合物$\{[2，6-ArN=C(Me)_2C_5H_3]FeCl_2\}$（Ar为$2，6-iPr_2$
C_6H_3）负载于SiO_2上，与三乙基铝组成催化剂体系使乙烯聚合，考察了聚合温度对催化剂活性、PE相对分子质量、熔融温度以及结晶度的影响。在Al/Fe摩尔比为750，聚合温度为40℃时，催化剂活性达到707kg/(mol·h)，实验所得聚合物的相对分子质量为$(1.05～2.33)×10^5$，熔融温度高达132℃左右，结晶度在44.2%～77.8%。

聚合温度对催化剂的活性影响是和催化剂的结构明显有关。空间位阻大的催化剂配合物，当聚合温度为-20℃时，在聚合反应2h后仍然有较高的活性，并且转化率提高了3倍。而空间位阻小的催化剂配合物则情况相反，在低温时活性却降低了50%，这可能是由于在低温时该催化剂配合物在甲苯反应介质中的溶解度小的缘故。

提高聚合反应温度导致聚合物相对分子质量降低，但是，提高聚合反应温度并不会改变所得到的聚合物的构型。在一般情况下，铁、钴系催化剂所得到的聚合物的构型均为高度的线型结构。

对于Ni、Pd催化剂则情况有所不同，它们对温度高度敏感。当温度分别高于50℃和70℃时，Pd二亚胺和Ni二亚胺催化剂便会迅速分解，由Ni催化剂催化乙烯聚合得到的PE相对分子质量也会随温度的升高而迅速降低。这主要是因为随着温度的升高，芳香基团可以从垂直取向的位置自由旋转，导致缔合链转移和向单体链转移数增加，其结果是相对分子质量的降低。而且随着芳香基团旋转到配位平面后，其邻位的取代基便会靠近金属活性中心，有机会与取代基上的C—H键反应而形成金属环，而这是这类催化剂活性降低的潜在因素。

② 聚合压力的影响。聚合压力对铁、钴系催化剂也有影响。随聚合压力增加聚合体系中烯烃浓度提高，聚合的产率和聚合物的相对分子质量都明显提高。但是比较起来，钴系催化剂受烯烃浓度的影响较小。另外和温度的影响一样，不同聚合压力下所得到聚合物的构型均为高度的线型结构。

③ 助催化剂的影响。铁、钴系催化剂需要弱配位阴离子作为助催化剂。一般是烷基铝和硼化合物。常用MAO或改性的MAO。在聚合时，增加烷基铝的用量可以使聚合物的相对

分子质量分布变宽和出现双峰。按照不同的 Al/Fe 比可以得到如下的结果：

Al/Fe(摩尔比)：　　　　　　300　　　　　　单峰高相对分子质量聚合物

　　　　　　　　　　　　　1500　　　　　双峰低相对分子质量聚合物

　　　　　　　　　　　　　4500　　　　　单峰低相对分子质量聚合物

这种情况说明烷基铝的增加，促进了链转移反应，并随烷基铝的消耗而使所得聚合物的相对分子质量分布变宽。但是，当烷基铝增加过多时，相对分子质量很低且又变成了单峰。

④ 高分子载负的影响。张道等人[352]将含有烯烃取代基团的铁、钴多胺类化合物与苯乙烯共聚合，在引发剂作用下，将"茂后"催化剂通过 σ 键连接到高分子链上，形成高分子化的"茂后"烯烃聚合催化剂，并研究了该催化剂的结构与催化活性、聚合物相对分子质量和形态的关系。这类催化剂具有以下优点：催化活性高［常温、常压催化活性可达到 6.2 Mg/(mol·h)］。超过文献报道的后过渡金属催化剂。聚合产物相对分子质量高并且可调，而且产物没有无机灰分，性能和形态好。

（3）后过渡金属催化剂的聚合范围广

因为催化剂活性中心金属原子亲电性弱，耐杂原子能力强，它可以实现烯烃和极性单体共聚，还可以催化环烯烃开环聚合，非环双烯烃易位聚合，以及乙烯和 CO 的共聚合，甚至可以在乳液中催化烯烃聚合。

6.5.1.3　非茂后过渡金属镍、钯催化剂的"链行走"现象

所谓"链行走"现象就是乙烯聚合催化剂在进行聚合时，一方面其活性中心不断将乙烯单体插入反应，实现聚合链增长生成线型聚合物。另一方面由于 β - H 消除反应并发生"链行走"使聚合物形成支链，催化剂活性中心在"聚合物链"和"支链"两边"行走"，造成两种反应互相竞争。

Brookhart 等人[353]发现，采用阳离子型二亚胺 Pd(Ⅱ)或 Ni(Ⅱ)催化体系(图 6 - 12)进行乙烯聚合时，它就是按这种特殊的"链行走"机理催化乙烯聚合的。而且可以不经过中间体 α - 烯烃直接生成高支化的聚乙烯。但是如果双亚胺上有大体积的取代基，则会对配合物轴向产生很好的屏蔽作用，可以抑制链增长的副反应(如 β - H 消除反应、CH₃取代反应等)。另外 Pd(Ⅱ)或 Ni(Ⅱ)催化体系的链转移速率要比链增长速率慢，所以能够将乙烯和 α - 烯烃转化为高聚物。而如果镍配合物在金属活性中心附近没有大体积位阻基团，"链行走"反应就很容易发生，聚合物的支化度就很高，而且活性中心在进行"链行走"反应时不会同时进行链增长。

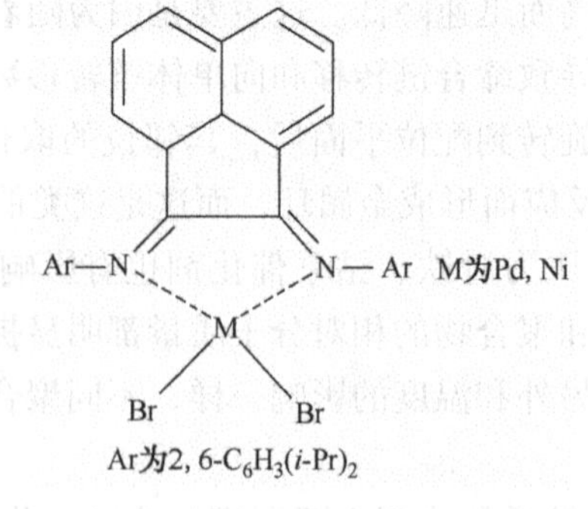

图 6 - 12　Ni(Ⅱ)或 Pd(Ⅱ)二亚胺催化剂体系

乙烯二亚胺镍、钯催化剂体系"链行走"反应制备支化聚乙烯的聚合机理如图 6-13 所示。

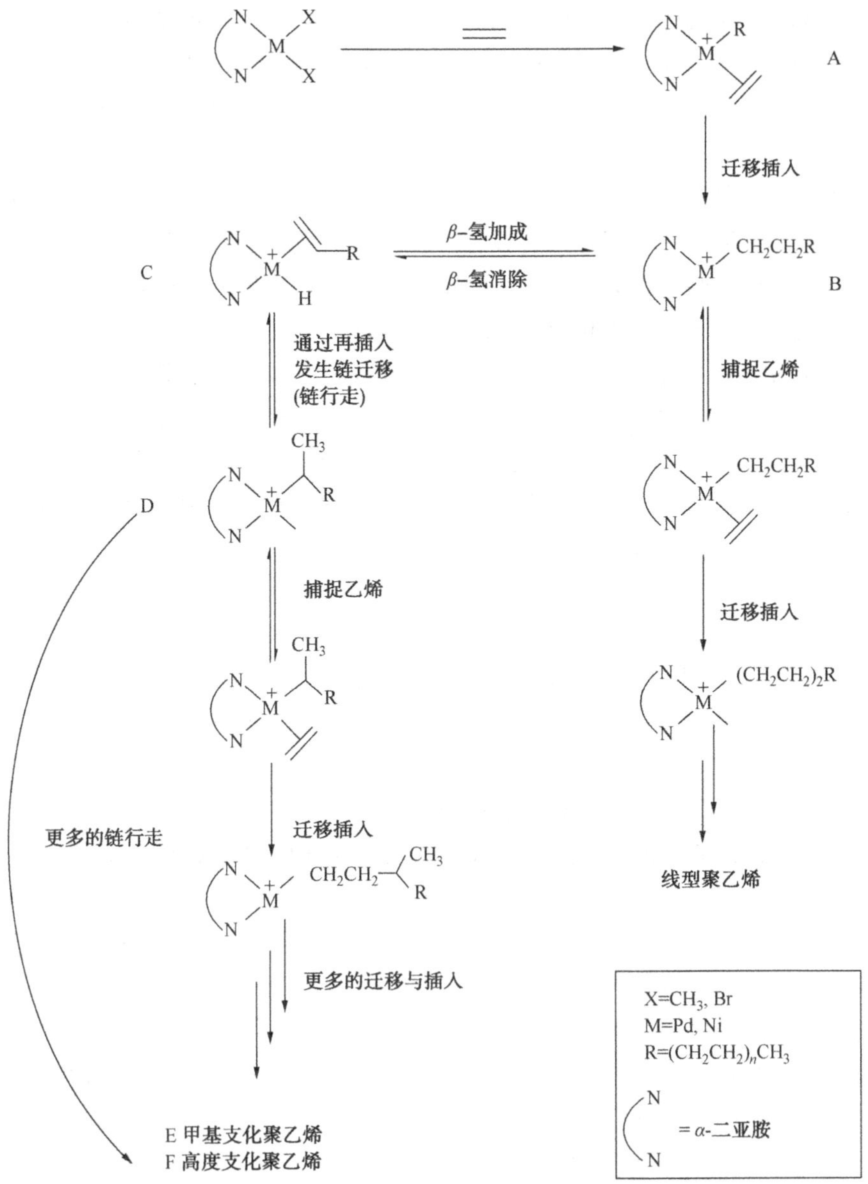

图 6-13 制备支化聚乙烯的"链行走"聚合机理

烷基化烯烃配合物 A 为催化剂的过渡态物质。从物质 A 到 B 的迁移插入反应是整个聚合反应的决速步骤。物质 B 一方面可以不断地捕集乙烯单体并进行迁移插入反应，生成线型聚合物；另一方面，由于 β-H 消除并发生"链行走"，致使聚合物形成支链（B→C→D→E，F）。

聚合物的支化度对聚合条件非常敏感，提高聚合压力可以降低聚合物的支化度，而提高聚合反应温度可使支化度加大[354]。

用这种方法所得到的聚合物具有非常独特的性能。例如，50℃下二亚胺镍系催化剂的聚合活性可达 $8.4 \times 10^7 g/(mol \cdot h)$。催化剂的结构和聚合反应条件改变时，产物可在相对分子质量较低的齐聚物到相对分子质量为 3 万～10 万的高相对分子质量聚合物之间变化，乙烯聚合物的结构可以在线型、高结晶到中度支化甚至到高度支化的无定形结构之间变化。高度支化聚乙烯的形态可以是高弹性、半结晶态，也可以是高支化的油状物。

采用二亚胺钯系催化剂，可以在没有 α-烯烃的条件下，获得最低密度 $0.85 g/cm^3$，玻璃化转变温度度为 $-30 \sim -70$℃的无定形支化聚乙烯。实验证明，聚合产物只有高相对分子质量、高支化度的聚乙烯，没有剩余 α-烯烃，这表明钯系催化剂并不是先生成 α-烯烃，再共聚到聚合物增长链上形成支化聚乙烯。

Dow 公司采用后过渡金属催化剂生产 Infuse 产品，其具体做法就是使用该公司的催化嵌段技术即"链行走聚合"技术。它是在一台聚合反应器中，使用具有不同单体选择性的两种催化剂，即使用了锆基和铪基两种催化剂生产乙烯-辛烯共聚物。前一种催化剂容易聚合乙烯，但不容易聚合辛烯。而后一种催化剂很容易将两种单体共聚结合在一起。其中使用二乙基锌是该工艺的关键，它是链转移剂。作为链转移剂的二乙基锌，能将正在生长的聚合物链在两种催化剂之间交替地传递，并调节嵌段的大小，生成所需的嵌段共聚物。

Infuse 聚合物的特点是能够将高弹性和高熔点相结合在同一种产品中，它可以将茂金属催化剂生产的弹性体的熔点，由 40～90℃提高到 120℃，其关键就在于催化剂复合技术和"链行走聚合"技术的结合。

6.5.1.4　电中性 O、N 配位体 Ni 催化剂

采用 N、O 配位体的镍催化剂是一种特殊的电中性催化剂。美国"科学"杂志 2000 年 1 月 21 日刊登加州理工学院 Grubbs 教授的研究结果[355]：

采用 N、O 配位的镍催化剂（L·R′·O·Ni·N·Ph₃P），不需要助催化剂或活化剂，是一种单组分催化剂，聚合活性可达 $3000 kg/(molNi \cdot h)$。而且既不是阳离子型也不是阴离子型，而是电中性。实验结果表明：

① 没有助催化剂或活化剂时，催化活性虽有下降但相对分子质量有明显增加；

② 聚合压力对反应影响很大；

③ 芳环邻位 R 基团体积的变化，对于相对分子质量、相对分子质量分布、聚合活性都有很大的影响；

④ 配体 L 的作用很重要。

此催化剂适合用于乙烯和降冰片烯（有羟基或羧酸基）的共聚合反应。

6.5.2　非茂前过渡金属催化剂的乙烯聚合行为

6.5.2.1　FI 催化剂的过渡金属元素对乙烯聚合的影响

不同过渡金属原子构成的 FI 催化剂，其聚合的效果不同，表 6-4 是当 R_1 为叔丁基，R_3 为苯基时，不同活性中心金属原子的 FI 催化剂进行乙烯聚合的结果[340]

表6-4 不同 FI 催化剂的乙烯聚合结果[①]

催化剂	活性/[kg/(mmol cat·h)]	$M_v \times 10^{-4}$[②]
M–Ti	3.3	50.5
M–Hf	6.5	3.0
M–Zr	519	0.8
Cp_2ZrCl_2	27	104.0

① 聚合条件：MAO:1.25mmol，25℃，5min，1atm，甲苯150ml。

② $[\eta] = 6.2 \times 10^{-4} M_v^{0.7}$。

从表6-4中的数据可以看出，在同样的聚合条件下，活性中心原子为 Zr 金属的 FI 催化剂活性最高，而 Ti 金属的活性最低，但是产品聚合物的相对分子质量正好相反，Ti 金属 FI 催化剂的相对分子质量最高，而 Zr 金属的相对分子质量最低，仅仅是相对分子质量大约为 8000 的直链状低聚物。

6.5.2.2 FI 催化剂配位基对乙烯聚合的影响

（1）R_1配位基的影响

研究表明，对于 FI 催化剂来说，其配合物中的配位基对催化剂的聚合活性有很大的影响，特别是苯氧基邻位的 R_1 配位基影响更大。对于活性中心原子为 Zr 金属的 FI 催化剂来说，随着 R_1 和 R_3 配位基的体积增大，聚合的催化剂活性和聚合物的相对分子质量也随之大幅提高，而且支链减少，聚合物的结构趋向线型和高密度。

表6-5 FI-Zr 催化剂不同取代基的乙烯聚合结果[①]

催化剂	结构式	R_1	R_2	R_3	活性/[kg/(mmol cat·h)]	$M_v \times 10^{-4}$
1		叔丁基	氢	苯基	519	0.8
				苯基的邻位为 Me	40	31.9
				苯基的邻位为 i-Pr	58	111.4
2		金刚基	甲基	苯基	714	1.2
3		异丙苯基	甲基	苯基	2096	1.8
4		异丙苯基	甲基	环己基	4315	1.5
5		甲基	氢	苯基	0.4	0.3

① 聚合条件：MAO:1.25mmol，25℃，5min，1atm，甲苯150mL

表6-5中的数据表明，R_1 的配位基大小对 FI-Zr 催化剂的活性有极大的影响。如将配位基 R_1 由叔丁基更换为体积大一些的金刚烷基，则活性可提高到 714kg/(mmol cat·h)，而将 R_1 更换为体积更大的异丙苯基，则活性可达到 2096kg/(mmol cat·h)。而且若在此基础上再将 R_3 配位基更换为环己基，则活性更将提高到 4315kg/(mmol cat·h) 的惊人高度。也即是说，在常温常压条件下，1sFI 催化剂可以使乙烯反应 42000 次以上，这是目前所见到最高的反应速率。反过来，如果将 R_1 由叔丁基更换为体积较小的配位基，情况则正好相反，如甲基或异丙基，则活性就大幅度地降低到 1kg/(mmol cat·h) 以下。因此增加 R_1 和 R_3 配位基的体积对提高 FI-Zr 催化剂的活性有极大的影响，体积越大活性越高。其顺序是：

特丁基 < 金刚烷基(三环癸烷基) < 异丙苯基 < 1,1-二苯乙基

R_1 配位基之所以会有这样的作用，主要是因为 R_1 配位基可以用其大空间位阻保护与路易斯碱生成的阳离子活性中心，阻止 MAO 等路易斯酸的进入而发生过度反应，另外大空间位阻的存在还可以促进阳离子活性中心和阴离子助催化剂的分离，有利于单体分子向金属 - 碳键中插入[356]。

2003 年，Furuyama 等人也[357]研究了 FI - Ti 催化剂烃取代基对催化乙烯聚合性能的影响，结果见表 6 - 6。表中数据说明，对于 FI - Ti 催化剂来说，R_1 取代基体积的大小对催化剂的活性和聚合物相对分子质量确实有明显的影响。R_1 为 H 时，配合物 A 显示中等催化剂活性 38kg/(mol cat·h)，M_w 为 66000；R_1 为 Me 时，配合物 B 显示催化乙烯聚合活性 246kg/(mol cat·h)，得到 M_w 为 402000 的聚乙烯；R_1 为更大体积的 $SiMe_3$ 时，配合物 C 催化乙烯聚合活性达到 2666kg/(mol cat·h)，得到 M_w 为 1105000 的聚乙烯；随着 R_1 取代基体积增大，聚合活性和聚合物相对分子质量大幅增加，配位基 R_1 的大小对 FI - Ti 催化剂的活性也有很大的影响。这种情况和对应锆配合物催化乙烯聚合的情况相同[358,359]。

表 6 - 6 FI - Ti 催化剂的配位基 R_1 对乙烯聚合结果的影响[①]

催化剂	结构式	R_1	R_2	R_3	活性/[kg/(mol cat·h)]	$M_w \times 10^{-4}$	M_w/M_n
A		H	H	H	38	6.6	3.13
B		Me	H	H	246	40.2	1.54
C		$SiMe_3$	H	H	2666	110.5	2.51
D		t - Bu	H	H	3240	128.1	2.55
E		t - Bu	H	Me	301	35.5	2.14
F		t - Bu	H	i - Pr	186	29.6	1.29
G		t - Bu	Me	H	1710	109.6	2.35
H		t - Bu	t - Bu	H	2468	113.3	2.35

① 聚合条件：配合物 5μmol；DMAO 1.25mmol；乙烯 1atm，100L/h；甲苯 250mL；温度 25℃；时间 30min。
② R_3 是苯胺配位基的邻位取代基。

（2）R_3 配位基的影响

对于 R_3 配位基来说，锆和钛两个体系的 FI 催化剂情况是不同的。对于 FI - Zr 催化剂的情况是：R_3 配位基的空间体积越大所得到的聚乙烯相对分子质量也越大，它可以在 1400 ~ 2200000 的范围内控制。分析其主要原因是 R_3 配位基团的空间体积大小对阻止 β - H 消除反应起了关键作用。

而 FI - Ti 催化剂则与 FI - Zr 催化剂情况不同，表 6 - 6 中 D、E、F 三个配合物的数据表明，在 R_1 的配位基均为 t - Bu 的情况下，R_3 配位基的邻位取代基 R_{3-1} 为甲基时，乙烯聚合活性为 301kg/(mol cat·h)，聚合物的相对分子质量 M_w 为 355000，其活性和相对分子质量比催化剂 D(R_{3-1} = H)都低。而 R_{3-1} 为异丙基的配合物则更低(活性为 186kg/(mol cat·h)，M_w 为 296000)。这说明 FI - Ti 催化剂 R_{3-1} 取代基团的空间体积加大对配合物的催化活性和聚合物相对分子质量的提高不利，与前面对应锆配合物的情况正好相反[358]。

（3）R_2 配位基的影响

表 6 - 6 中 D、G、H 三个配合物的数据表明，R_2 配位基对催化活性有影响但对聚合物相对分子质量影响很小。G 的 R_2 配位基为甲基时乙烯聚合活性为 1710kg/(mol cat·h)，而

H 的 R_2 配位基为异丙基时聚合活性为 2468kg/(mol cat·h)，都比 D 的 R_2 配位基没有取代基的活性 3240kg/(mol cat·h) 小，原因是 R_2 取代基离金属活性中心的距离较远，对乙烯插入到聚合活性链的阻碍很小。

6.5.2.3　FI 催化剂苯胺上 F 和 CF_3 取代基的影响

一般烃基取代的 FI-Ti 催化剂活性比相对应的茂金属催化剂活性低。Ishii[360] 通过调整苯胺上的取代基，引入了强吸电子的 F 和 CF_3 基团，使催化剂的乙烯聚合活性大幅度提高。采用 F 和 CF_3 取代基的钛配合物，随着含氟数量的增加，活性和相对分子质量明显增大，它与茂金属催化剂茂环上引入了强吸电子取代基后，催化剂活性大大降低的情况正好相反。

表 6-7　苯胺上 F 和 CF_3 取代基对乙烯聚合的影响

配合物	R	活性/[kg PE/(mmol cat·h)]	$M_v/10^4$	配合物	R	交差频率/[1/(min·atm)]	$M_n/10^4$	M_w/M_n
I	(苯基)	3.58	32.6	N	$F_2C\cdots CF_2$ (环己基)	40.3	136.5	—
J	(对-F 苯基)	3.96	41.9	O	(邻-F 苯基)	76	1.3	1.06
K	(3,5-二F 苯基)	34.8	62.3	P	(2,3-二F 苯基)	492	6.4	1.05
L	(2,3,4-三F 苯基)	43.4	37.8	Q	(2,4,6-三F 苯基)	1440	14.5	1.25
M	(CF 苯基)	3.6	54.2	R	(五F 苯基)	21500	42.4	1.13

注：I~N 配合物的聚合条件：甲苯 250mL；催化剂 0.5~5.0mmol；MAO 1.25mmol；聚合时间 5min，聚合温度 25℃，0.1MPa 乙烯，加料速度 100L/h。

O~R 配合物的聚合条件：催化剂 0.4~5μmol；MAO 1.25mmol，聚合温度 50℃；0.1MPa 乙烯，加料速度 100L/h，甲苯 250mL。

对该类催化剂烯烃聚合的研究证明，这种新型 FI-Ti 配合物在活性聚合领域有明显的效果。氟化双(苯氧基亚胺)Ti 配合物能够实现乙烯和丙烯的活性聚合，除了能生成单分散性聚乙烯和间规聚丙烯外，还能生成乙烯和丙烯的嵌段共聚物[361]。

有些带有强吸电子基团的 FI 催化剂，在常温甚至 70℃ 下，能催化烯烃的活性配位聚合。

6.5.2.4　FI 催化剂中芳胺和环己胺对乙烯聚合的影响

Matsui 等人的研究还发现，FI-Ti 催化剂中的苯胺换成环己胺时，催化剂的活性大幅度增加，但是聚合物的相对分子质量变化不大[359]。例如锆配合物 I（图 6-14）在 25℃、常压下，用 MAO 活化，乙烯聚合的活性为 2096kgPE/(mmolcat·h)，PE 的黏均相对分子质量

M_v 为 18000。而锆配合物 II 在相同条件下，活性为 4315kgPE/(mmolcat·h)，黏均相对分子质量 M_v 为 15000，超过配合物 I 一倍。但是钛配合物 III/IV 的实验结果是，有苯胺结构的钛配合物 III 的活性为 44.6kgPE/(mmolcat·h)，M_w 为 464000。而有环己胺结构的钛配合物 IV 的活性为 21.4kgPE/(mmolcat·h)，M_w 为 625000，有苯胺结构的钛配合物 III 的活性反而高出一倍多。

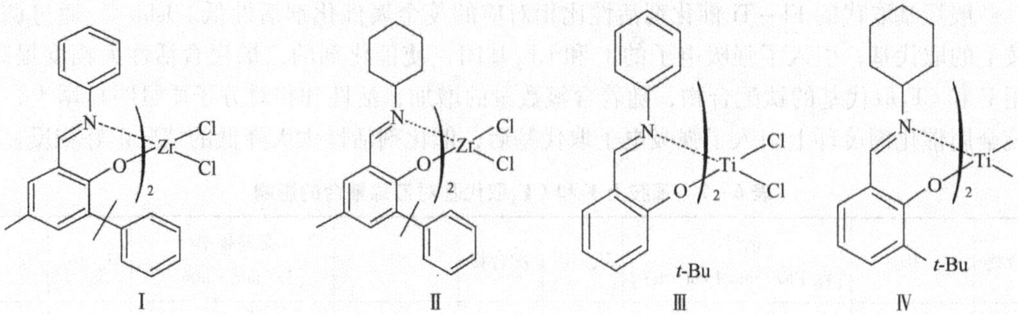

图 6 - 14　几种锆配合物的几何构型

6.5.2.5　FI 催化剂聚合物的相对分子质量

在聚合物的相对分子质量方面，此催化剂体系在用于乙烯聚合制备高密度聚乙烯时，可以通过改变配位体的取代基结构来改变聚乙烯的相对分子质量大小，特别是在亚胺取代基部分（R_3）引入邻位带有烷基的苯基，可以大幅度地提高相对分子质量。其原因是引入带有烷基的苯基增大了活性中心附近的空间，抑制了 β-H 脱除的链转移反应。这里链转移反应发生的难易程度与聚合活性种的中心金属和聚合物链的 β-H 之间相互作用的强度是一致的。即这种相互作用越弱，就越难以发生链转移反应，因而容易生成高相对分子质量聚合物。作为这种相互作用强度的指标，可通过计算求出与 β-H 相互作用的稳定化能（ΔE_β）。其结果表明：得到高相对分子质量聚合物的配合物产生活性中心的稳定化能要比得到低相对分子质量聚合物的配合物产生活性中心的稳定化能低，β-H 相互作用弱。而弱 β-H 相互作用难以发生链转移，其结果相对分子质量大幅度提高。

不同取代基配位体结构与聚乙烯相对分子质量 M_v 的关系[362]见表 6 - 8。

表 6 - 8　FI - Zr 催化剂 R_1 及 R_3 配位基对聚乙烯相对分子质量的影响

分子结构	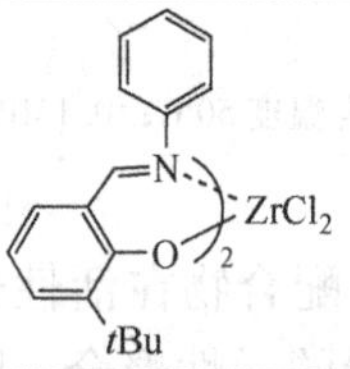	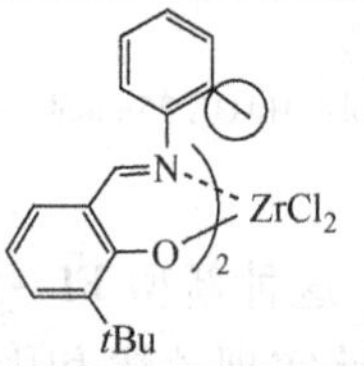	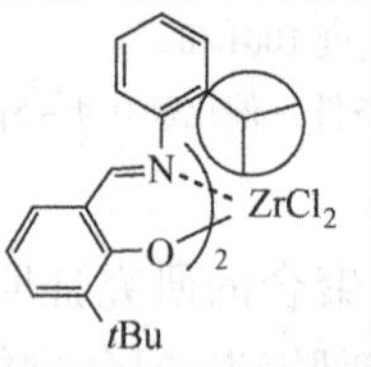	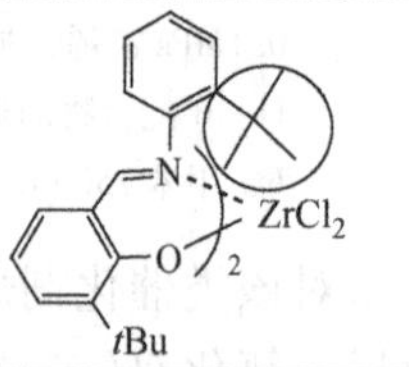
M_v	0.9×10^4	32×10^4	113×10^4	$> 274 \times 10^4$
分子结构	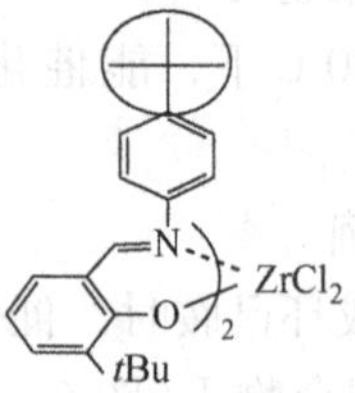	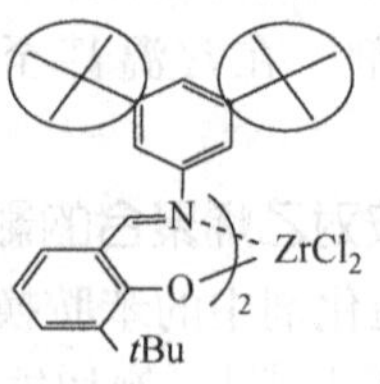	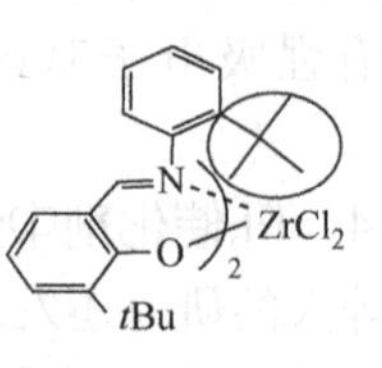	
M_v	0.7×10^4	2.6×10^4	$> 274 \times 10^4$	

续表

分子结构				
M_v	113×10^4	153×10^4	$> 220 \times 10^4$	

从表 6-8 可以看到，对于 FI-Zr 催化剂在亚胺部分引入的配位基——苯基（R_3）来说，只有在邻位上有大体积取代基（R_{3-1}）时，才对聚合物的相对分子质量有明显影响，M_v 可以达到 1×10^6 以上，文献中[363]最高的相对分子质量甚至可达 5×10^6（PE）或 10×10^6（EPR）。而如果取代基的位置是在间位或对位上，那就起不了什么作用，相对分子质量很低。

相反，如果配位基（R_3）的体积很小，则只能得到低相对分子质量的聚合物。按照表 6-8 第一行催化剂的结构，如亚胺部分的取代基（R_3）为甲基时聚合物的 M_v 只有 2600，为乙基时 M_v 只有 5300，为环戊基时 M_v 也只有 2600，而为环丁基时 M_v 更是只有 1400。

但是，对于 FI-Ti 催化剂配位基上的取代基，它对催化剂的活性却有不同的影响。例如当亚胺部分引入的苯基（R_3）的邻位取代基 R_{3-1} 为甲基时，聚合活性为 0.3kg/（mmol cat·h），所得聚合物的相对分子质量 M_w 为 355000，而 R_{3-1} 为异丙基时，则聚合活性仅为 0.186kg/（mmol cat·h），而聚合物的相对分子质量 M_w 为 296000，聚合活性和相对分子质量都随取代基体积的增大而下降了。其原因可能是由于钛配合物受到的屏蔽作用比较大，R_{3-1} 位引入甲基和异丙基后，会妨碍乙烯单体接近活性中心并影响链增长反应使其相对减慢，结果导致聚合物相对分子质量下降。另外，苯氧配位基邻位的取代基（R_1）的体积大小，对聚合物的相对分子质量也有较大的影响。

这些结果表明，FI 催化剂不用氢等链转移剂就可以任意地制得低相对分子质量 PE 到高相对分子质量 PE 等相对分子质量范围很宽的聚合物，它是一种独一无二的烯烃聚合催化剂。

6.5.2.6 助催化剂对 FI 催化剂的影响

对于茂金属催化剂来说，所使用的助催化剂主要是 MAO 或硼的化合物。而对于 FI 催化剂来说，除了 MAO 或硼的化合物以外还可以使用 $MgCl_2/iBu_mAl(OR)_n$ 作助催化剂。

使用助催化剂 MAO 的 FI-Zr 催化剂，在常压、50℃条件下，得到的聚乙烯相对分子质量为 8000。而如果将助催化剂 MAO 改换为 $Al(i-Bu)_3/Ph_3CB(C_6F_5)_4$，则得到的聚乙烯相对分子质量可以达到 5050000 的惊人结果，且聚合活性也较高[364]。另外，如果将 FI-Zr 催化剂的 R_1、R_2、R_3 三个取代基分别改为三乙基硅烷基、甲基和甲氧基，采用同样的助催化剂 $Al(i-Bu)_3/Ph_3CB(C_6F_5)_4$，得到的聚乙烯相对分子质量可以高到无法测量。可见助催化剂对 FI 催化剂影响之巨大。

另外，$MgCl_2/iBut_mAl(OR)_n$ 助催化剂虽然作用没有 $Al(i-Bu)_3/Ph_3CB(C_6F_5)_4$ 那么巨大。但是它不但合成简便，而且聚合效果也很好，其乙烯聚合结果见表 6-9。

表6-9　助催化剂 $MgCl_2/iBu_mAl(OR)_n/FI-Ti$ 催化剂的乙烯聚合效果[①][365]

催化剂	助催化剂[②]	活性/[kg/(mmol·h)]	M_w[③]$\times 10^3$	M_w/M_n[③]
1	$MgCl_2/iBu_mAl(OR)_n$	36	509	2.66
2	$MgCl_2/iBu_mAl(OR)_n$	21	596	2.67
3	$MgCl_2/iBu_mAl(OR)_n$	36	231	2.40
1	MAO	45	464	2.38
2	MAO	21	625	2.74
3	MAO	99	229	2.07

催化剂1：R_1为tBu，R_3为Ph；催化剂2：R_1为tBu，R_3为环己基；催化剂3：R_1为Ph，R_3为Ph。

① 聚合条件：50℃，乙烯0.9MPa，30min，催化剂0.5μmol。

② $MgCl_2/iBu_mAl(OR)_n$：$MgCl_2$0.4mmol；EHA2.4mmol；iBu_3Al2.4mmol；MAO1.25mmol。

③用GPC测定。

表6-9的数据显示，除催化剂2以外，此助催化剂体系仅是在聚合活性方面不如MAO的效果，而在相对分子质量M_w和相对分子质量分布M_w/M_n方面都和MAO相当，使用MAO的M_w/M_n值为2.07~2.74，而使用此助催化剂的M_w/M_n值为2.40~2.67。另外，尽管使用了$MgCl_2$作载体，但仍为窄相对分子质量分布。

此助催化剂的最大特点是原料方便易得，合成配制非常简单，制造成本远低于MAO或硼的化合物，是一种很有发展前途的助催化剂体系。

第7章 聚乙烯的聚合工艺技术

根据石油化工产品工艺手册2005年的报告[366]，目前世界上大约有十五种主要的聚乙烯生产工艺技术。本章将按这十五种生产工艺技术摘要进行介绍。具体见表7-1。

表7-1 聚乙烯的关键工业聚合工艺技术

公司	工艺名称	产品	工艺类型	催化剂	备注
1 Basell	Spherilene *	HDPE, MDPE, LLDPE, VLDPE	气相	Ziegler - Natta	两台反应器并联或串联可生产双峰HDPE
2 Basell	Hostalen *	HDPE	淤浆	Ziegler - Natta	两台反应器并联或串联可生产双峰HDPE
3 Basell	Lupotech G	HDPE, MDPE	气相	载体Cr催化剂	用烷基铝的烷氧化物作助催化剂以最短诱导期获高活性
4 Basell	Lupotech T *	LDPE, EVA	高压管式	有机过氧化物或空气	操作压力200~310MPa
5 Borealis	Bostar *	HDPE, MDPE LLDPE	淤浆环管和立式气相	Ziegler - Natta	预聚催化剂
6 Chevron/ Phillips *		HDPE, MDPE LLDPE	淤浆环管	载体Cr催化剂 Ziegler - Natta 单中心催化剂	采用颗粒形态的催化剂及淤浆环管反应器
7 DOW	Dowlex *	LLDPE	溶液	Ziegler - Natta	可用1-癸烯做共聚单体
8 DOW	Insite	LLDPE, VLDPE	溶液	单中心催化剂几何构型控制	可用1-癸烯做共聚单体
9 DSM/ Stamicabon/	Compact *	LLDPE	高压釜式	Ziegler - Natta	使用"紧凑型工艺"的高压釜式工艺
10 ExxonMobil *		LDPE, EVA	高压釜式 高压管式	有机过氧化物	高压釜式160MPa 高压管式280MPa
11 INEOS *	Innovene	LLDPE	气相	Ziegler - Natta	催化剂是由Naphtachemie开发
12 Mitsui *	CX	HDPE, LLDPE	淤浆	Ziegler - Natta	
13 NOVA *	Sclairtech	HDPE, LLDPE VLDPE	中压溶液	Ziegler - Natta 单中心催化剂	两个CSTR可并联或串联生产宽范围产品
14 Polimeri	Europe *	LLDPE, LDPE, EVA	高压釜式及管式(分别)	有机过氧化物 Ziegler - Natta	高压工艺200~300MPa生产LD和(也可用EAA、EMA)50~80MPa生产LLD
15 DOW Univation	Unipol① Technologies	HDPE, MDPE LLDPE	气相	Ziegler - Natta 载体Cr系单中心催化剂	采用专有催化剂，可采用Proprietary生产双峰聚乙烯

① 此工艺原来由加拿大的杜邦公司开发。

各种聚乙烯工艺过程对不同聚乙烯品种的适应性见表7-2。

表7-2　各种聚合工艺过程对聚乙烯品种的适应性

聚乙烯品种	高压法		低压法		
	反应器		淤浆法	溶液法	气相法
	管式	釜式			
LDPE	OK	OK	NO	NO	NO
LLDPE	OK	OK	OK	OK	OK
MDPE	OK	OK	OK	OK	OK
HDPE	NO	NO	OK	OK	OK
VLDPE	OK	OK	NO	OK	OK
EVA	OK	OK	NO	NO	NO
EA	OK	OK	NO	NO	NO

以下按照高压法、气相法、淤浆法和溶液法的顺序，分别介绍这些方法。

7.1　高压法乙烯聚合工艺技术

高压法聚乙烯技术是在高压条件下，用空气和有机过氧化物作为引发剂，通过产生自由基来引发乙烯聚合。20世纪30年代ICI公司开发成功了釜式反应器高压聚乙烯技术，用来生产LDPE。而BASF公司则开发成功了管式反应器高压聚乙烯技术用来生产LDPE。此后在高压聚乙烯工艺技术中就有了釜式反应器和管式反应器两种聚乙烯工艺技术。高压法两种不同反应器的乙烯聚合工艺技术见表7-3。

表7-3　高压法两种不同反应器的乙烯聚合工艺技术[1],[367]

反应器类型	釜式反应器	管式反应器
操作温度/℃	180~300	150~300
操作压力/MPa	150~300	200~450
设备特征	直径45~60cm 釜体积1.5~3m³	直径2.5~5cm 长度1000~2000m
工艺特征	带有搅拌器的连续搅动反应器 物流为全混式，分几个反应区控制 引发剂为有机过氧化物，分几个点注入 聚合在"溶液"中发生 反应的停留时间非常短(10多秒) 聚合收率10%~20% 除热方法靠低温乙烯进料冷却 聚合物有少数支链但比管式工艺的长 树脂的相对分子质量分布较窄 主要用来生产EVA	管道式反应器 物流为活塞流，分几个反应区控制 引发剂为有机过氧化物，按管长度分点注入 聚合在"溶液"中发生 反应的停留时间很短(几分钟) 聚合收率10%~20% 除热方法靠夹套冷却 聚合物的链长通常比釜式的长但支链较短 树脂的相对分子质量分布较宽

釜式反应器和管式反应器两种乙烯高压聚合工艺的流程简图如图7-1和图7-2所示。

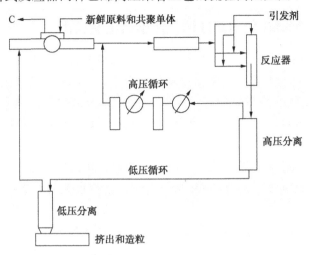

图7-1 生产低密度聚乙烯的釜式高压聚合工艺流程简图[368]

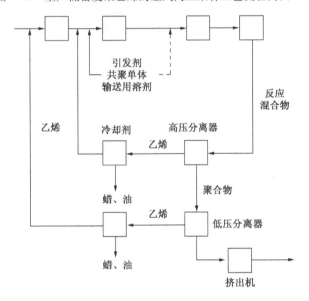

图7-2 生产低密度聚乙烯的管式高压聚合工艺流程简图[368]

高压法聚合工艺的基本参数以 Exxon Mobil 公司的数据为例，具体见表7-4。

表7-4 ExxonMobil 公司高压聚乙烯装置的基本参数

反应器类型	釜式反应器	管式反应器
操作温度/℃	200~280	200~280
操作压力/MPa	160~200	200~300
生产规模/(kt/a)	100~200	200~400
引发剂	空气、氧气(有机过氧化物)	有机过氧化物
催化剂和助催化剂	$TiCl_3 \cdot VCl_3/AlR_n$	$TiCl_3 \cdot VCl_3/AlR_n$
反应器规模	1.5~3m³	1000~2000m

高压法聚合工艺技术主要靠过量的单体乙烯带走反应热。

7.1.1　Exxon Mobil 公司高压法乙烯聚合工艺技术

Exxon Mobil 从 20 世纪 60 年代起开发了高压法乙烯聚合工艺技术，并且使用高压釜式工艺和高压管式两种聚合工艺，采用自由基引发剂生产 LDPE 均聚物和 EVA（乙烯醋酸乙烯）共聚物。釜式法的压力为 200MPa，而管式法的压力为 300MPa。该技术的特点是采用多个单体和引发剂侧线进料口的设计，单程转化率可达 34% ~ 36%，可生产 VA 质量分数达到 28% 或更高的 EVA 产品。

Exxon Mobil 高压聚乙烯工艺的优点是停留时间短，相同的反应器可以从生产均聚物切换成共聚物。均聚合物密度为 $0.912 ~ 0.935g/cm^3$，熔融指数为 $0.2 ~ 150g/10min$，醋酸乙烯含量可高达 30%。

目前，已有 23 套以上的高压法聚乙烯工艺采用此技术投入生产，单线生产能力管式法可达 350kt/a，釜式法可达 100kt/a。总产能在 1400kt/a 以上，产品包括均聚合物和 EVA 等各种共聚合物。国内有燕山（200kt/a）等装置采用此技术生产。

7.1.2　Basell 公司 LupotechT 高压法管式聚合工艺技术[368]

Basell 公司 LupotechT 利用高压管式反应器生产 MFI 为 $0.20 ~ 50.0g/10min$，产品密度为 $0.915 ~ 0.932g/cm^3$ 的 LDPE，以及醋酸乙烯（VA）质量分数高达 30% 的 EVA 和丙烯酸酯质量分数高达 20% 的乙烯 - 丙烯酸乙酯共聚物。

单线生产能力可达 320kt/a，总生产能力已超过 4800kt/a。在中国已有五套以上的 Lupotech T 装置，如大庆的 200kt/a 项目、南海一体化 Shell/CNOOC250kt/a 合资项目和南京 BASF - YPC 的 400kt/a 项目等。

7.1.3　埃尼化学公司高压法釜式聚合工艺技术

埃尼化学公司的高压法聚合工艺与 ICI 公司的工艺相似，为釜式反应器工艺（也可采用管式反应器工艺）。采用的反应器为有搅拌器的多区反应器，转化率为 16% ~ 20%，因生产的牌号不同而不同。埃尼化学公司的反应器容积最大可以达到 $3m^3$，产品范围可以扩大到 LLDPE、ULDPE 和 EVA。

埃尼化学公司利用高压釜式或管式反应器生产 LDPE 和 EVA 共聚体，LDPE 的密度为 $0.918 ~ 0.935g/cm^3$，EVA 中 VAM（醋酸乙烯单体）的含量可从 3% 到 40%。

单线生产能力可达 200kt/a，有 24 条生产线在运转或设计，总生产能力达 500kt/a。

7.1.4　DSM - Stamicarbon 公司高压法管式聚合工艺技术

DSM 公司高压法为管式反应器工艺，采用混合的过氧化物引发剂，可以得到较高的单程转化率。可生产熔融指数为 $0.30 ~ 65.0g/10min$，密度为 $0.918 ~ 0.930g/cm^3$ 的 LDPE，以及醋酸乙烯质量分数 10% 的 EVA。

单线生产能力为 $150 ~ 300kt/a$（可设计 400kt/a 的装置），全球的总生产能力超过 1800kt/a。

7.1.5　Polimeri/Europe 高压法乙烯聚合工艺技术

Polimeri/Europe 高压法聚合工艺技术分别有高压釜式及高压管式两种工艺技术。聚合压力为 200～300MPa 时生产 LDPE(也可用 EAA、EMA)，聚合压力为 50～80MPa 时生产 LLDPE。

釜式工艺技术采用的引发剂为有机过氧化物，管式工艺技术可采用 Ziegler – Natta 催化剂。

其他采用高压法工艺技术生产聚乙烯的公司还有 ICI 公司、Equistar 公司等。

7.2　低压法乙烯聚合工艺技术

7.2.1　气相法乙烯聚合工艺技术

气相法乙烯聚合工艺开始是由 Dow 化学公司的 Union Carbide(和 Exxon 合资)，和 INE-OS 公司的 Naphtachimie 开发的。典型的气相工艺一般都采用流化床反应器(也有的采用搅拌床反应器)，在温度 90～110℃和压力约 2MPa 条件下进行操作。催化剂大多采用 Ziegler 催化剂，也有的采用载体铬催化剂和单活性中心茂金属催化剂。

气相法聚合工艺代表性的工艺流程简图如图 7 – 3 所示。

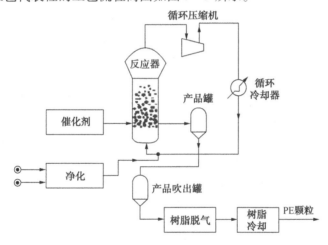

图 7 – 3　生产 LLDPE 的 Unipol 低压气相聚合工艺流程简图[368]

表 7 – 5　典型的气相法聚合工艺操作特征

项　目	指标及特点
操作温度/℃	80～110
操作压力/MPa	1～3
单线生产能力/(kt/a)	300～500
特　征	· 聚合物颗粒在气相流化床中生长，催化剂停留时间为 2～5h · 20 世纪 90 年代以前，对能使用的共聚单体有限制，现在由于"超冷凝技术"的使用共聚单体使用范围加宽，气相聚合工艺的生产能力和与高碳 α – 烯烃共聚的能力都得到了极大的扩展(如 1 – 癸烯) · 催化剂的颗粒形态和粒度分布很重要

7.2.1.1　Dow – Univation 公司的 Unipol 气相法乙烯聚合工艺技术

（1）Unipol 气相工艺及产品催化剂的开发过程

Unipol 气相工艺技术的开发过程如下：

1968 年，用直径 2.5m 的原型流化床反应器实现 HDPE 工业化。

1970 ~ 1974 年，开发出第一代催化剂，HDPE 气相工艺生产技术发放专利许可。

1975 年，1 – C_4 – LLDPE 工艺技术工业化。

1976 ~ 1980 年，开发第二代催化剂。

1977 年，宣布将所开发工艺命名为 Unipol 工艺，并开发通用 LLDPE 产品；

1980 ~ 1985，开发成功第三代催化剂并将 1 – 己烯共聚物 LLDPE 工业化，开发出高强度 LLDPE、透明级 LLDPE 加工工艺、VLDPE 树脂（密度 < 0.900g/cm^3）、高流动性 LL-DPE、超高强度高相对分子质量 HMW – LLDPE 和高抗撕裂性三元共聚物 LLDPE 等新技术和产品。

1993 年，成功地开发出 Unipol II 工艺。

1997 年，UCC 与 Exxon 公司联合成立 Univation 合资公司，Unipol 工艺技术中增加了超冷凝态技术和 Exxon 公司的茂金属催化剂，开发出了 mLLDPE 产品。由 Univation 公司全面负责 Unipol 工艺和 Exxon 公司茂金属催化剂以及超冷凝态技术的转让。

2001 年，Dow 与 UCC 合并，重新定位业务范围，全权负责 Unipol 气相法聚乙烯技术和催化剂转让。从此，Unipol 就将本身的气相流化床工艺技术和 ExxonMobil 公司的茂金属催化剂以及超冷凝聚合工艺技术结合在一起，形成了自己的技术优势。

现在 Unipol 工艺的单线生产能力可达 500kt/a。全世界已有 90 余条生产线在运转，在建和已经投产的生产能力达到 14500kt/a 以上。

国内采用该技术的装置很多[369]，扬子石化（200kt/a），茂名石化（170kt/a），吉林石化（200kt/a），兰州石化（300kt/a），天津石化（120kt/a），中原石化（200kt/a），广州石化（200kt/a），大庆石化（85kt/a），齐鲁石化（120kt/a），福建石化（300kt/a），镇海石化（450kt/a），神华煤化（300kt/a）12 套装置。

（2）Unipol 气相聚合工艺技术的特点

采用高活性催化剂，以高纯度乙烯为原料，用 1 – 己烯或 1 – 丁烯作为共聚单体，不需要溶剂，在约 80 ~ 110℃和 2.5MPa 的压力条件下，采用流化床反应器进行气相聚合，得到线型低密度 LLDPE 或中、高密度 HDPE 聚乙烯产品。产品的密度为 0.915 ~ 0.970g/cm^3，MFR 为 0.1 ~ 200g/10min。

Unipol 气相工艺技术的特点是：流程比较简短，设备较少，材质要求不高。操作条件比较缓和，无高温、高压，没有超压的危险。自动化水平高，三废少，对环境影响小。催化剂的"杀死"采用透平方案，可以解决停电时杀死剂的扩散问题。出料方式为间歇交替式。

该工艺通过所用催化剂型号和循环气体的组分来控制产品性能。催化剂有铬系、钛系和茂金属等不同类型催化剂体系的型号，可以通过不同的催化剂来决定产品的相对分子质量分布，由循环气体中的共聚单体量决定产品的密度，由氢气的数量决定树脂的熔融指数（相对分子质量）。通过分析仪器和计算机形成的闭路控制系统可以控制产品的质量。

还可以用 Prodigy 双峰催化剂在 Unipol 气相生产装置上用单反应器生产出双峰 HDPE 树脂。所生产的树脂具有优异的加工能力和物理性能之间的平衡。此结果表明这种双峰 HDPE 达到甚至超过现有用多反应器生产的相应树脂的性能。

（3）Unipol II 气相聚合工艺技术的特点。

Unipol II 气相聚合工艺的最大特点是，采用了冷凝态和超冷凝态进料的流化床技术，突破了循环气流进入反应器必须高于其露点温度 3 ~ 10℃ 的操作限制，允许循环气流在露点温度以下进入气相床反应器，让循环气流中存在冷凝液，进入反应器后，在反应器内吸收大量聚合反应热后汽化，这样可以极大地提高流化床聚合装置的生产能力。该技术可以使反应器的生产能力提高 1 ~ 4 倍。

目前采用超冷凝态流化床技术的公司除了 Dow 公司的 Unipol 技术外，还有 ExxonMobil、INOES（BP）等公司，它们的技术情况如表 7 - 6 所示。

表 7 - 6　UCC、BP、Exxon 公司气相法的冷凝态技术比较

项　目	100% 气体	加 5% ~ 10% 液体	加 15% ~ 20% 液体	加 30% ~ 50% 液体
操作者或开发者	UCC	UCC	UCC、BP	EXXON
能力/（kt/a）	100	150	200 ~ 300	350 ~ 500
能力增加/%		> 50	> 100	> 200
时空产率/[kg/(h · m³)]	55	124	193	323

另外，该工艺是由两个气相流化床构成的聚合工艺技术，通常第一个流化床反应器要比第二个小，两个气相流化床可以用串联的方式连接。一般的聚合操作是先在第一个流化床反应器中生成高 MI 值、低相对分子质量的共聚物，然后此共聚物和催化剂等一起进入第二个流化床反应器，进一步聚合成低 MI 值、高相对分子质量的共聚物产品。这两个流化床反应器的反应条件见表 7 - 7。

表 7 - 7　两个流化床反应器的大致反应条件[370]

项　目	低熔融指数反应器	高熔融指数反应器
停留时间/h	2 ~ 5	2 ~ 5
流化气速/（ft/s）	1.5 ~ 2.5	1.5 ~ 2.5
共聚物含量/%	40 ~ 70	20 ~ 75
（以两个流化床反应器生成共聚物的总质量计）		

Unipol II 聚合工艺可生产两种特色产品：

①"易流动 LLDPE"。该产品的流动性能类似 LDPE 树脂，可以直接用 LDPE 的挤出生产线进行加工，成品的落镖冲击强度提高 43%。

②"超强 LLDPE"。比目前所生产的 Unipol 共聚物的落镖冲击强度提高了 270%。

（4）Unipol 气相聚合工艺所使用的催化剂体系

Unipol 工艺使用的催化剂主要包括钛/镁体系、钒体系、铬体系和后来开发的茂金属催化剂体系，并使用 M、T、F 和 S 等符号来加以表达。具体情况见表 7 - 8。

表7-8 Unipol 工艺所用催化剂的编号及其相对分子质量分布、密度和 MI

聚乙烯品种	催化剂		相对分子质量分布	密度/(g/cm³)	MI/(g/10min)
	代 号	催化剂//助催化剂			
HDPE	S-9[UC1-]（铬系）	二茂铬/THF（或烷基硅氧烷）/SiO₂//AlEt₂(OEt)	7~15	0.940~0.965	0.05~1.0
	S-2[UC2-]（铬系）	(Ph₃Si)₂CrO₂/SiO₂//AlEt₂(OEt)	15~25	0.940~0.965	0.01~50
LLDPE	M-(A)[UC3-]（钛系）	(TiCl₄-MgCl₂-THF)络合物/SiO₂及改进体系//AlEt₃等	2.8~3.4	0.88~0.97	0.5~100
	T-1[UC4-]（钒系）	Ti-Mg/SiO₂	3~5	0.918~0.934	0.1~50
		VCl₃-THF/SiO₂改性剂 CHCl₃等//AlEt₃等	14~22	0.86~0.96	0.1~500
		V/SiO₂	20~40	0.915~0.935	<1~10
	F-1[UC5-]（铬系）	氧化铬-钛酸酯-(NH₄)₂SiF₆/SiO₂//热活化 AlEt₂Cl 或 BX₃	6~20	0.910~0.935	0.1~2
		Cr/SiO₂	5~15	0.915~0.940	0.1~2
mLDPE/LLDPE	XCAT-HP	茂金属	适宜生产膜类树脂包括高负载包装膜、抗粘连膜、流延膜等，具有良好的抗冲击性、透明性和阻隔性，可以替代原来 LLDPE/LDPE 共混产品		
mLLDPE	XCAT-EZP	茂金属	主要特点是改进了 mLLDPE 树脂的加工性能 可直接使用 LDPE 的挤出加工设备，用作热封层材料，用量少且热封温度可降低 5~10℃		
双峰 HDPE	Prodigy BMC-100 BMC-200	双峰催化剂 (Ti-V)(Zr-V)	35~170[369]（熔流比）	0.945~0.959[369]	2~20[369]

Unipol 工艺技术在全世界推广后，其对工业装置所使用的催化剂采取统一称呼为：UC-AT，包括 A、B、G 和 J 等牌号。各个牌号所表达的含义见表7-9。

表7-9 Unipol工艺现在所用催化剂牌号的含义

聚乙烯品种	催化剂		相对分子质量分布	密度/(g/cm³)	MI/(g/10min)
	牌号	催化剂/助催化剂			
注塑产品	UCAT A (钛系)	氯化钛/氯化镁/ED反应络合物载负在多孔硅胶上与有机铝化合物助催化剂组成钛/镁催化体系	2.7~4.1	0.910~0.950	0.5~100
	UCAT J(钛系)	钛系Z/N催化剂(MgCl₂/TiCl₃/THF的络合物)正己基铝和一氯二乙基铝为助催化剂	同UCAT A	分<0.945和>0.945两类	同UCAT A
薄膜、吹塑、管材产品	UCAT B (铬系)	载负在硅胶上干粉状的铬催化剂UB400型 UB300型	9~15	0.935~0.965 0.915~0.922	60~90
	UCATG (铬系)	载负在硅胶上的干粉状铬/烷基铝催化剂	12~30	0.930~0.962	90~120

（5）Unipol工艺所使用催化剂的比较

① 催化剂 UCAT J 与 UCAT A 的比较[371]：

a. 外观：J催化剂为淤浆状，而A催化剂为干粉状。

b. 载负情况：J催化剂不需要用载体，而A催化剂需要用硅胶做载体。

c. 聚合活性：J催化剂的活性是A催化剂的4~6倍。

d. 激活性能和半衰期：J催化剂的激活期较长，约0.3~1h，半衰期也较长，而A催化剂的激活期和半衰期较短，注入反应器后可很快进行反应，停止注入后反应很快消失。

e. 还原情况：A催化剂本身是已经经过还原的，而J催化剂催化剂是在进料过程中进行还原。而且对于密度>0.945g/cm³的产品不需要还原，只是密度<0.945g/cm³的产品需要还原。目的是控制粒型和表观密度。

f. 产品性能：因为J催化剂的活性高，所生产产品的平均颗粒尺寸小，灰分少，加工性能好。

g. 催化剂残渣：J催化剂的催化剂残渣少，但同样浓度的毒物对J催化剂的影响比A催化剂大。

h. 工艺控制要求：生产同一牌号产品，J催化剂所需的助催化剂三乙基铝少，所需的氢气用量要少10%~30%，工艺设备比A催化剂少，所以经济效益也比A好。

i. 产品质量：A和J催化剂主要用于制备薄膜级和注塑级LLDPE、滚塑级MDPE及注塑、撕裂膜 HDPE 等产品，J 催化剂产品的质量要比 A 催化剂的好。

② 催化剂 UCAT B 与 UCAT G 的比较：

UCAT B 和 UCAT G 都是载体铬系催化剂，最大特点是相对分子质量分布要比 UCAT J 和 UCAT A 催化剂宽，MI 也比较高。对于 UCAT B 和 UCAT G 催化剂来说，G 催化剂所生产聚合物的 MWD 和 MFI 比 B 催化剂更宽和更高。Unipol 不同过渡金属催化剂性能比较见表 7 – 10。

表 7 – 10　Unipol 不同过渡金属催化剂性能的比较

催化剂	助催化剂	活性	H_2敏感性	MWD	α – 烯烃的反应性	衰减速率	聚合物不饱和性
$Ti/Mg/ED/SiO_2$	R_3Al	高	中	窄	中	中	低
$VCl_3(THF)_3/SiO_2$	$R_3Al + RCCl_3$	高	高	中 – 宽	高	低 – 中	很低
CrO_3/SiO_2	—	高	低	中 – 宽 宽	高	很低	每个分子有一个 C = C

（6）Dow 化学公司的单活性中心催化剂

Dow 化学公司也开发了自己的单活性中心催化剂，具体情况如下：

Dow 公司 1993 年开发了限制几何构型催化剂，商品名为"Affinity"，用于生产乙烯 – 辛烯共聚物。辛烯含量为 10% ~ 19% 的是塑性体（POP，商品名 Affinity），密度：0.88 ~ 0.95g/cm³，MI 0.5 ~ 30g/10min。辛烯含量为 20% ~ 30% 的是弹性体（POE，商品名 Engage）。

Dow 公司的限制几何构型单中心催化剂是含 N、Si 桥键的茂金属化合物[372 ~ 374]，其结构见图 7 – 4。

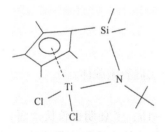

图 7 – 4　乙烯溶液聚合所使用的限制几何构型催化剂 CGC 的结构图

CGC 催化剂是以过渡金属元素为基础，与杂原子（N）结合的单环戊二烯基团形成共价键配合物，图中 Ti 也可以是 Zr、Hf 等过渡金属元素。该体系以 MAO 和路易斯酸 $B(C_6H_5)_3$ 等为助催化剂。由于加入了硼化合物，催化剂的性质向阳离子型偏移，产生了一系列的特别作用，如使聚合产物的几何构型受到制约、能均匀地引入单体和长支链、改进了线型聚合物的加工性能，解决了产品窄 MWD 和加工性能之间的矛盾。催化剂活性也比一般的 MAO 体系高。而催化体系 $N(T – Bu)Me_2Si(Me_4Cp)TiCl_2/B(C_6H_5)_3$ 则可以不使用 MAO，但又具有较高的活性。

Dow 公司的 mPE 产品流变性好，高熔融指数时的弹性摸量高，产品的透明性好，雾度低。

7.2.1.2　Ineos 公司的 Innovene PEg 气相法聚合工艺技术

Innovene 的气相法聚合工艺技术发展过程如下：

1975 年，Naphtachimie（石脑油化学）开发了催化剂技术并在法国 Lavera 建成 25kt/a 生产装置。

1984 年，BP 公司将 Lavera 的生产装置扩建成 275kt/a。

1998 年，BPChemical 与 Amoco 公司合并。他们用 Innovene 气相法工艺和 DOW 公司的 Insite 技术合作，开发成功了采用单活性中心催化剂生产的 LLDPE。主要产品一种是高性能的线型低密度 HPLLD 吹塑和流延膜，目标是具有优异机械性能和光学性能的 HAO - LLDPE 和茂金属树脂。另一种是加工性能好，膜泡稳定，加工性能类似 LDPE 的树脂。

2005 年，BP 公司将烯烃和衍生物部分卖给 Ineos 公司，由 Ineos 负责发放 InnovenePEg 气相法聚乙烯技术的对外技术许可。该技术可以生产与 1 - 丁烯、1 - 己烯、4 - 甲基 - 1 - 戊烯的共聚物。产品的密度为 0.917 ~ 0.962g/cm³，熔融指数为 0.2 ~ 75g/10min，相对分子质量为 3 万 ~ 25 万。催化剂采用钛系和铬系两种催化剂体系，可控制产品的 MWD。

近几年 Innovene 发放了许多专利。目前，全世界 InnovenePEg 气相法工艺技术的生产能力已经超过 8000kt/a，最大单线生产能力为 450 ~ 600kt/a。已有 40 套以上装置投入运转或建设。

国内采用该技术的装置有独山子公司的 LLDPE/HDPE 装置（120 + 300kt/a），上海赛科石化公司（300kt/a），盘锦天然气公司（125kt/a）和兰州石化公司（60kt/a）[369]等。

Innovene 气相法乙烯聚合工艺流程简图见图 7 - 5。

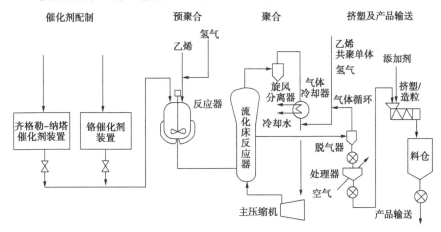

图 7 - 5　InnovenePEg 气相法乙烯聚合工艺流程简图

（1）Innovene 气相法聚合工艺特点

① 开发了预聚合技术。聚合工艺操作条件缓和，聚合温度 75 ~ 100℃，聚合压力 2.0MPa，共聚单体采用丁烯或 1 - 己烯及 4 - 甲基 - 1 戊烯等单体；

② 与 Unipol 工艺的区别是，增加了附加在反应器上的旋风分离器，可以避免反应器循环回路的粉末堵塞；

③ 使用格氏试剂为催化剂原料，催化剂性能优异，聚合反应平稳；

④ 率先使用 4 - 甲基 - 1 戊烯生产 LLDPE；

⑤ Inoes 公司的相似于冷凝态进料技术的"InnovenePEg 高产率技术"，是由专门的喷射系统将液体加入到反应器中，据称该技术可使生产能力提高 100 %以上。

（2）Inoes 公司气相法工艺使用的催化剂

① 在 80 年代，该公司开发了用有机镁化合物为原料制备的载体催化剂[375]。该催化剂采用正辛基铝活化，用 AlEt₂Cl 为助催化剂，聚合活性很高，但对于气相流化床聚合操作的稳定性有影响。

② 针对上述催化剂存在的问题，该公司又开发了预活化 $MgCl_2$ 载体催化剂[376]。即用少量的醇(乙醇、丁醇等)先将 $MgCl_2$ 进行处理，然后再用芳香酸酯给电子体(或烷基铝)进行处理，最后和 $TiCl_4$ 反应得到球型催化剂。此催化剂可用于生产 LLDPE，流动性好。

③ 适宜于工业生产使用的聚乙烯催化剂[377]。该公司所开发的适宜于工业生产使用的代表性聚乙烯催化剂，是由镁粉、碘、$TiCl_4$、$Ti(OPr)_4$ 中加入 $n-BuCl$ 而制得的球型催化剂。此催化剂的组成为：$Mg_{3.7}Ti(OC_3H_7)_2(C_4H_9)_{0.7}Cl_{7.7}$。

该公司还开发了用 $MgCl_2/SiO_2$ 复合载体制备的气相聚合催化剂[378]以提高催化剂的性能。并采用铬催化剂生产宽分子质量分布的吹塑产品。

Inoes 公司还和 Nova 公司联合开发了用于气相工艺的 Ziegler-Novacat 催化剂，包括 Novacat S、Novacat T、Novacat K 等三个品种。Novacat S 用于生产高强度己烯共聚 LLDPE 产品，Novacat T 用于生产己烯共聚 LLDPE 和丁烯共聚 LLDPE 产品。而且可以改进共聚单体的嵌入方式，具有较高的己烯嵌入率，形成"不发黏"的共聚树脂。Novacat K 用于生产丁烯共聚 LLDPE 和 HDPE 产品。

7.2.1.3 三井油化公司 Evolue 气相法聚合工艺技术

(1) 概况

1998.5 三井油化公司和住友化学公司合资成立了 Evolue 公司，并开始以 200kt/a 的规模工业生产气相法 LLDPE。其关键技术是采用两个串联的气相反应器，可以得到双峰分布或单峰分布的树脂，密度可降到 $0.9g/cm^3$。主要产品为薄膜料，代替 LLDPE。

开发 Evolue 工艺的目的是为了生产具有良好加工性能、优异机械性能(冲击性能和耐撕裂性能)以及良好光学性能的 LLDPE。用茂金属催化剂和 1-己烯共聚单体生产的专用树脂产品具有超强的强度、透明度以及可加工性能。

生产双峰相对分子质量分布聚乙烯时，首釜制备低相对分子质高结晶度的聚合物 ($MI=1000g/10min$)，二釜制备高相对分子质量低结晶度的聚合物 ($MI=0.1g/10min$)，二步组合生成双峰相对分子质量分布聚乙烯，解决产品加工性能问题。密度可以达到 $0.900 \sim 0.935g/cm^3$，MI 为 $0.7 \sim 4.0g/10min$。产品主要用来生产薄膜制品。

该公司采用两个流化床反应器的串联聚合工艺，除了可以生产双峰相对分子质量分布聚乙烯外，还可生产通用树脂、低熔融指数(较高相对分子质量)树脂和高流动性树脂。产品有使用茂金属催化剂和使用 Z/N 催化剂生产的不同牌号。利用茂金属催化剂及 1-己烯可生产具有超常的强度、透明度和加工性能的聚乙烯树脂。

(2) Evolue 工艺技术情况

① Evolue 工艺采用 M 催化剂进行生产。M 催化剂的特点是：活性高，为 Ti 催化剂的 2~5 倍，相对分子质量分布窄(约为2)，共聚性能好，产品密度低。

② 为了解决相对分子质量分布窄的问题，目前的做法是采用多段聚合方法。还可以考虑改变催化剂中的配位体来解决。

③ M 催化剂的具体特征如下：

a. $MWD \approx 2$；

b. 长支链：$0.5 \sim 1$ 个/5000~10000 个单位(一般 LDPE 为 1~2 个)。长支链的长度稍短，大约为 100 个 C，可根据 M_w、M_n、M_z 等来确定；

c. 尾端分子(晶区间的连接分子)比一般的 Z/N 催化剂高一倍，所以树脂的机械性能好，具体表现在：透明性好（晶核小），低温性能好，冲击强度高，耐环境应力开裂性能好，拉伸断裂强度高，低分子溶出物少；

d. 树脂价格与原来的 $C_6 \sim C_8$ 的 LLDPE 价格相近或略低。

7.2.1.4 Basell 公司的 Spherilene 气相法聚合工艺技术

Spherilnen 气相工艺技术是由 Montell 开发并工业化的聚乙烯气相聚合工艺技术。它的技术核心由钛/镁球型催化剂、环管反应器淤浆预聚合、本体聚合及串联的密相流化床反应器等构成。可生产各种牌号聚乙烯产品，包括 ULDPE、LLDPE、MDPE 和 HDPE 等。

Spherilene 气相法聚合工艺技术的发展过程：

1980 年，该公司致力于淤浆环管工艺和气相流化床工艺相结合的新聚合工艺技术开发研究，开发了用于生产聚乙烯的 Spherilene 聚合工艺和生产聚丙烯的 Spheripol 聚合工艺。

1990 ~ 1993 年，该公司在中试和 Cattallog 工业装置上研究开发 HDPE 和 LLDPE 产品。

1994 年，Spherilene 聚乙烯生产工艺技术由 Montell 公司开发成功，在美国 Lake Charles 工业化。

1999 年，Montell 公司和 Elenac（Shell 和 BASF 的合资公司）协议组成合资公司，Spherilene 气相工艺技术由 Montell 公司提供，催化剂及工艺专利技术由 Elenac 公司提供。

2005 年，Basell 与 Lyondell 合并组成 LyondllBasell（LBI）公司。该公司将 Lupotech G 工艺与 Spherilene 工艺并入统一的气相工艺技术，并以 Spherilene 命名，包括 S 和 C 两种工艺。

Spherilene S 工艺为有预聚合单元的单聚合反应器工艺，生产单峰聚乙烯产品。而 Spherilene C 工艺为有预聚合单元的双聚合反应器的串联聚合工艺。该工艺的流程为，在轻质惰性烃类存在的条件下，催化剂和单体先进行本体预聚合，然后进入两台气相聚合反应器进行聚合反应。第一台气相反应器采用循环气体冷却器散热，然后进入第二台气相反应器。因为有两台聚合反应器，所以可生产双峰共聚产品和特种聚合物，也可生产三元和四元共聚物，包括 HDPE、LLDPE、VLDPE 和 ULDPE。产品可以不造粒，直接得到球形树脂。其工艺流程见图 7 - 6。

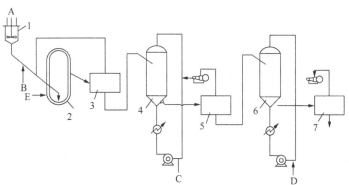

图 7 - 6 Basell - Spherilene 乙烯气相聚合工艺流程简图[379]

A—预接触器加入催化剂组分；B—预接触催化剂进入预聚合反应器；
C—烯烃、氢气和丙烷加入反应器；D—氢气和丙烷加入反应器；1—催化剂
组分预接触器；2—预聚合反应器；3—固体 - 流体分离器；4—第一气相反
应器；5—固体 - 流体分离器；6—第二气相反应器；7—固体 - 流体分离器

该技术的特点如下：

① 由非常灵活的模块化工艺构成，模块化的概念便于未来的发展并且简化了流程。

② Spherilene 工艺在反应器中都使用丙烷作惰性反应介质，这是因为传热能力与气体密度成正比，所以丙烷可以改善传热能力，并改善高产率下的热稳定性。

③ 可用简单的工艺步骤实现聚合物形态控制。还可以实现在转折点不需要停车和清理的在线切换。

④ Spherilene 工艺所使用的催化剂：

Spherilene 工艺采用单一体系的 Avant Z 催化剂，不需要预聚合步骤，可以生产全部的聚乙烯产品，包括 ULDPE(密度 0.890g/cm³) 以及 LLDPE 和 HDPE(密度 0.966g/cm³) 在内的全范围聚乙烯，熔融指数 0.01 ~ 100g/10min。其产品包括共聚单体为 1 - 丁烯和己烯的 LLDPE 共聚物，并可以生产窄相对分子质量分布和中等相对分子质量分布的单峰 HDPE，以及用于薄膜、吹塑和耐压管道的双峰 HDPE。其中单反应器用于单峰聚乙烯产品，双反应器用于包括双峰聚乙烯牌号在内的全部聚乙烯产品。

具体的催化剂体系如下：

(1) Spherilene 工艺采用的 Avant Z(Z/N) 催化剂

20 世纪 80 年代初开发了低乙醇含量的球型载体催化剂(MgCl₂ · nC₂H₅OH, n = 3.2 ~ 3.5)[380]。20 世纪 90 年代初在此基础上进一步改进了催化剂的制备技术，开发成功了 MgCl₂ · 3C₂H₅OH 载体的球型载体催化剂[381]。

Avant Z(Z/N) 催化剂的具体型号和特点如下：

Avant Z 230 是以氯化镁为载体的催化剂，性能稳定，具有能颗粒形态控制、高活性和在一台空反应器中开始生产的能力。用来生产窄相对分子质量分布的 LLDPE、MDPE 和 HDPE。

Avant Z 218 也是以氯化镁为载体的催化剂，用于气相聚合工艺生产宽相对分子质量分布的 HDPE。(如果有需要可以更换使用 Cr 系催化剂 Avant C)。

Avant Z 501 具有较高的催化剂活性和良好的氢调性能，可用于淤浆工艺生产双峰相对分子质量分布的 HDPE 薄膜树脂，尤其适合生产 PE100。

(2) Spherilene 工艺的 Avant C 催化剂

Avant C 催化剂是一种新的用于工业化生产 HDPE 的铬催化剂。这种催化剂可以代替用于气相和淤浆聚合工艺的钛基催化剂。这种铬基催化剂能在一步过程中生产具有宽相对分子质量分布的 HDPE，而钛基催化剂需要两步。

该催化剂还包括一种专门的多孔二氧化硅载体，用铬复合物浸渍，在氧化条件下高温煅烧活化。铬含量在 10μg/g 以下，因为铬镶嵌在聚合物中，所以不能用水将其提取出来。这种催化剂的铬是以 Cr³⁺ 盐的形式存在，不存在危险性。而且这种新催化剂比钛基催化剂便宜。

Spherilene 的 Avant C 催化剂聚合工艺条件如下：

Spherilene 的 Avant C 采用有预聚合和两个气相流化床反应器的串联聚合工艺，用来生产双峰聚乙烯和含共聚单体的双峰共聚产品，也可生产三元和四元共聚物，产品可不造粒直接得到球形树脂。

流化床的反应体积仅为通常气相流化床工艺的 1/3，不用冷凝模式即可达到同样的时空产率。过渡料比普通气相法少一半，装置投资少 20%。

聚合条件为：温度 70~100℃，压力 1.5~3.0MPa。

产品组成为：乙烯 73%~85%，丙烯 0~15%，其他共聚单体 0~15%。

产品密度为：0.89~0.97g/cm³。

产品熔融指数为：0.01~100g/10min

目前，全世界 Spherilnen 工艺技术的生产能力已经超过 3000kt/a，最大单线生产能力为 400kt/a。产品的成本除高于 Unipol 法以外，低于其他各种方法。

7.2.1.5 Exxon Mobil 公司的气相法聚合工艺技术

（1）Exxon Mobil 的气相法聚合工艺技术情况

1995 年 Exxon 公司的气相法超冷凝态进料技术（SCM）获得美国专利。该技术可以通过控制适宜的流化床密度，将进入反应器的循环气流含液量提高到 30%~50%，大量液体进入反应器可以进一步撤除反应热，生产能力可提高 200% 以上，装置的成本可以减少一半。

（2）Exxon Mobil 公司的气相法催化剂技术情况

1）Exxon 公司的聚乙烯茂金属催化剂技术的开发过程

① 1989 年宣布"Exxon Singl-site"催化剂开发研究成功。

② 1991 年在原有高压溶液法工艺上，首次采用茂金属催化剂在"Exxpol Process"装置中实现 15kt/a 规模的工业化生产，生产出牌号为"Exact"的 40 余个产品，MI 为 0.5~100g/10min，密度为 0.865~0.935g/cm³，相对分子质量分布从窄到宽，实现了聚乙烯技术的又一次突破。

③ 与三井油化公司合作共同开发了茂金属催化剂气相法聚乙烯工艺技术。在单一装置上通过催化剂和工艺的调整，可以生产出高品质的全密度聚乙烯产品。

2）Exxon 公司的聚乙烯专利茂金属催化剂技术

① 均相茂金属/铝氧烷催化剂体系。该催化剂是与 Exxon 公司"Exxpol Process"溶液法工艺相配合的溶液型催化剂。有以下类型：

a. 生产 HDPE 和 LLDPE 的改进型茂金属催化剂，如 $(n-BuCp)_2ZrCl_2/MAO$ 的甲苯溶液体系[382]催化剂和 $Me_2Si(THInd)_2ZrCl_2/MAO$ 的甲苯溶液体系[383]催化剂。

b. 生产高相对分子质量聚乙烯均聚物和共聚物的单茂金属催化剂，如 $Me_2Si(Me_4C_5)(N-t-Bu)ZrCl_2/MAO$ 催化剂，以及 $MePhSi(Me_4C_5)(N-t-Bu)TiCl_2/MAO$ 的甲苯溶液催化剂[384]；

c. 生产宽相对分子质量分布聚乙烯的混合茂金属催化剂体系，如 $(Cp_2ZrMe-Cp_2TiPh_2)/MAO$ 和 $[(Me_5Cp)_2ZrMe_2-Cp_2TiPh]/MAO$ 等双金属混合催化剂体系[385]，得到具有优良加工性能的双峰相对分子质量分布聚乙烯树脂。

d. 生产反应共混型树脂的茂金属催化剂体系，如 $(Cp_2TiPh+Cp_2ZrMe_2)/MAO$ 催化剂体系制备的 PE/EPR 共混物，$(MeCp_2ZrMe_2+Me_5Cp_2ZrCl_2)/MAO$ 催化剂体系制备的 LLDPE/EP 共混物[386]。

② 载体型茂金属催化剂体系。

a. 早期的载体茂金属催化剂[387]是将 Cp_2ZrCl_2 和 MAO 载负在经过脱水的 SiO_2 上，得到固体的 $Cp_2ZrCl_2/MAO/SiO_2$ 催化剂。使用该催化剂聚合所需的 Al/Zr 比由 1000 以上下降到 10~20，聚合物可免除脱灰处理，但是早期催化剂的聚合活性不高。

b. 使用不脱水硅胶和混合烷基铝"就地"制备载体铝氧烷 MAO/SiO_2，然后和茂化合物一起使用。具体为采用 $(i-Bu)_3Al$ 和 Et_3Al 作为混合烷基铝，与不脱水的 SiO_2 以及茂化合物 $(n-BuCp)_2ZrCl_2$ 一起制成载体茂金属催化剂[388]。该催化剂不仅使铝氧烷成本下降，而且制备催化剂的安全性和可操作性提高。

c. 用于生产高相对分子质量、颗粒型 EPDM 弹性体的球型催化剂[389]。该催化剂在乙烯预聚合后应用于淤浆法生产 EPDM，不但聚合活性高，而且连续运转稳定性好。使用桥连的茂化合物如 $Me_2Si(THInd)_2ZrCl_2$ 代替 $Si(THInd)_2ZrCl_2$ 可以加大 EPDM 的相对分子质量，降低结晶度，增加丙烯含量，使树脂的加工性能和物理性能得到改善。

7.2.1.6　北欧化工公司北星超临界 Bostar 聚合工艺技术

北欧化工公司的超临界 Bostar 工艺是 1995 年开发成功的聚乙烯生产工艺。该工艺技术采用一个环管反应器和一个气相反应器串联，特点是在临界温度和压力的条件下操作。

开发超临界 Bostar 乙烯聚合技术的目的是为克服环管反应器工艺容易形成气泡和气穴的现象，以保证环管反应器的正常运转。具体的方法是将聚合反应温度提高到高于稀释剂的临界温度，使稀释剂蒸发成为可压缩状态，这样可以避免气泡的形成。超临界丙烷环管工艺，反应器传热好，结垢明显减少，容易生产低相对分子质量产品，产品范围更宽，可用于生产双峰分布的聚乙烯树脂。

该工艺的开发研究过程是：

1985 年北欧化工 Borealis 公司开发了铬催化剂和 Z/N 催化剂，并开发北星双峰工艺中试设备；

1991 年北星双峰高密度聚乙烯在比利时工业化成功；

1995 年北星双峰建成 265kt/a Bostar 双峰聚乙烯装置，在芬兰 Pouvoo 建成投产。

北星超临界 Bostar PE 聚合工艺流程简图如图 7-7 所示。

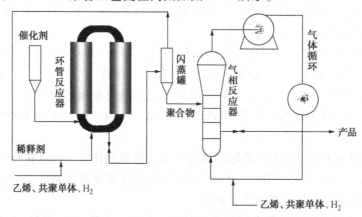

图 7-7　北星超临界 Bostar 乙烯聚合工艺流程简图

Bostar PE 工艺增加了预聚合反应器，并采用超临界条件环管浆液回路反应器和气相流化床反应器串联而成。其工艺流程为：催化剂和丙烷混合后进入预聚合反应器，同时送入助催化剂、乙烯、共聚单体和氢气。预聚合的浆液再进入浆液回路聚合反应器，在超临界条件（温度 90~109℃、压力 4.5~6.5MPa）下操作，聚合浆液的固含量为 40%~50%。经闪蒸后的聚合物送入气相流化床反应器，操作条件为 80~110℃、2.0MPa，采用冷却循环气撤热。

超临界 Bostar 聚合工艺技术的特点如下：

① 前面采用环管浆液反应器，稳定开车，牌号切换时间短。整个工艺的牌号切换时间

和单个气相反应器的切换时间相当。

② 第一个环管淤浆反应器采用超临界丙烷作稀释剂,可以生产相对分子质量很低的树脂,并容易脱除易挥发物使气相反应器顺利撤热。

③ 第二个气相反应器生产树脂具有灵活性,可以对产品共聚单体组成及性能进行调节。加入共聚单体可以使高相对分子质量组分中含有较多的共聚组分,从而使产物具有优异的性能。

④ 聚合的催化剂采用 Z/N 催化剂或单活性中心催化剂(SSC)。

该工艺可以用来生产 LLDPE 和 HDPE 及双峰树脂等产品。它用环管反应器生产低相对分子质量部分,而气相反应器用来生产高相对分子质量部分,因此该工艺可以生产从 HDPE 到 LLDPE 的全部范围的聚乙烯产品,并可生产双峰聚乙烯树脂。产品聚乙烯的密度为 $0.918 \sim 0.970 g/cm^3$,熔融指数为 $0.1 \sim 100 g/10min$。

Borealis 公司开发成功一种双峰 HDPE 树脂 Borcoat HE3450,宣称是第一例可以替代 MDPE 或 PP 的石油管道涂层的 HDPE 牌号。该树脂产品具有高产率和易加工,以及优化的厚度控制和 HDPE 的韧性相结合的能力。

Bostar PE 工艺的单线生产能力为 $250 \sim 450 kt/a$,已有多套装置投入运转或建设,目前全世界超临界 Bostar 气相工艺的 PE 生产能力超过 $2000 kt/a$。

我国采用超临界 Bostar PE 工艺的有上海石化公司($300 kt/a$)等。

除了以上各公司的聚乙烯气相法聚合工艺技术外,还有 Lupotech G 等气相法聚合工艺技术。Basell 公司声称该工艺能提供堆密度为 $0.400 \sim 0.500 g/cm^3$ 的高品质聚乙烯。

7.2.2 淤浆法乙烯聚合工艺技术

淤浆法聚合工艺技术是在惰性稀释剂中进行聚合反应的聚合工艺技术。惰性稀释剂通常都是饱和烃,对催化剂完全是惰性,聚合物在工艺温度下在其中也不溶解。

典型的淤浆法悬浮聚合工艺的操作特征如表 7 - 11。

表 7 - 11 典型的淤浆法环管乙烯聚合工艺操作特征

项 目	指标及特点
操作温度/℃	$80 \sim 110$
操作压力/MPa	$1.5 \sim 4.5$
单线生产能力/(kt/a)	$200 \sim 500$
特征	·聚合物颗粒在烃类悬浮液中生成 ·Chevron - Phillips 淤浆环管工艺催化剂的停留时间约为 1h ·可以使用很宽范围的共聚单体 ·催化剂的颗粒形态和粒度分布很重要

聚乙烯淤浆法聚合工艺流程以 Chevron - Phillips 公司的淤浆环管工艺流程介绍如图 7 - 8 所示。

下面介绍主要的拥有低压淤浆法乙烯聚合工艺技术公司的情况。

7.2.2.1 Chevron - Phillips 淤浆法环管乙烯聚合工艺技术

Chevron - Phillips 的聚乙烯淤浆法环管工艺的开发过程如下:

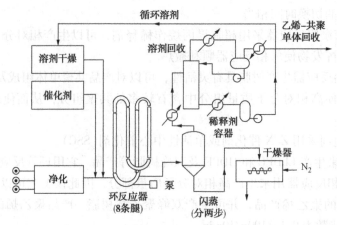

图 7 - 8　生产 LLDPE 的 Chevron – Phillips 乙烯环管淤浆聚合工艺流程简图[368]

1951 年 Phillips 研究开发了用于 HDPE 的铬系催化剂;

1956 年开发了 HDPE 溶液法生产工艺技术;

1961 年开发了 HDPE 浆液法生产工艺技术;

1979 年研究开发了齐格勒催化剂;

1990 年研究开发了淤浆法低密度线型聚乙烯技术;

1993 年研究开发了单活性中心催化剂;

1996 年首次在商业化的淤浆法环管反应器中用茂金属催化剂生产出产品;

1998 年在 Bartlesville 建立了一套茂金属催化剂生产装置,现在 Phillips 的环管聚合工艺也可以用茂金属催化剂生产 LLDPE 和 LDPE 产品;

2000 年 7 月 Chevron 和 Phillips 将他们的化学和塑料商业部分合并成立 Chevron Phillips 化学公司,该公司通过在催化剂和工艺领域广泛的工作,扩展了聚乙烯产品密度范围,并且有能力生产低密度和高密度聚乙烯树脂。

Phillips 开发的淤浆法工艺技术使用轻稀释剂和环管反应器,并采用高活性 Cr 系催化剂在异丁烷浆液中生产 HDPE 和 MDPE 产品。产品的熔融指数和相对分子质量分布可以由催化剂、操作条件和氢气调节来控制。高活性催化剂无须从产品中脱除,也没有其他的副产品生成。

聚合条件:压力 4.2MPa,温度 90 ~ 109℃,停留时间 1h。乙烯单程转化率超过 97%,固体物含量为 40% ~ 50%。

产品的密度范围为 0.916 ~ 0.970g/cm³,MFR 范围为 0.15 ~ 100g/10min,相对分子质量范围为 3 万 ~ 25 万;

Phillips 淤浆法聚乙烯聚合工艺技术可以使用铬系催化剂、Ziegler 催化剂和茂金属催化剂。Phillips 公司在 60 年前研发的铬系催化剂体系和 50 年前研发的淤浆法聚合工艺技术,当时两者相结合可以生产 HDPE,MDPE 等产品,但是不能生产 LLDPE。有了茂金属催化剂 M 催化剂以后,就可以生产 LLDPE 和 LDPE 产品了。

Phillips 的茂金属催化剂是从 600 多个化合物中挑选出来的,具有稳定性好,细粉少,不粘壁的特点,非常适合环管反应器使用。另外,还有一个特点是在聚合过程中会自动生成分布均匀的乙烯支链,因此所生产的聚乙烯薄膜的纵向及横向的性能平衡性好,而且不同的

M 催化剂可以得到不同透明度的薄膜，而且树脂中没有长支链，得到的薄膜表面平整。

可以用 E_a(kJ/mol)值来判断长支链的含量。通常 E_a 值在 20kJ/mol 左右表示没有长支链。茂金属 LLDPE 的 E_a 值为 41kJ/mol，而 LDPE 的 E_a 值为 44.5kJ/mol。

Phillips 已经工业化生产了五种类型的产品：

以铬系催化剂为基础，生产了 HDPE、MDPE、LLDPE 和 LDLPE；

以 Z/N 催化剂为基础，生产了 HDPE 和 MDPE；

以茂金属催化剂为基础，生产了 LLDPE(密度为 0.916g/cm³)。

其中 LDLPE 被 Phillips 称为低密度线型聚乙烯，具有相对宽分子质量分布，是采用乙烯与 1-己烯共聚得到的产品，密度：0.939~0.961g/cm³，熔融指数：0.15~100g/10min。

最新的技术进展是开发了原位聚合技术(即在反应器中通过乙烯三聚得到 1-己烯单体)，只用乙烯一种单体即可生产密度为 0.920~0.955g/mL 的乙烯和 1-己烯的共聚物。另外，还开发了双活性中心催化剂在单反应器中生产双峰聚乙烯产品的技术。

该环管反应器淤浆法工艺技术已有 88 条以上的生产线在运转和建设，占世界 PE 能力达 34%，生产能力已达 9000kt/a 以上。设计的单线生产规模可达 500kt/a(配合 68t/h 的挤出机)，可设计 8 条腿的环管反应器(容积约 151m³)。

国内有上海金菲石化(250kt/a)、茂名石化(350kt/a)等公司采用此技术。

7.2.2.2 三井化学公司的淤浆法 CX 聚合工艺技术

淤浆法 CX 工艺是三井石油化学工业公司的专利技术，它于 1958 年工业化。采用淤浆法 CX 工艺可生产 HDPE、MDPE 和双峰相对分子质量分布的产品。

该工艺每条生产线使用两个搅拌式釜反应器，并联或串联操作。乙烯是在温度 90℃和压力 1.03MPa 的低压条件下进行淤浆聚合。它采用高活性催化剂，以高纯度乙烯为原料，以丙烯或 1-丁烯为共聚单体，并以己烷为溶剂，经聚合得到高密度聚乙烯产品。高活性催化剂无须从产品中脱除。从浆液中分离出来的 90% 溶液，不用作任何处理就可直接循环到反应器，可生产窄或宽的相对分子质量分布的产品。产品的密度为 0.930~0.970g/cm³，熔融指数(MI)为 0.01~60.0g/10min。生产每吨共聚产品的物耗为：乙烯和共聚单体 1010kg。

串联的淤浆法聚合流程也可以生产双峰相对分子质量分布聚乙烯。首釜制备低相对分子质量的高结晶度聚合物(MI=1000g/10min)，二釜制备高相对分子质量的低结晶度聚合物(MI=0.1g/10min)，二步组合生成双峰相对分子质量分布聚乙烯，解决了产品加工性能方面的问题。密度可以达到 0.900g/mL，产品主要用来生产薄膜制品。

三井化学的 CX 工艺可以使用三种催化剂：即 PZ 催化剂、TE 催化剂和 RZ 催化剂。其中，PZ 催化剂用于生产密度 >0.955g/mL 的产品；TE 催化剂更容易让共聚单体进入，用于生产密度 <0.955g/mL 的产品；而 RZ 催化剂是后来开发的产品，其活性比 PZ 更高，性能也更好，粒经分布更窄，可以生产范围广泛的产品。

CX 工艺技术的特点是：

① 将高速气相色谱和计算机结合，形成工业色谱的闭环控制系统，及时而准确地控制产品的熔融指数和共聚单体浓度，使产品的相对分子质量和密度得到准确控制；

② 通过改变聚合流程和操作条件来实现对产品的相对分子质量分布的控制；

③ 开发了茂金属催化剂，并已经在双峰 Evolue 工艺中使用；

④ 进行了高附加值聚合物产品的开发。

以下为三井油化公司的淤浆法 HDPE 并联流程示意:

生产窄或中宽相对分子质量分布产品牌号(20~32 及 30~50),示意工艺流程为:

$$1 \text{ 釜生产高熔融指数产品}$$

乙烯、氢、催化剂 　　　　　　　　　　　　　闪蒸釜 → 离心分离 → 产品

$$2 \text{ 釜生产低熔融指数产品}$$

生产宽相对分子质量分布产品牌号(60~70),示意工艺流程为:

排出氢　　　　乙烯、氢

乙烯、氢、催化剂→1 釜极高熔融指数→第 1 闪蒸釜→第 2 釜低熔融指数→第 Ⅱ 闪蒸釜

产品←离心分离

目前大约有 35 条生产线在运转,单线生产能力达到 300kt/a 以上,总生产能力超过 4900kt/a。国内采用该聚合工艺技术的有大庆石化(80 + 140kt/a),扬子石化和燕山石化(各 140kt/a),兰州石化(70kt/a)等。

7.2.2.3 Basell 公司的 Hostalen 淤浆法乙烯聚合工艺技术

Basell 的 Hostalen 工艺技术是用于生产优质双峰高密度聚乙烯产品的低压淤浆法聚合工艺技术。

20 世纪 50 年代,德国的 Hoechst 公司第一个使用 K. Ziegler 的发明,采用淤浆法悬浮聚合工艺生产低压线型聚乙烯,经过多年的不断改进研究,开发成为现在的 Hostalen 工艺技术。

该工艺采用并联或串联的两台搅拌式聚合釜进行浆液聚合可以生产包括双峰聚乙烯产品在内的几乎所有产品,如薄膜、中空制品和管材等各种产品。聚合工艺条件为压力 1.0MPa,温度 76~85℃,停留时间约 1h,转化率 98% ~99.5%(加后反应器)。

催化剂采用 Avant Z 501 及 Z 509。该催化剂聚合活性高、氢调性能好,可生产具有优良的加工性能和力学性能的单峰和双峰相对分子质量分布的 HDPE 树脂。

树脂产品:乙烯 – 丁烯共聚物,是具有线型短支链结构的中、高密度聚乙烯。密度 0.939~0.961g/cm³,熔融指数 0.05~18.0g/10min(相对分子质量 5 万~25 万)。生产每吨共聚产品的物耗为:乙烯和共聚单体 1015kg。

能生产双峰和宽相对分子质量分布、在高相对分子质量部分有特定共聚单体含量的 HDPE 产品。

Hostalen 淤浆法聚合技术的特点:

① 双釜可并联也可串联,用于生产单峰和双峰聚乙烯树脂。三个反应器串联可生产多峰聚乙烯树脂。每个反应器单独控制,用于调节产品的组成及 MWD。

② 聚合温度和压力比较低,操作弹性高,牌号切换快。

③ 对乙烯和共聚物纯度的要求不高。

④ 采用丙烯、丁烯共聚单体可生产宽或窄相对分子质量分布的产品。

⑤ 己烷溶剂回收简单。

⑥ 采用钛系配位催化剂等高活性催化剂体系。

⑦ 新催化剂体系氢调敏感,共聚性能好,颗粒大,分布均匀,不粘壁。

⑧ 撤热手段有外盘管和外冷却器两种方式。

⑨ 没有丁烯回收。

该技术在全球有 45 条生产线在运转和建设，单线生产能力达到 400kt/a，总生产能力达到 9000kt/a 以上。国内采用该技术的有吉林石化（300kt/a），辽阳石化（70kt/a）和抚顺石化及四川石化（各 300kt/a 在建）等。

7.2.2.4 Ineos 的 Innovene PEs 淤浆法乙烯聚合工艺技术

Ineos 公司的 Innovene PEs 淤浆聚合工艺技术是 Solvay 公司在 20 世纪 60 年代开发的，由 Solvay 和 BP 公司共同拥有。2005 年 Ineos 公司收购了 BP/Solvay 合资公司的聚烯烃产业而拥有了 Innovene PEs 技术。

该工艺的特点是：

采用多个环管反应器，在 2.5 ~ 4.0MPa 和 75 ~ 110℃ 的聚合条件下，以异丁烷或己烷为稀释剂进行乙烯淤浆聚合；

采用 1 - 丁烯或 1 - 己烯为共聚单体，生产密度为 0.939 ~ 0.961g/cm³，相对分子质量为 3 万 ~ 25 万的树脂，可应用于 PE80 及 PE100 等管材产品；

国内的抚顺石化及四川石化（各 300kt/a）均采用该技术。

7.2.3 溶液法乙烯聚合工艺技术

1960 年，加拿大的杜邦公司（现在的 NOVA），采用钛基和钒基的 Ziegler 催化剂开发成功了聚乙烯溶液法工艺技术（Sclairtech）。

1972 年，DSM 公司 Compact 技术的第一套 30kt/a 装置开始生产 HDPE。

Dow 公司开发成功 DOWLEX 及 INSITE 技术的聚乙烯溶液法工艺技术。该工艺技术可以用来生产 HDPE 和 LLDPE（包括 VLDPE）。

典型的溶液法聚合工艺的操作特征如表 7 - 12 所示。

表 7 - 12　典型的溶液法乙烯聚合工艺操作特征

项　目	指标及特点
操作温度/℃	160 ~ 220
操作压力/MPa	5 ~ 50
单线生产能力/(kt/a)	~ 200
特征	·聚合物在溶液中生成 ·溶液工艺催化剂的停留时间很短（约 2min） ·所使用的催化剂和助催化剂必须具有相当好的高温稳定性 ·可以使用很宽范围的共聚单体 ·催化剂的颗粒形态和粒度分布不像别的工艺那么重要

下面介绍主要的拥有低压溶液法乙烯聚合工艺技术公司的情况。

7.2.3.1 NOVA 化学公司的 Sclairtech（AST）溶液法乙烯聚合工艺技术

NOVA Chemicals 全密度线型聚乙烯生产技术最早是由加拿大 DuPont 公司开发的。

1963 年 Du Pont 用分段式反应器生产双峰 PE，以及增韧聚乙烯、增刚增韧聚乙烯和橡胶填充聚乙烯。现在此项技术归 NOVA Chemicals 所有。

2001 年开发成功 NOVA 第二代 Sclairtech（简称 AST）的聚乙烯溶液法工艺技术。AST 工艺技术可以使用 Z/N 催化剂和单活性中心催化剂，而使用单活性中心催化剂可以生产性能优于 Z/N 催化剂生产的聚乙烯树脂。

NOVA 化学公司的 Sclairtech 聚乙烯溶液法乙烯聚合工艺流程简图如图 7 - 9 所示。

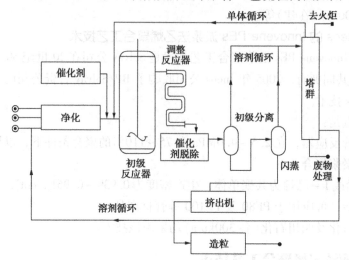

图 7 - 9　DuPont - Canada(现 Nova)公司的 Sclairtech 乙烯溶液聚合工艺流程简图

AST 溶液法工艺的特点是：采用双反应器系统，用 C_6 混合烃代替环己烷为溶剂，反应温度 200 ~ 270℃，反应压力 10 ~ 12MPa，使用先进的高活性 Z/N($TiCl_4$ · $VOCl_3$/AlR) 催化剂，在包括高强度的混合、低停留时间(2min)等多项技术组成的聚合系统中进行聚合反应。出料时在反应器的出口注入失活剂(乙醇或乙酰丙酮)终止反应。溶剂与未反应的乙烯、共聚单体经闪蒸、精制后再循环使用。单体的单程转化率高达 95%。

AST 溶液法工艺采用 1 - 丁烯和 1 - 辛烯为共聚单体，主要生产 LLDPE，也可以生产从 ULDPE 到 HDPE 全密度范围(0.905 ~ 0.965g/cm³) 的产品。熔融指数为 0.2 ~ 150g/10min，可以得到 MWD 从窄到宽的双峰分布产品，共聚单体可以实现沿主链骨架均匀分布。

AST 工艺与第一代 Sclairtech 工艺有以下差异：

① 混合烃替代环己烷作为聚合溶剂，改善了工艺状况；

② 除去的催化剂残渣不吸附溶剂，可节约投资和可变成本；

③ 反应器系统由带适当内部混合元件的双反应器组成，拓宽了聚合物相对分子质量分布和支化分布的范围；

④ AST 工艺在低反应温度下运转良好，可使用各种茂金属催化剂或 Z/N 催化剂。

NOVA 公司 2003 年开发的非茂单中心催化剂(SSC 催化剂)已应用于 AST 工艺，用于生产高性能的 Surpass 产品。所生产的树脂相对于 Z/N 催化剂的 AST 工艺有更高的纵向撕裂强度和抗穿刺性，可广泛用于生产透明薄膜及滚塑、薄壁注塑制品。

该工艺还可以生产乙烯和丁烯/辛烯三聚物。

国内的抚顺石化 1989 年引进了该技术，现在生产规模已由 80kt/a 扩大到了 120kt/a。

7.2.3.2　Dow 公司 Dowlex 溶液法乙烯聚合工艺技术

Dow 公司从 1979 年开始采用低压溶液法(Dowlex)生产 LLDPE。DOW 公司的 Dowlex 溶液法聚合工艺技术采用 Isopare(一种饱和异烷烃与 C_8 ~ C_9 的混合物)为溶剂，以 1 - 辛烯为共聚单体，催化剂为以高活性的有机镁化合物为基础的 Z/N 钛系催化剂[374,380,390]。聚合装置由两台球形搅拌式反应器串联。工艺条件为：第一台反应器温度 160℃，压力为 2.55MPa，乙烯转化率为 88%；第二台反应器温度为 160℃，压力为 1.82MPa，乙烯转化率为 50%；两个反应器的停留时间均为 15min[391]，无须脱除催化剂步骤。

Dow 公司将上述工艺进行改造开发成功了 Insite 工艺，即采用溶液聚合和限制几何形状的茂金属催化剂（CGCT）组成的工艺[392]。1993 年开始使用该技术在 57kt/a 的溶液法装置上实现了茂金属 LLDPE 工业化，可制备具有长支链和较高 1-辛烯含量的共聚物，还可生产乙烯-苯乙烯共聚物等[393,394]。

Dow 公司为了强化 Insite 技术和 Dowlex 工艺对市场的占有率，生产了各种树脂：可生产密度为 0.915g/cm³ 的 VLDPE，它与 EVA 有相同的强度、热黏着性和光学性能；也可生产密度为 0.965g/cm³ 的均聚物，以及熔融指数为 200g/10min 的高熔融指数树脂；并可生产密度 <0.910g/cm³ 的 ELITE 树脂。ELITE 树脂采用 INSITE 技术和 DOWLEX 工艺制造的（基于 Z/N 催化剂及单活性中心催化剂）长支链催化剂系统。

还可生产密度为 0.865~0.915g/cm³ 的塑性体（POP），1-辛烯质量分数为 10%~20%，商品名为 Affinity。和密度为 0.865~0.880g/cm³ 的弹性体（POE），1-辛烯质量分数为 20%~30%，商品名为 Engage。

该技术有 6 条以上生产线在运转，2011 年采用此技术的装置生产能力已达 1300kt/a 以上。

7.2.3.3 DSM 公司的 Compect 溶液法乙烯聚合工艺技术

Compect 工艺技术的研究开发过程如下：

1960 年 DSM 公司开始开发 Compect 溶液法聚合工艺。

1972 年第一套 35kt/a 的装置在荷兰开始生产 HDPE。

1985 年和 1987 年采用该工艺在日本和荷兰又建成 2 套 60kt/a 装置。

1995 年与 Exxon 签定合作协议改进 LLDPE，1996 年在 115kt/a 装置上开始生产 Exxon 含茂金属基 Exact Plastomer。该树脂是塑性体，辛烯级，密度为 0.880~0.915g/cm³。

2002 年 DSM 公司将该项目的技术和石化产业出售给 SABIC 公司。

Compect 工艺技术采用 Z/N 催化剂，有两个绝热搅拌釜式反应器，反应压力为 3~1MPa，停留时间为 50min，在 200℃ 的聚合温度下用氢调节聚合物的相对分子质量，生产密度为 0.900~0.970g/cm³ 的 PE 树脂。该工艺技术无须脱除催化剂步骤。

Compect 技术的主要目标是高附加值产品市场，其产品的外观颜色特别好，无凝胶。近年来，DSM 公司又开发出密度为 0.902~0.915g/cm³ 的 ULDPE 产品，可取代乙酸乙烯酯（VA）质量分数为 4%~12% 的 EVA 树脂，用于食品和医药包装。

该技术有 5 条以上生产线在运转，总能力超过 650kt/a，单线的最大生产能力为 200kt/a。中国台湾塑胶公司的 140kt/a 装置就是采用该技术。

7.3 各种聚乙烯生产工艺技术

7.3.1 聚乙烯生产工艺新技术

近年来一些新技术先后实现工业化，其中包括茂金属、非茂过渡金属催化剂的工艺技术。茂金属催化剂是 20 世纪 90 年代聚烯烃工业中最引人注目的进展，其单一活性中心可以精密控制聚合物的结构，几乎所有含乙烯基单体都可用茂金属催化剂进行聚合。茂金属催化剂的聚合物常含有可使其官能团化的末端乙烯基，有助于改进树脂的湿润性、可印刷性、可涂饰性、黏着性和相容性。

20 世纪 90 年代初 Exxon 和 Dow 公司分别成功地实现了茂金属催化剂技术工业化，最初的产品是低密度 LLDPE 塑性体和弹性体，现在茂金属产品已开始对通用聚乙烯市场带来冲击。商业化 SSC 产品及其应用见表 7 – 13。

表 7 – 13　商业化 SSC 产品及其应用

SSC 产品	应用/市场
LLDPE	流延和吹胀薄膜(常为多层)，挤出涂层，收缩薄膜
HDPE 和 MDPE(0.935 ~ 0.960g/mL)	滚塑、注塑、吹塑、薄膜
LDPE	包装薄膜中的热封层，特种软薄膜
ULDPE	PP 改性，ETP 改性，土工膜
乙烯 – α – 烯烃塑性体(0.880 ~ 0.910g/mL)	PP 改性，可控渗透性包装薄膜
乙烯弹性体(乙烯 – 辛烯，乙烯 – 丁烯)	TPO 和 TPV，特别用于汽车市场
EPDM 和极高门尼黏度 EPDM	所有传统 EPDM 市场
丙烯弹性体和塑性体	弹性流延薄膜，弹性纤维和织物，触感柔软的不黏薄膜和模塑物，热封层，聚合物改性
液态 E/P 共聚物	黏度改进剂
PP 和 PE 石蜡	分散助剂，润滑剂，墨水，抛光剂
等规 PP 均聚物、无规物和抗冲共聚物	注塑，无纺织物，纤维，薄膜，汽车内部
间规 PP 共聚物	标签用收缩薄膜，注塑，片材挤出
间规聚苯乙烯	工程塑料，与尼龙、PBT、乙缩醛、PPS 和其他 ETP 竞争的阻隔包装薄膜和片材，光学介质
环烯烃共聚物 [乙烯和降冰片烯或四环十二烯(TCD)]	

在已商业化的 SSC 聚合物中，有 6 种是新产品并正在创造聚烯烃的新市场，SSC 正在取代传统聚烯烃催化剂制造的树脂产品。

DuPond 公司开发的 Ni、Pd、Fe、Co 与亚胺配合的非茂金属催化剂体系，该催化剂体系也能精确定制聚合物，可以将氧和其他极性官能团共聚到乙烯主链中，不需共聚单体就可以得到高度支化的低密度聚乙烯，并具有明显的成本优势。

7.3.2　聚乙烯传统生产工艺技术改造

聚乙烯传统生产工艺技术改造可以大体上分为如下两方面。

7.3.2.1　传统聚合工艺采用 SSCs 催化剂的聚乙烯生产新技术

溶液法和气相法 LLDPE，以及高压法 LDPE 和釜式法、环管淤浆法 HDPE 等系统，均已开发出可工业应用的单活性中心 SSCs 催化剂系统。采用 SSCs 催化剂，可以在浆液聚乙烯工艺中生产 LLDPE，甚至柔软的弹性体。这种新的 SSC 聚合物较少发黏，并且在淤浆稀释液中可溶解。

Exxon – Mobil 采用浆液聚合工艺生产很大数量的塑性体，而 Chevron – Phillip 则采用相似的浆液聚合工艺生产 LLDPE。

另外，SSCs 技术使得单反应器双峰 PE 技术的开发成为可能。双峰聚乙烯树脂应用于高性能材料领域，例如管材、吹塑和高强度薄膜等。原来的典型生产方式是采用串联操作的两个或更多反应器在浆液聚合工艺中进行。而仅使用单一气相反应器生产高性能双峰聚乙烯树脂是 SSCs 技术的一个特色，该技术可以明显减少生产投资和成本。

而实现 SSCs 催化剂工业化的方法主要是对原有装置进行技术改造。因此，原有装置可以交替进行使用传统催化剂和使用单活性中心催化剂的生产。只需要在对原有装置进行技术改造时特别注意单体的净化系统，催化剂的进料系统和聚合系统等关键部位的改造，就可以使用传统聚合工艺进行 SSCs 催化剂的聚乙烯树脂生产。

7.3.2.2　传统聚合工艺的易加工聚乙烯树脂生产新技术

另外一种技术是基于 Z/N 催化剂的、生产易加工的 LLDPE 树脂的聚合工艺技术。如在低压聚合工艺中生产双峰和宽 MWD 的三聚物或四聚物，就可以得到类似传统 LDPE 树脂加工性能的树脂。这样得到的新树脂既有高相对分子质量树脂的物理机械性能特征，又有类似 LDPE 树脂的加工性能。

化学系统公司把在催化剂和工艺技术中的革命性的进步称为"第二代"树脂。其中最突出的就是上面所提到的采用茂金属、非茂金属催化剂生产的新型树脂，以及"更易加工"的 LLDPE 树脂，因为其加工性能和 LDPE 接近，并且具有优异的机械性能。

另外，还有许多创新的工艺技术的发展，这包括：超临界浆液工艺、MZCR 工艺和 AST 溶液工艺。这些工艺技术的发展扩大了可获得的聚烯烃产品的范围，增加了聚烯烃市场的增长率。

7.3.3　聚乙烯的各种低压法生产工艺技术

聚乙烯低压法工艺不同专利技术的比较见表 7 – 14。

表 7 – 14　聚乙烯低压法工艺不同专利技术的比较

方法	气 相 法	淤 浆 法		溶 液 法	超 临 界 法
代表专利工艺	Dow – Unipol	Chevron – Phillips CPC	三井油化 Mitsui – CX	Nova – Sclairtech – AST	Borealis – Bostar
名称	气相法流化床工艺	淤浆法环管反应器工艺	淤浆法釜式反应器工艺	溶液法双返混工艺	北星 – 超临界聚合工艺

续表

方法	气相法	淤浆法		溶液法	超临界法
工艺流程	·可采用单流化床反应器，也可采用双流化床反应器串联或环管反应器+双流化床反应器 ·聚合反应热由循环反应气冷却超冷凝技术撤除 ·用氢气调节聚合物相对分子质量 ·共聚单体、N_2及冷剂需要精制 ·树脂粉料直接去造粒 ·产品性质均匀	·采用单环管反应器或两个环管反应器串联(最大环管反应器为八条腿，150m³) ·聚合反应热采用环管反应器夹套通冷却水撤除 ·用氢气调节聚合物相对分子质量 ·溶剂需处理或回收	·采用两个釜反应器串联或并联 ·聚合热采用釜反应器夹套通冷却水撤除 ·用氢气调节聚合物相对分子质量 ·溶剂需处理或回收	·采用高强度返混的双反应器工艺流程 ·聚合热采用釜夹套通冷却水撤除 ·出料时在反应器的出口注入失活剂终止反应(乙醇或乙酰丙酮) ·溶剂与未反应的乙烯共聚单体经闪蒸和精制后再循环使用	·采用预聚反应器和环管反应器及气相反应器串联工艺流程 ·环管反应器聚合在超临界温度和压力条件下操作 ·气相反应器可进行共聚合操作 ·聚合热采用反应器夹套冷却水撤热及乙烯循环气撤热两种方式
操作条件	·操作压力1.5~3.0MPa ·操作温度50~120℃ ·聚合停留时间3~5h(也可降低)	·操作压力<4.0MPa ·操作温度LLDPE70~85℃ HDPE90~100℃ ·聚合停留时间约1h ·产品切换时间<2~3h	·操作压力1.0MPa ·操作温度约90℃ ·停留时间约5h	·操作压力10~12MPa ·操作温度200~270℃ ·停留时间2min	·操作压力环管反应器4.5~6.5MPa 气相床反应器2.0MPa ·操作温度环管反应器90~109℃ 气相床反应器80~110℃
产品范围	·MI=0.1~200g/10min ·产品密度：0.915~0.970g/cm³ 可交替生产HDPE和LLDPE	·MI=0.15~100g/10min ·产品密度：0.910~0.970g/cm³	·MI=0.01~50g/10min ·产品密度：0.930~0.970 g/cm³ 相对分子质量分布：20~32及30~50	·MI=0.2~150g/10min ·产品密度：0.905~0.965g/cm³	·MI=0.1~100g/10min ·产品密度：0.918~0.970g/cm³
工艺流程特点	·聚合工艺流程可以选择 ·工艺简单流程很短设备台数少 ·流化床扩展部进行气固分离不需旋风分离器 ·反应器内部无动设备 ·无腐蚀性管线 ·生产能力大不受黏度和溶解度的限制 ·产品性质均匀易控制	·使用串联反应器工艺，可生产适宜管材的双峰树脂 ·高表面积比和紊流流动模式可促使聚合热通过大口径夹套管冷却水传递	·将高速气相色谱和计算机结合及时准确地控制产品的MI和共聚单体浓度，使产品的相对分子质量和密度得到准确的控制 ·通过改变聚合流程和操作条件来实现对产品的MWD的控制 ·可生产HDPE MDPE窄和宽单峰或双峰分布产品	·采用双反应器高活性Z/N催化剂和高强度混合及短停留时间等多项聚合反应技术 ·用C_6混合烃代替环己烷 ·停留时间仅2min ·可生产ULD PE到HDPE全密度产品及MWD从窄到宽的双峰分布产品	·催化剂、乙烯、氢气、共聚单体及稀释剂等原料先在预聚反应器预聚，然后再进入环管反应器聚合 ·串联工艺可先在环管生成相对分子质量较低、大MI产品，然后在气相反应器共聚得到相对分子质量达到要求的产品 ·可生产单峰或双峰MWD的产品LLDPE/HDPE

续表

方法	气相法	淤浆法		溶液法	超临界法
催化剂特征	·Z/N 催化剂 UCAT-A, UCAT-J 生产窄 MWD LLDPE 和 HDPE ·载体铬催化剂 UCAT-B, UCAT-G 生产中等及宽 MWD HDPE 和 LLDPE ·茂金属催化剂 XCAT-BXCAT-EZ 用于生产 LLDPE	·铬系催化剂 Si/Cr 用于生产 HDPE 粒形聚合物(这种催化剂要活化) ·Si/Cr/Ti 催化剂用于生产 LDLPE ·Z/N Ti/Mg 催化剂用于生产低密度 LLDPE ·茂金属催化剂用于生产低密度 LLDPE	·Z/N 催化剂有三种牌号:PZ 催化剂生产密度>0.955 g/mL 产品, TE 催化剂生产密度<0.955g/mL 产品, RZ 催化剂活性和性能比 PZ 更好而且粒径分布窄	·可以使用 Z/N 催化剂($TiCl_4 \cdot VOCl_3$/AlR)或单活性中心催化剂 ·使用单活性中心催化剂可生产性能优于 Z/N 催化剂的聚乙烯树脂	·可以使用 Z/N 催化剂 ·可以使用 SSC 单活性中心催化剂
工艺技术优点	·工艺简单,流程短,设备少,投资比同规模溶液法低8%,比浆液法低6% ·操作条件温和,不受黏度和溶解度的限制 ·用冷凝法操作可大幅度提高生产能力 ·不需要除蜡和脱溶剂 ·可全负荷交替生产 HDPE 和 LLDPE 各种牌号产品	·工艺简单,操作条件温和 ·产品相对分子质量范围宽,从蜡到超高相对分子质量产品均可生产 ·消除气壁粘结物,避免鱼眼生成,具有高传热效率 ·采用低沸点的异丁烷作稀释剂,容易回收,回收率达90% ·催化剂流动稳定,生产无波动 ·单体转化率高达97%	·乙烯既作为单体又是传热介质 ·反应器不需要除蜡 ·90%的聚合浆液可以直接循环回反应器 ·聚合物控制系统可有效控制产品质量 ·催化剂残渣不需要从产品中脱除	·单体单程转化率高达95% ·C_6 混合烃作为聚合溶剂改善了工艺状况 ·反应器系统带有内部混合元件,拓宽聚合物 MWD 和支化分布范围 ·应用 SSC 催化剂生产高性能 Surpass 产品,具有更高的纵向撕裂强度和抗穿刺性	·可用单一催化剂生产所有产品,牌号且切换迅速 ·可分别独立控制反应器内树脂的 MI 和密度,实现双峰特性 ·超临界态丙烷稀释剂可帮助获得很高 MFR 产品 ·可实现最佳活性和 MFR 平衡 ·聚合物溶解度低,不粘釜,不存在结片结块问题 ·可用廉价共聚单体生产高附加值产品
工艺技术缺点	·牌号切换容易,产生大量等外品 ·钒系催化剂较难控制 ·微量毒物会降低催化剂效率,增加产品灰分,并产生静电效应 ·乙烯单程转化率低,只有2% ·因毛状聚合物沉积容易造成热电偶温度误读形成飞温而产生聚合物大片或块 ·产品牌号切换分布板容易结块	·有聚合物溶胀问题,限制了聚合物的生产能力(密度<0.94 g/cm³) ·如果聚乙烯溶解就可能出现聚合物结垢 ·与气相法相比需要用稀释剂 ·需要高纯度的乙烯	·离心机分离滤液黏度较大,易堵塞管线	·反应结束后必须在出料中加入去活剂终止聚合物料中残存催化剂的活性 ·加入的去活剂要求容易和催化剂残留物一起被除去 ·残留在聚合物料中的去活剂应该不会发生质量问题	

第8章 聚乙烯技术的发展动向

近年来，聚烯烃在世界范围内不断发展，产量和质量都在稳步提高，市场竞争激烈。未来的聚烯烃技术将会向什么方向发展是一个值得关注的问题。按照化学系统公司的说法，聚烯烃技术已经发展到了"第二代"，其主要的特点是：

① 将茂金属或非茂金属单活性中心催化剂应用于工业生产；

② 使 LLDPE 树脂的加工性能提高到接近或达到 LDPE 的水平，同时又具有优异的机械性能；

③ 开发出许多高性能、低成本的新产品，如双峰、宽 MWD、高支化、三元和多元共聚物等。

未来的聚乙烯技术进一步会怎么发展呢？如果按照传统的思路，还是从提高催化剂的聚合活性、改善树脂的加工性能、降低产品生产成本等方面着手，是不是会显得没有新意而逐渐落伍？但是如果是从技术更新换代的角度，从克服现有聚烯烃本身还存在的缺点和不足出发，开发出传统聚烯烃产品不具备的更新一代的技术和性能更好的产品，这还有没有可能？是不是能创造出更加欣欣向荣的聚乙烯发展局面？

在目前，至少有三个方面的情况可以考虑：

第一个方面：从催化剂的角度来看，正在广泛进行研究的双金属（双核或多核）催化剂是一个值得重视的领域。未来聚乙烯催化剂除了已有的催化剂体系如 Z/N 催化剂、铬催化剂，以及单活性中心的茂金属催化剂和非茂金属催化剂等向更高、更好的方向发展外，一个明显的趋势是双金属（双核或多核）催化剂正在蓬勃发展。双金属（双核或多核）催化剂的好处是，可以利用具有不同性能的两个或多个活性中心，同时通过聚合反应得到不同的聚合物链段，这样可以靠多个活性中心的力量，使最终得到的树脂变成具有特殊性能的聚合物。

到目前为止，双金属（双核或多核）茂金属催化剂的开发研究已获得了相当大的进展：

1995 年 Polysar Rubber[395] 在专利中公开了一种使用双活性中心茂金属化合物催化剂的乙烯、丙烯或乙烯与 α-烯烃聚合方法。

1996 年 Mobil Oil[396] 在专利中公开了一种用于烯烃聚合的双金属的茂金属催化剂体系。披露了载负在载体上的茂金属化合物和非茂金属化合物，它们形成两种活性中心，聚合时能同时分别生成高、低相对分子质量的两种聚合物。

1997 年 Mitsui 公司[397] 在专利中公开了一种使用双活性中心茂金属化合物的乙烯、丙烯或乙烯与 α-烯烃的聚合方法。这种多中心茂化合物是通过第Ⅳ~Ⅷ族金属化合物与连接有亚烷基或亚甲硅基的二价锗（Ge）或锡（Sn）的环戊二烯基反应而制得。

1997 年 Hoechst 公司[398] 在专利中公开了一种不同的聚合方法，即在单个聚合反应器中同时使用两个茂金属催化剂来调节控制聚合物的相对分子质量分布。

1998 年 Tosoh 在专利中[399] 公开了一种双活性中心茂金属催化剂，它用元素周期表中第Ⅳ族的两个金属原子作为活性中心，通过化学键连接在一起。该茂化合物还通过化学键与配体桥连，而配体则键合到中心金属原子上。此催化剂聚合可以得到低分子聚合物。

2000 年以后，几乎所有的大公司都进行了双金属(多活性中心)催化剂的开发研究。

从这些进展中可以看出双活性中心催化剂技术开发研究正在蓬勃发展。除了研制双活性中心催化剂以外，还有开发同时使用两个不同催化剂进行聚合的技术，研制能进行"链行走"反应的催化剂用来制备高支化度聚乙烯的技术，以及能催化聚合得到嵌段共聚物的活性聚合技术等等。

第二个方面：国外一些研究工作者对未来聚烯烃发展方向的一些看法。

近年来国外的一些研究工作者发表了一些重要的研究结果和看法，对聚乙烯技术未来的发展方向有积极的提示和参考作用。

① 美国西北大学的研究人员认为，随着催化剂离子对的构造和热稳定性研究、催化剂离子对分子动力学及聚合过程选择性研究和把催化剂离子对组合起来形成多核催化剂的协同聚合体系研究的进展，复合催化剂活性中心的协同效果已经显现，催化剂聚合活性、立体选择性、共聚合性能可大幅度提高。

② 日本三井化学公司的研究人员认为，非茂后过渡金属催化剂的高温聚合，以及利用茂金属催化剂向聚烯烃分子上引入官能团，制备新的聚烯烃品种，可能是未来聚烯烃过渡金属催化剂的研究方向。

③ 日本名古屋大学的研究人员认为，不对称加手性化合物的合成，以及组合化学的研究方法在催化科学研究中日益显示出重要性。

④ 德国汉堡大学的研究人员认为，对于环状烯烃共聚物的研究，已经开发出利用如降冰片烯(EN)等不规则环状烯烃进行不开环共聚，得到环状烯烃共聚物的方法。

⑤ 美国北卡罗来纳大学的研究人员认为，使用镍、钯等后过渡金属催化剂进行烯烃聚合，可以获得通常茂金属催化剂那种带支链结构的高分子聚合物。

⑥ 日本住友化学公司的研究人员认为，对于新一代的由单环戊二烯型配体与高堆积密度苯氧基配体组合成的 PI 催化剂，不仅有和茂金属催化剂同样的活性，而且可以进行乙烯与丁二烯、异戊二烯等共轭双烯，丙烯与 1－丁烯的共聚反应，极有可能成为新一代的催化剂。

上述这些看法和观点在一定程度上为聚乙烯技术的未来发展指出了方向。

第三个方面：由于聚烯烃单体的固有特点即众所周知的非极性，使聚烯烃树脂具有非常低的表面能，导致其与其他聚合物或无机材料复合时很难相容和有效黏结，因此限制了聚烯烃树脂在印染、黏结以及与其他材料共混等领域的应用。这种"固有特点"大大地影响了聚烯烃树脂的应用范围。不改变聚乙烯大分子链的非极性问题就无法进一步提高聚乙烯技术的发展水平。

解决此问题的一个办法是在聚合链中引入"极性功能基团"。早在 20 世纪 50 年代，Natta 等[400]就已经意识到在聚烯烃中引入功能基团的重要性。他们在早期工作中曾报道用过渡金属催化剂合成一些含有杂原子的聚合物，但是当时的研究结果并不令人满意。如果未来聚乙烯产品在引入功能基团方面取得成功，产品的非极性问题得到明显改善，聚乙烯树脂的性能就会得到大幅度的提升，产品的应用将进入一个崭新的阶段，这将会是聚乙烯产品的一个重要发展方向。

由上面这些信息，具体到聚乙烯新技术的层面，作者认为下一代的聚乙烯新技术应该包括：

① 采用双金属(双核或多核)催化剂控制双峰或宽峰的方法，在解决树脂加工性能的同时，把机械性能提高到聚合物相对分子质量达到 25 万以上的高相对分子质量树脂的水平。

② 不使用昂贵的共聚单体，采用双金属催化剂直接用单一乙烯单体制备高支化度聚乙烯树脂。

③ 克服聚烯烃单体因非极性带来的缺陷，利用可反应性单体制备功能化聚乙烯的方法，提高聚乙烯树脂的极性，大幅度扩大聚乙烯树脂的应用范围。其相关的技术包括：

采用催化剂使乙烯与极性单体直接进行共聚合得到功能化聚烯烃的技术；

通过反应性单体中间转换使乙烯与极性单体进行共聚合得到功能化聚烯烃的技术；

进行聚烯烃接枝共聚合得到功能化接枝共聚物的技术；

进行聚烯烃嵌段共聚合得到功能化嵌段共聚物的技术；

进行烯烃配位活性聚合。

上述这些技术的开发和应用，必将大大地提高现有聚乙烯树脂的技术和应用水平，合成出一批高性能的新材料。这些可能是聚乙烯技术未来的发展方向。

8.1 双金属(双核或多核)催化剂制备双峰或宽相对分子质量分布聚乙烯技术

从 20 世纪 90 年代中到现在，全世界发展最快的聚乙烯技术就是双峰聚乙烯技术。传统的相对高分子质量聚乙烯也可以具有高强度、高韧性等优良的物理机械性能，但是同时会出现树脂产品在加工中出现困难的问题。双峰相对分子质量分布聚乙烯的出现则可以解决上述问题。

所谓双峰相对分子质量分布聚乙烯树脂的主要特征是，在树脂中有两个相对分子质量大小不同的部分，大相对分子质量的部分主要提供树脂的物理机械性能，而小相对分子质量的部分则主要改善树脂的加工性能。这两个部分(峰)可以由双金属(双核)催化剂的两个不同活性中心经聚合反应，或者由不同的链转移反应而得到。

现在的催化剂和聚合技术可以得到符合最佳预想要求的双峰分布聚乙烯树脂，所以双峰聚乙烯技术的最大优势就是，在使聚乙烯树脂的物理机械性能得到大幅度提高的同时，保证其加工性能不受影响，使得加工性能和物理机械性能之间得到良好的平衡。

8.1.1 对双峰相对分子质量分布聚乙烯树脂结构的要求

8.1.1.1 对双峰聚乙烯树脂相对分子质量分布的要求

制备双峰相对分子质量分布的聚乙烯树脂的关键是：如何得到符合要求的高、低两部分树脂，以便由它们构成最佳质量的双峰树脂。具体的要求是：

① 双峰相对分子质量分布树脂的高相对分子质量部分重均相对分子质量要在 25 万以上，这样树脂的物理机械性能才可以得到明显提升。

② 为解决加工性能问题需要对树脂的相对分子质量和相对分子质量分布进行调整，即适当增加低相对分子质量成分(增加润滑)和高相对分子质量成分(增加韧性)，制备成高、低相对分子质量部分含量比较集中、相对分子质量合适的双峰分布树脂。

③ 双峰分布树脂的技术关键是要让支链均匀地分布在树脂的高相对分子质量部分，而

且要求低相对分子质量部分没有支链。这样树脂在加工时能降低加工压力和扭矩，增加熔体强度和膜泡稳定性。而在作为产品使用时，由于高相对分子质量的提高，并有均匀分布的支链，不但可以使产品的耐环境应力开裂性能和抗冲性能等得到大幅提高，而且可以使树脂在物理机械性能和加工性能之间得到最佳的平衡。如可以使树脂薄膜制品的厚度比一般 LL-DPE 的薄膜减薄约 30%，比一般 LDPE 的薄膜可减薄约 50%。

8.1.1.2 对双峰聚乙烯树脂高、低两部分树脂结构的具体要求

对于双峰聚乙烯树脂，具体到高、低两部分树脂的结构有以下的具体要求：

① 在树脂的低相对分子质量部分最好没有低分子尾端，因为含有低分子尾端的树脂在加工时会冒烟，在进行薄膜生产时还会析出；

② 在树脂的高相对分子质量部分最好也没有高分子尾端，因为含有高分子尾端的树脂在加工时会产生鱼鳞片，影响产品外观。

所以，对于质量好的双峰聚乙烯树脂的结构要求是：相对分子质量分布要宽，不但树脂的高、低相对分子质量部分的数量和大小要符合要求，而且两者的高、低分子尾端要小。

8.1.2 制备双峰相对分子质量分布聚乙烯的方法

实现上述目标通常有三种方法：即熔体混合法、分段聚合法及使用双金属（双核）催化剂单反应器聚合法等三种方法。

（1）熔体混合法

熔体混合法就是选用不同的高相对分子质量和低相对分子质量的聚乙烯树脂，在后加工设备中进行混炼，将两种不同相对分子质量的树脂融合在一起，得到双峰相对分子量分布聚乙烯。

（2）分段聚合法

分段聚合法则是在聚合流程中采用双反应器串联或并联的聚合工艺。生产时按照设计要求在一个反应器中通过工艺条件控制得到设定数量的小 MI、高相对分子质量的聚乙烯树脂，而在另一个反应器中通过工艺条件控制得到设定数量的大 MI、低相对分子质量的聚乙烯树脂，两者混合后，最终得到双峰相对分子质量分布的聚乙烯树脂。

在不同反应器中用加入不同的相对分子质量调节剂的方法，也就是利用不同的链转移原理也可以得到双峰分布的聚乙烯。例如 Basell 公司的 Hostalen – BM 淤浆聚合工艺，就是用一种 Z/N 催化剂通过两个聚合反应器，在第一个反应器中加入相对分子质量调节剂氢气，得到大 MI、低相对分子质量的聚乙烯，而在第二个反应器中不加氢气，而是加入共聚单体 α – 烯烃得到小 MI、高相对分子质量的聚乙烯，两者混合最后得到具有双峰相对分子质量分布的聚乙烯树脂。

（3）双金属（双核）催化剂单反应器聚合法

在一个聚合反应器中加入具有不同聚合能力的双金属（活性中心）催化剂。通过聚合反应，催化剂中的两个活性中心直接催化聚合得到各自的那部分高或低相对分子质量的聚合物，而这两部分聚合物通过分子级的混合就得到了双峰相对分子质量分布的聚乙烯树脂。

在制备双峰相对分子质量分布聚乙烯树脂的这三种方法中，比较而言，第三个方法用双金属（双核）催化剂单反应器聚合得到双峰分布树脂的方法最好。它可以只用一个聚合反应器就生产出双峰或宽峰分布的聚乙烯树脂，使产品既具有优异的机械性能又有良好的加工性

能，兼具高、低相对分子质量聚乙烯的品质优点，同时又有降低成本的效果。

双金属（双核）催化剂单反应器聚合的另一种办法是，基于多活性中心的理论发展起来的，被称之为"多级催化剂技术"的方法，这是一种新的制备双峰分布聚乙烯的技术。具体的做法是将两种（或多种）不同性能的单活性中心催化剂加入到同一反应器中进行乙烯聚合反应，由于不同催化剂聚合得到的聚乙烯相对分子质量差别很大，因此最终得到的聚合物为双峰或宽峰相对分子质量分布的聚乙烯树脂。

8.1.3　制备双峰相对分子质量分布聚乙烯的双金属（双核）催化剂

具有两个不同活性中心的双金属（双核）催化剂有很多类型，Z/N 催化剂就是具有"不同活性中心"的催化剂类型之一，它依靠多种活性中心的存在使聚合物得到了宽相对分子质量分布。

更多的是分别将两种（或多种）不同能力的催化剂先制备成双金属（双核）催化剂，在聚合时直接使用制备好的双金属（双核）催化剂得到双峰或宽相对分子质量分布的聚乙烯。能制备这种双金属（双核）催化剂的催化体系很多，如 Z/N – Z/N 复合催化体系，Z/N – Cr 复合催化体系，Z/N – 茂金属复合催化体系，茂金属 – Cr 复合催化体系，茂金属 – 茂金属或非茂金属复合催化体系等等。

各大公司都对双金属（双核）催化剂进行了深入的研究和开发，以下介绍一些不同公司开发的双金属（双核）催化剂。

8.1.3.1　钒 – 锆双金属（双核）催化剂

UCC 公司开发的钒 – 锆双金属（核）催化剂[401]是由锆、钒的卤化物和调节剂以及给电子体的反应产物组成。

该反应产物的通式为：　　　　　　　　$ZrMg_nX_m(ED)$

式中，ED 为给电子体或氧化钒；X 为卤化物。聚合时采用助催化剂烷基铝和烃类促进剂。

具体的组成为：

① 载在硅胶上的 $ZrCl_4/MgCl_2/THF$ 反应络合物 – 催化剂母体；

② 载在硅胶上的 VCl_3/THF 反应络合物 – 催化剂母体混合物；

③ 助催化剂三烷基铝；

④ 促进剂 $CFCl_3$。

此催化剂的优势在于可控制相对分子质量分布的峰值形态，在这个体系中，每种催化剂都有不同的氢调能力，如果各催化剂氢气调节相对分子质量的能力差别很大，那么这种双核催化剂生产的聚合物将会产生双峰分布的树脂。如果各催化剂组分氢调能力差别大，但还不足以达到产生双峰分布，那么这种双核催化剂将产生含有大量相对分子质量在 500000 以上的宽相对分子质量分布产品（其相对分子质量高于一般相同熔融指数的宽相对分子质量分布产品），而且树脂的性能更为均一。

这样的 Zr – V 双金属（双核）催化剂[402]可以在单反应器中生产出宽相对分子质量分布或双峰相对分子质量分布的聚乙烯产品。

8.1.3.2　钒 – 钛双金属（双核）催化剂[403,404]

UCC 的钒 – 钛双金属（核）催化剂是一种载在硅胶上的 $VCl_3/TiCl_3/MgCl_2/THF/AlClEt_2$ 的

催化剂配合物。此催化剂体系应用于双釜串联聚合工艺。第一反应釜不加卤代烃，钒基催化剂不发生作用，反应由钛基催化剂主导，生成低相对分子质量、高 MI、窄相对分子质量分布的聚乙烯。而进入第二反应釜后加入氯仿，使钛基催化剂中毒，而钒基催化剂活化，反应由钒基催化剂主导，生成高相对分子质量、低 MI、宽相对分子质量分布的聚乙烯。最终得到包括钛基和钒基两类树脂的宽相对分子质量分布的聚乙烯树脂。

Ti-V 双金属（双核）催化剂[405]可以生产中宽相对分子量分布、密度可宽范围调节变化的乙烯共聚合物。

8.1.3.3　钛–铬双金属（双核）催化剂

Phillips 公司采用含铬和含钛的双金属（双核）催化剂生产双峰聚乙烯产品。采用高的钛铬比可以得到熔体流动指数和密度更高的聚合物。但是，当钛含量增加时树脂的相对分子质量分布会变窄。与瓶用树脂进行的比较试验结果表明，所生产的双峰聚乙烯树脂的耐环境应力开裂性能明显优于通用树脂，显示出了采用该双金属（双核）催化剂体系（即 45% ~65% 钛）的优势。

Fina 公司的专利披露[406]，可以采用双金属铬基催化剂制备双峰相对分子质量分布聚乙烯。其中第一铬基催化剂为经过还原和再氧化处理的铬基催化剂。而第二铬基催化剂是在活化处理后、又经氟化后再还原处理。两个催化剂的空隙率差异在 0.88mL/g 以上。较大空隙率的催化剂生成的聚合物相对分子质量较低，相对分子质量分布较宽。而较小空隙率的催化剂生成的聚合物相对分子质量较高，相对分子质量分布较窄。

8.1.3.4　钛–锆双金属（双核）催化剂[407,408]

该催化剂体系可以是 Z/N 催化剂和茂金属催化剂组成的混合催化剂体系。第一反应釜先将茚基三(二乙基甲氨酸)锆为代表的茂金属催化剂加入，生成低相对分子质量的聚乙烯。第二反应釜再把 Z/N 催化剂加入，生成高相对分子质量的聚乙烯，两者掺混得到宽相对分子质量分布的聚乙烯树脂。

吕占霞等人[409]采用国产 BCH(Z/N)催化剂和 Cp_2ZrCl_2 催化剂复合成颗粒流动性好的固体双金属催化剂，催化乙烯聚合得到双峰相对分子质量分布聚乙烯树脂。其中高相对分子质量部分主要是 Ti 基催化剂生成，而低相对分子质量部分主要是 Zr 基茂金属催化剂生成。

这类催化剂体系也可以双核都是由茂金属催化剂组成。Kaminsky[410]等用 Cp_2ZrCl_2 – Cp_2HfCl_2，Cp_2ZrCl_2 – $Et(Ind)_2ZrCl_2$ 等复合催化体系，在 MAO 助催化下催化乙烯聚合，得宽峰或双峰聚乙烯。Phillips 公司[411]还进行了两种以上茂金属催化剂（茂锆和茂钛）的聚合试验，发现茂锆催化剂在有氢调时，相对分子质量变化明显，而茂钛催化剂则不明显。4% 的氢含量就可以使茂锆催化剂生产的聚合物相对分子质量从 20 万降到 <1 万，而茂钛催化剂就没有这么大的变化。而且随锆/钛之比增加，多个峰变得更宽。

Soares[408]等人采用 Cp_2ZrCl_2 和 rac – $Et(Ind)_2ZrCl_2$ 两种催化剂进行混合，在 MAO 的帮助下进行乙烯聚合反应，得到了双峰相对分子质量分布聚乙烯。原因是 Cp_2ZrCl_2 催化剂聚合得到的聚乙烯相对分子质量比 rac – $Et(Ind)_2ZrCl_2$ 要高出一个数量级，所以能得到双峰相对分子质量分布聚乙烯。

另外，Soares 等人还根据不同茂金属化合物对氢的敏感程度不同，制备了双茂金属载体催化剂 $Et(Ind)_2ZrCl_2/Cp_2HfCl_2/MAO/SiO_2$。用该催化剂体系进行乙烯聚合也可以得到双峰相对分子质量分布聚乙烯。

BP 公司采用茂金属催化剂生产超韧 LLDPE 产品，用复合茂金属催化剂聚合得到宽相对分子质量分布和有长支链的聚乙烯，其加工性能与 LDPE(70) 与 LLDPE(30) 掺合物相类似。另外，还用混合的茂金属催化剂生产用于 HDPE 薄膜用的双峰树脂，据称其韧性和纵向撕裂强度优于目前分段式反应器生产的双峰产品。

8.1.3.5 单中心非茂金属催化剂

Exxon – Mobil 化学公司，采用非茂过渡金属催化剂和茂金属催化剂组成的双金属催化剂体系，生产双峰相对分子质量分布的聚乙烯产品，该产品特别适合吹塑薄膜使用。

Kim 等人[412]采用 Cp_2ZrCl_2 和 Cp_2HfCl_2 茂金属催化剂同时载负在硅胶上，形成双(核)活性中心茂金属催化剂，在 $0.7 \sim 1.4MPa$ 压力下进行乙烯聚合，得到双峰相对分子质量分布聚乙烯树脂。

另外，铁系催化剂也可以用来制备双峰相对分子质量分布聚乙烯树脂。如 Fe(Ⅱ)/Fe – TEAO 体系催化剂就可以形成双活性中心，所生成的双峰相对分子质量分布聚乙烯的情况有两种：

对于铁催化剂 Fe – TEAO 体系来说，它所得到的双峰相对分子质量分布聚乙烯的低相对分子质量部分，是通过在聚合反应初期由铁催化剂向 TEAO 中残留的 $AlEt_3$ 发生链转移反应，生成了双峰相对分子质量分布聚乙烯的低相对分子质量部分。

而对于 Fe(Ⅱ)/硼铝氧烷体系催化剂情况则不同，它在进行乙烯聚合时会产生两种活性中心，并各自独立地在聚合中发生作用，产生不同相对分子质量和相对分子质量分布的聚乙烯。如果两种活性中心产生的聚乙烯相对分子质量差别较大，就会得到明显的双峰相对分子质量分布[413]。

还可以利用链转移反应的差别来制备双峰相对分子质量分布聚乙烯。例如，对于 $(Me_5 – Cp)_2ZrCl_2/Et(IndH_4)_2ZrCl_2$ 催化剂体系，利用它们向 $AlMe_3$ 的链转移差别来得到双峰相对分子质量分布聚乙烯。这两个活性中心在聚合反应初期形成，在聚合反应过程中可以各自生成不同相对分子质量的聚合物。

8.2 双功能原位共聚催化剂制备高支化聚乙烯技术

线型低密度聚乙烯(LLDPE)树脂，是乙烯与 α – 烯烃共聚合获得的产物。LLDPE 的密度与低密度聚乙烯(LDPE)接近，又具有高密度聚乙烯(HDPE)的线型结构，因此综合了 LDPE 和 HDPE 的许多优点，例如低温韧性好、模量高、具有耐弯曲和耐应力开裂性能等。Z/N 催化剂是最常采用的共聚催化剂，但是共聚单体(α – 烯烃)的插入率比较低。茂金属催化剂可以使 α – 烯烃有效地插入到聚合物主链上，获得插入率较高的 LLDPE，但是，这种方法仍需要价格较高的高纯度 α – 烯烃，而且生产流程比较复杂。

双功能催化剂进行原位共聚制备 LLDPE，可以不使用共聚单体 α – 烯烃，只使用乙烯一种单体直接得到高性能的 LLDPE。其原理是同时使用两种互相不会发生反应的催化剂，使聚合系统中存在两个类型的聚合活性中心，一个是进行乙烯齐聚的催化剂活性中心，目的是在聚合过程中将乙烯单体齐聚得到所需要的 α – 烯烃单体。而另一个是使乙烯与 α – 烯烃单体进行共聚合的活性中心，其作用是进一步将所生成的 α – 烯烃单体直接和乙烯原位共聚得到最终产品。所以双功能原位共聚催化剂技术的特点是：必须有齐聚和共聚两个或两个以上的聚合活性中心，使得在同一聚合反应器中能一起聚合得到高性能的 LLDPE 树脂。

这种方法的好处是可以避免使用昂贵的 α-烯烃共聚单体，因此在生产成本上比分别使用 α-烯烃单体和乙烯进行共聚制备支化聚乙烯 LLDPE 的方法有优势。另一方面，可以通过控制所使用催化剂的结构和比例来调节聚乙烯树脂的支链数量及分布，因此，具有人工干预树脂支化度的可能性。

双功能原位共聚催化剂有很多种，包括 Z/N 催化剂、Cr 系催化剂、单活性中心催化剂或它们的复合体。按原位共聚催化剂在历史上出现的时间顺序区分，可以分为传统的原位共聚催化剂和现今的原位共聚催化剂。传统的原位共聚催化剂主要是指 Z/N 和有机铬体系的催化剂。而现今的原位共聚催化剂则是指增加了单活性中心催化剂在内的催化剂体系。

从催化剂的具体作用上又可以按齐聚和共聚所使用的催化剂来细分，如都是 Z/N 或 Cr 系催化剂，或齐聚是 Z/N 催化剂，共聚是单活性中心催化剂或相反，或齐聚和共聚都是单活性中心催化剂等等。

但是，在这么多可选择的催化剂组合中，并不是每一种催化剂组合都适合作为双功能原位共聚催化剂，原因是催化剂本身的特性不同。如齐聚催化剂，工业上所使用的齐聚催化剂主要是 SHOP(Shell Higher Olefin Process) [414,416] 法的中性 Ni(Ⅱ)配合物以及 Chevron 和 Amoco 工艺 [415] 中的烷基铝催化剂，它们都是专门用来制备 α-烯烃单体的。但是，如果是原位共聚的齐聚催化剂，那么不但齐聚活性要高，而且齐聚产品的选择性还要好。在众多的催化剂之中，空间位阻较小的后过渡金属催化剂由于具有很高的齐聚催化活性和选择性，所以是双功能催化剂中比较理想的齐聚催化剂组分。

共聚催化剂也是一样，不但共聚活性要高，而且要求共聚物中的支链能均匀地分布在高相对分子质量部分。在这方面单活性中心催化剂相比 Z/N 催化剂具有优势。另外，作为双功能催化剂的这两个组分还要求在进行齐聚和共聚反应时互不发生干扰。

不是任何一种催化剂都能很好做到这些要求，比如 Z/N 催化剂的共聚性能就比较差。有的催化剂体系随齐聚催化剂用量的增加，整个体系的聚合活性会下降，影响了该催化剂系统的性能。另外，如果与单活性中心催化剂在同一个聚合体系中使用，助催化剂烷基铝和 MAO 之间的相互干扰也会影响催化剂性能。

如果齐聚和共聚催化剂都是单活性中心催化剂如茂金属催化剂，则此时催化剂系统就不存在催化剂之间的互相干扰问题，因为都是使用茂金属催化剂和同样的助催化剂 MAO。而使用桥连茂金属催化剂和限定几何构型催化剂或非茂后过渡金属催化剂和茂金属催化剂构成的催化体系时，对于合成高碳 α-烯烃会有很好的选择性和聚合活性，对乙烯和 α-烯烃的原位共聚合也非常理想，而且用限定几何构型茂金属催化体系制备的 LLDPE 的加工性能要比 Z/N 催化剂制备的更好。

另外，由于相对分子质量和支链长度及分布对聚乙烯树脂的加工性能有明显影响 [417]，不同的支链数量和长度及分布，可以使聚乙烯树脂的形态从具有较高的密度、结晶度变化到较低的密度和完全无定形，对树脂性能产生很大影响。如果齐聚选用非茂过渡金属催化剂，那么乙烯齐聚可以得到活性高、选择性好的线型 α-烯烃。因此通过选择不同的后过渡金属催化剂和对聚合反应条件的控制，可以获得支链长度和分布不同的 LLDPE 树脂。所以，对于双功能原位共聚催化剂来说，选择单活性中心催化剂(茂金属催化剂和非茂金属催化剂)是比较理想的做法。

8.2.1　传统的原位共聚催化剂

传统的原位共聚催化剂主要是指齐聚和共聚都是 Z/N 或 Cr 系催化剂构成的双功能原位共聚催化剂体系。

20 世纪 80 年代中期，Beach[418] 和 Kissin[419] 等人研究了一系列双功能原位共聚催化剂。采用传统的 Ziegler 催化剂体系进行双功能原位共聚合，齐聚催化剂采用钛系和镍系催化剂，其中以四烷氧基钛/三乙基铝体系 $[AlEt_3 - Ti(O - iC_3H_7)_4 - TiCl_4/MgCl_2]$ 的催化活性最高，并且对 1 - 丁烯具有很好的选择性（1 - 丁烯的选择性可大于 85%）。共聚催化剂体系采用 $\delta - TiCl_3 - 0.33AlCl_3$ 或 $TiCl_4 MgCl_2/PE$ 负载的载体催化剂以及 $TiCl_4/MgCl_2/$乙基茴香酸盐载体催化剂和 $VOCl_3$ 等。对这种均相/非均相 Z/N 催化体系进行的反应动力学研究表明，其性能与传统的共聚催化剂催化乙烯/1 - 丁烯制备的共聚物性能相似，LLDPE 的支化度可达 20~30C/1000C。

但是此类催化体系存在的问题是，随齐聚催化剂用量的增加，整个体系的聚合活性降低，这是由于催化剂的部分失活和 1 - 丁烯的插入速率低造成的。而且由于 Z/N 催化剂的共聚性能差，采用这种方法无法得到理想的共聚合物。所得到的共聚合物存在相对分子质量分布宽、支链分布不均匀等缺点。Phillips 石油公司[410] 采用载体铬催化体系（如 CrO_3 负载在 TiO_2/SiO_2 上），经过活化和在 CO 中还原后，与助催化剂 BR_3 或 $AlEt_2(EtO)$ 反应得到双功能催化剂。加入少量烷基铝或氯化烷基铝可以提高催化剂的聚合活性。该催化剂体系也可以用加入少量吡咯或其衍生物的方法来对铬活性中心进行改性。经改性的有机铬催化剂聚合可以得到齐聚组分，而未改性和还原的铬催化剂可以原位将齐聚物与乙烯共聚，生成密度为 $0.920~0.955g/cm^3$ 的乙烯 - 己烯共聚物。另外，聚合时如果使用氢气，不但可以调节聚合物的相对分子质量，而且还可以影响共聚单体的总量和分布。

通过改变吡咯衍生物的量可控制齐聚催化剂和共聚催化剂的比例，如 $n(Cr):n(吡咯) = 1000:1$ 时，得到的 LLDPE 的支化度为 5.9/1000C。采用类似的工艺，CrO_3/SiO_2 催化剂可被部分还原为低价态有机铬化合物，得到具有不同价态铬的混合催化剂。通过调整 $Cr_4(CH_2 SiMe_3)_8$ 的用量可得到具有不同支化度的聚乙烯。

Denger 等人[420] 以 SHOP 型 Ni 系催化剂为乙烯齐聚催化剂，为了避免共催化体系中助催化剂烷基铝的影响，采用了一种无烷基铝的非均相 Ziegler 催化剂：$MgH_2/\alpha - TiCl_3/Cp_2 TiCl_2$ 作为共聚催化剂，将它们组成原位共聚催化剂体系。乙烯聚合反应的结果表明：由齐聚催化剂所产生的 α - 烯烃的活性和组成分布未受无烷基铝的 Ziegler 催化剂的影响。共聚物中 α - 烯烃的含量可用改变开始进行齐聚和开始进行共聚之间的时间间隔和两个催化剂的浓度来进行调节。

8.2.2　改进的原位共聚催化剂

现在的原位共聚催化剂是指增加了单活性中心催化剂在内的催化剂体系。由于单活性中心催化剂在齐聚和共聚上的优点，可以大大地提高双功能原位共聚催化剂的水平。如采用茂金属作为共聚催化剂来替代 Z/N 催化剂，在很大程度上解决了传统 Z/N 催化剂共聚性能差的缺点，能够制备相对分子质量分布窄的聚合物。

另外，如果采用 $Et[Ind]_2 ZrCl_2/MAO$ 作为共聚催化剂，就可以在一定程度上解决该体系中的烷基铝和 MAO 之间的相互干扰而影响催化剂性能的问题，使该体系具有高活性、聚合物中支链分布均匀、相对分子质量分布可控、相对分子质量可调、熔点范围、密度可调范围宽等特点。

由于单活性中心催化剂在双功能原位共聚方面存在的明显优点，很多科学工作者都把研究精力投入了这方面的开发研究。

Brookhart[421] 和 Gibson[422] 等人采用 2，6 - 双亚胺基吡啶配体制备 $N，N，N$ - 三齿吡啶配位铁(钴)聚合催化剂，其活性由催化剂的配体结构、乙烯压力以及齐聚反应温度来决定，该催化剂对乙烯齐聚有极高的催化活性。而且通过减小该催化剂配体上取代基的空间位阻，可以获得活性更高、线型 α - 烯烃选择性更好的乙烯齐聚催化剂，线型 α - 烯烃选择率最高可以达到 99%。通过对催化剂进行分子设计，使该催化剂能够生成偶数碳的、具有很高选择性的线型 α - 烯烃。研究认为催化剂体系之所以具有这么高的线型 α - 烯烃选择率，主要原因是在链转移反应中 β - H 转移占据了主导地位。

DuPont 公司开发的双功能原位共聚的齐聚催化剂为后过渡金属催化剂，共聚为茂金属催化剂的铁/锆络合物和甲基铝氧烷催化剂体系。该催化剂体系采用两个等量的催化剂构成双功能催化剂。这两个催化剂的 Al : Zr : Fe 的摩尔比分别为 100 : 1 : 0.025 和 1000 : 1 : 0.1。这两个催化剂体系的活性为 4×10^5 mol 乙烯/mol 催化剂，聚合所得到共聚物产品的支链度为 26 个甲基/1000 个亚甲基。

胡友良等人[423] 采用 $[(2-2-C_6H_4MeN = C(Me))_2 - C_5H_3N]FeCl_2$ 或 $[(2-ArN = C(Me))_2C_5H_3N]FeCl_2[Ar = 2，6-C_6H_3(F)_2]$ 作为齐聚催化剂，Et$[Ind]_2$ZrCl$_2$ 为共聚催化剂，以 MAO 为助催化剂催化乙烯原位共聚可以制备长支链 LLDPE。这类齐聚催化剂的催化选择性很高，其 α - 烯烃选择性大于 95%，碳数分布更窄，且更接近低碳数部分，齐聚产物的组成和齐聚催化活性适于制备长链支化聚乙烯，可以解决共聚物中低聚物残留的问题。由于助催化剂相同，不存在相互干扰，可以表现出各自的动力学特性，并可以通过调整反应条件对聚合物的物性进行调整。该方法具有共单体插入率高、熔点低、结晶度低等特征。

Quijada 等人[424] 将后过渡金属配合物 $\{[(2-ArN = CMe_2)_2C_5H_3N]FeCl_2\}[Ar 为 2-C_6H_4(Et)]$ 分别与茂金属配合物 Me$_2$Si(Ind)$_2$ZrCl$_2$ 或 Et(Ind)$_2$ZrCl$_2$ 复合成双功能原位共聚催化剂，在 MAO 的作用下，铁配合物催化乙烯聚合生成 α - 烯烃，而 Me$_2$Si(Ind)$_2$ZrCl$_2$ 或 Et(Ind)$_2$ZrCl$_2$ 共聚催化剂则可将 α - 烯烃单体和乙烯原位共聚得到支化聚乙烯。支化度为 10~40。改变 Fe/Zr 两种催化剂可以改变双功能催化剂的活性。

柳忠阳等人[425] 将配合物 $\{[(2-ArN = CMe)_2C_5H_3N]FeCl_2\}$(Ar 为 2-C_6H_4Me)与 Et(Ind)$_2$ZrCl$_2$ 复合成双功能原位共聚催化剂，在 MAO 的作用下，铁催化剂配合物催化乙烯聚合生成 $C_{10}^= \sim C_{22}^=$ 烯烃齐聚物。然后通过原位共聚得到长链支化的聚乙烯树脂。该催化剂具有高活性和聚合物的物理性能可以调节等特点。

Kaminsky 选用异丙基桥连茂锆催化剂 $[Me_2C(Cp)_2]ZrCl_2$ 为齐聚催化剂，生成了 C_{30} 以上的长链的 α - 烯烃，在共聚催化剂 $[(Me_4Cp)-SiMe_2(tBuN))TiCl_2$ 的作用下，可以得到链长达 350 个碳数的长支链聚乙烯。也可以用高活性的双亚胺基吡啶铁系催化剂 $[(2-ArN = C(CH_3))2C_5H_3N]FeCl_2(Ar = 2-Cl-4-CH_3C_6H_3)$ 作为齐聚催化剂，用 TiCl$_4$/MgCl$_2$ 为共聚催化剂，以 MAO 或者 MAO 和 TEA 的复合体为助催化剂，制备出同时具有长、短支链的 LLDPE。不但催化体系中两种催化剂之间几乎没有相互干扰，而且可以通过改变反应条件来调控支化度(支化度可以为 8 ~ 29/1000C，或 10 ~ 59/1000C)。产品具有良好的加工性能与机械性能，并降低了成本。

萧翼之等人[426]制备了 $Ni(acac)_2/TiCl_4/MgCl_2 - SiO_2 - ZnCl_2/Al(i - Bu)_3$(acac 为乙酰丙酮)复合成双功能原位共聚催化剂，研究了促进剂 $SiCl_4$ 和各种聚合条件对聚合的影响。结果表明，$SiCl_4$ 有很好的提高催化剂效率的作用，而 $Ni(acac)_2/TiCl_4/MgCl_2 - SiO_2 - ZnCl_2$ 复合双功能催化剂则具有催化乙烯齐聚和原位共聚的功能，可以聚合得到熔点和结晶度较低、有一定支化度的中、低密度聚乙烯树脂。

张启兴[427]等人制备了乙酰丙酮改性的 $TiCl_4$ 和 $Co(acac)_2$ 系列负载型复合催化剂。具体的催化剂有 $TiCl_4 - Co(acac)_2/SiO_2 - MgCl_2$，$TiCl_4 - acac/SiO_2 - MgCl_2$ 和 $TiCl_4 - acac - Co(acac)_2/SiO_2 - MgCl_2$ 等负载催化剂。在 $AlEt_2Cl$ 为助催化剂的条件下，可以催化乙烯聚合制得含己基以上共聚单体的支化聚乙烯(其己基以上支链含量达 55% 以上)。后两个催化剂实质上是形成了 $Ti(acac)_2Cl_2$、$[Ti(acac)_2Cl_2$ 及 $Co(acac)_2]$，然后再负载在载体上。它们首先进行乙烯齐聚，然后所得的 $α -$ 烯烃再在 $TiCl_4$ 作用下共聚得到支化聚乙烯。

Jiang 等人[428]报道了 $PNP/Cr(acac)_3/MAO$ 催化体系。这个催化体系产物中 $α -$ 己烯和 $α -$ 辛烯的含量可达 87.9%，可以用 $rac - Et(Ind)_2ZrCl_2/MAO$ 催化乙烯与 $α -$ 烯烃共聚合。在这个反应体系中，Cr/Zr 和 Al/Zr 对齐聚产物中 $α -$ 烯烃的含量有很大影响，并进而会影响原位共聚产物的结构。共聚产物的支化度达到 1.57%，其中包括 0.12% 乙基、0.43% 丁基和 1.02% 的己基。

Li[429]等人也选用了类似结构的高活性高选择性的乙烯三聚 Cr 系催化剂为齐聚催化剂，用 $Et(Ind)_2ZrCl_2/MAO$ 催化乙烯共聚，通过调控 Cr/Zr 比例和反应温度，可以得到一系列不同支化度的聚合物。支化聚乙烯的熔点可以从均聚物的 132℃ 降到 93℃，并且通过增加预聚时间来消除 DSC 曲线中的双峰现象，研究发现齐聚反应时间越短，越易形成均一结构的聚合物。

另外，还有一些采用特别的方法，如可以不使用助催化剂来进行双功能原位共聚的实例：

Bazan 等人[430]的一种方法是在 $[(C_6H_5)_2PC_6H_4C(O)O - k^2P, O]Ni(η^3 - CH_2CMeCH_2]$ 和 $[(η^5 - C_5Me_4) - SiMe_2(η^1 - NCMe_3)]TiMe_2$ 中分别加入 $B(C_6H_5)_3$，生成齐聚催化剂 $[(C_6H_5)_2PC_6H_4C(OB - (C_6H_5)_3)O - k^2P, O]Ni[η^3 - CH_2CMeCH_2]$ 和共聚催化剂 $\{[(η^5 - C_5Me_4) - SiMe_2(η^1 - NCMe_3)]TiMe][MeB(C_6H_5)_3]\}$，把它们用于乙烯原位聚合时不需要加入助催化剂 MAO。$^{13}C - NMR$ 研究表明，当 Ni/Ti 为 2.0 时，聚合物支化度高达 10.9%。为了更好地控制聚合物结构，他们还在双功能催化体系中同时引入两种齐聚催化剂和一种共聚催化剂组成三元乙烯原位共聚催化体系，获得了含各种支链的 LLDPE。

研究还发现，利用 Ni(Ⅱ)或 Pd(Ⅱ)作为乙烯聚合催化剂，因为镍、钯单活性中心催化剂可以不需要共聚单体，而且只要用一种主催化剂就可以使乙烯齐聚和原位共聚生成具有高度支化的聚乙烯。Ni、Pd 单活性中心催化剂还可用于含有酯和丙烯酸酯类官能团的烯烃聚合，以及使烯烃和 CO 共聚。

总的来看，这些新型双功能催化剂进行原位共聚具有如下一些特点：

① 聚合生产工艺简化，生产成本降低；

② 两种催化剂同时负载于 SiO_2 上，可以适合用于现有的聚合生产装置；

③ 由于齐聚物是不同碳数 $α -$ 烯烃的混合物，因而能够对聚合物的结构和性能进行有

效的调控，可以使产物的分子链中同时含有长支链和短支链，分别对产物的物理力学性能及加工性能产生重要的影响。

8.3 功能聚烯烃的合成技术[431,432]

功能聚烯烃的实质就是在非极性的聚烯烃大分子链上引入极性功能基团，使得聚烯烃能在保持原有优良性能的基础上增加极性，从而实现聚烯烃材料的高性能化。因此要解决此问题就是要想办法在聚烯烃大分子链中引入"极性功能基团"，让"极性功能基团"来解决聚烯烃材料的非极性问题。

8.3.1 功能聚烯烃的结构[433]

根据功能基团在聚烯烃大分子链上所处的位置和数量不同，功能化聚烯烃有如下几种结构(图8-1)：

（a）功能基团位于聚烯烃侧基，称为侧基功能化聚烯烃；

（b）功能基团位于聚烯烃侧链，且每个侧链带有多个同种功能基团，称为功能化聚烯烃接枝共聚物；

（c）功能基团位于聚烯烃链末端，而且每个链末端只带有一个功能基团，称为链端功能化聚烯烃；

（d）功能基团位于聚烯烃链末端，而且每个链末端带有多个同种功能基团，也称为功能化聚烯烃嵌段共聚物。

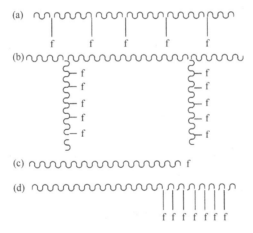

图8-1 功能聚烯烃的不同结构

f 为功能基团

从图8-1可以看出，引入的功能基团在聚烯烃大分子链中的位置和数量不同，所得到的共聚合物结构和性能也会不同，所以侧基功能聚烯烃，功能聚烯烃的接枝共聚物、嵌段共聚物和链端功能聚烯烃等，它们的性能都会有明显区别。

8.3.2 在聚烯烃中引入"功能基团"的方法

要在聚烯烃的主链上引入"功能基团"，可以有几种办法：

① 将聚烯烃树脂在后加工过程中改性，得到功能性聚烯烃；

② 将 α-烯烃和极性功能性单体直接进行共聚合，得到极性功能性聚烯烃；

③ 使用一种"反应性单体"，将它先和 α-烯烃共聚合得到功能性聚烯烃的中间体（回避了共聚合催化剂中毒问题），然后再将此中间体改性，得到极性功能性聚烯烃。

8.3.2.1　后加工改性法

由于聚烯烃本身的化学惰性，要想实现后加工改性必须依靠外加能量措施（分子自由基、辐照或等离子体等），使聚烯烃的 C—H 键断裂产生自由基，然后通过这些自由基与极性试剂发生加成或偶联化学反应，最终得到极性功能化聚烯烃。

这种方法虽然也能实现聚烯烃的功能化，但是这种后加工改性方法对聚烯烃的效率非常低，所得到的功能化产物结构比较复杂，功能基团的分布不均匀（主要分布于低分子量部分）。并且利用高能激活聚合物链产生自由基，引发单体进行接枝聚合，容易导致多种副反应，如交联和裂解反应等，会破坏聚合物的加工和机械性能，而且共聚物的结构、组成和均聚物的含量难以控制[434]，属不得已而为之的办法。

本书将不讨论这种后加工改性法。

8.3.2.2　直接共聚法

即采用合适的催化剂，将烯烃和极性单体直接进行共聚合，得到功能性聚烯烃。在过去，由于聚烯烃催化剂不能解决被极性单体中毒的问题，所以不能进行烯烃和极性单体共聚合反应。而烯烃与极性基团的共聚都是通过自由基聚合实现的，聚合需要在高压下完成。所以要让乙烯与极性单体直接催化共聚合，关键是如何选择和保护催化剂，这是直接共聚功能化方法成败的关键。

另外，极性功能单体在非极性聚合溶液体系中的溶解性也很差，不溶的极性单体会自身聚集，形成相分离体系或导致溶液黏度增加，而这两种情况都会限制单体的扩散，降低催化体系的效率、聚合产量和聚合物的相对分子质量。因此会增加烯烃和极性单体共聚合的难度。

前已叙及，早在 20 世纪 50 年代 Natta 等人[435]就已经意识到在聚烯烃中引入极性功能基团的重要性。他们在早期工作中曾报道用过渡金属催化剂合成一些含有杂原子的聚合物，但是研究结果不能令人满意。原因是通常的配位聚合催化剂不能使乙烯与含极性功能基团的单体共聚合。因为配位催化剂本身是路易斯酸，而极性功能性单体中的杂原子 N、O、P 等都含有孤对电子，它们的路易斯碱性比烯烃双键强得多，所以会优先和催化剂活性中心配位，形成很牢固的 δ 键变成稳定的化合物。单体如果再要插入就需要克服很高的能垒因而无法实现，结果催化剂就失去了活性。所以传统的概念是聚烯烃催化剂不能进行烯烃和极性功能性单体共聚合。

随着科学技术的发展和进步，目前已经可以采用几种措施实来现烯烃与极性单体的直接共聚合：

一是对极性基团进行保护，如用烷基铝对极性单体进行预处理，阻止极性基团中的杂原子与催化剂活性中心金属原子配位，防止聚合催化剂中毒。

二是采用弱亲氧性的后过渡金属催化剂进行烯烃和极性功能性单体直接共聚，有一个不利的情况是通常该催化剂的活性和聚合产物的相对分子质量都比较低。

另外还可以采用中性或酸性杂原子的功能单体。如采用中性硅原子[436,437]和酸性硼原子[438,439]功能单体，它在共聚合时不会使烯烃聚合催化剂中毒，而在共聚之后聚合物中的硼基团又可以有效地转变成多种功能基团，从而可以制备很多新型功能化聚苯乙烯或聚丙烯。

下面将会对这几种措施作进一步讨论。

8.3.2.3 反应性中间体改性共聚法

为了解决烯烃与极性单体直接共聚造成催化剂中毒失活的问题，新发展了一种方法，这种方法就是反应性中间体改性共聚法。该方法分为两步：

第一步让烯烃先和反应性单体共聚得到一个中间体（此时的中间体还不是极性共聚体，所以不会使催化剂中毒）。

第二步再有选择地将共聚的中间体转化成为极性功能性聚烯烃。这样就可以有选择地、可控地将极性功能基团引入到聚烯烃主链，得到功能性聚烯烃。而且改性后的聚烯烃还可以保持原有聚合物的优良性能。具体的反应步骤如图 8-2 所示。

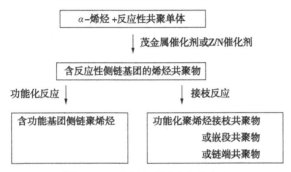

图 8-2 反应性基团功能化方法

第三种方法的关键在于所选择的反应性共聚单体必须满足以下条件：

① 不与烯烃聚合催化剂发生化学和物理反应，并且易溶于聚合体系的有机溶剂中；

② 与烯烃有很好的共聚反应性能；

③ 在进一步的功能化反应中，聚合物中的反应性基团必须能够有选择地反应，在比较温和的条件下转变为极性功能基团。

如果聚乙烯大分子在引入极性功能基团方面取得满意的结果，聚乙烯产品的性能将得到大幅度的提升，产品的应用就将进入一个崭新的领域。

8.4 乙烯与极性单体直接催化共聚法[440]

所谓直接共聚法，就是让烯烃与极性单体在催化剂的作用下直接发生共聚合反应，得到含极性功能基团的烯烃共聚物。该方法如果解决了上面所说的催化剂容易中毒的问题，就可以通过调节反应条件来控制共聚物中各链段的相对分子质量和结构组成。只要催化剂和共聚单体选用得适当，通过一步反应就能够得到所需的功能化聚烯烃，对于实现工业化比较有利[441]。

对聚烯烃较为有效的功能基团如—OH、—COOH 和—NH_2 等，它们的优点是可以与具有极性表面的材料和基体发生较强的相互作用，可以解决相容性等问题。但是缺点是这些功能单体容易使过渡金属（特别是前过渡金属）催化剂失活。要解决催化剂失活问题可以通过电子效应[442]和位阻效应[443]来阻止极性基团中的杂原子与金属的络合配位，抑制催化剂中毒[444]。

烯烃与极性单体直接共聚示意图见图 8-3。

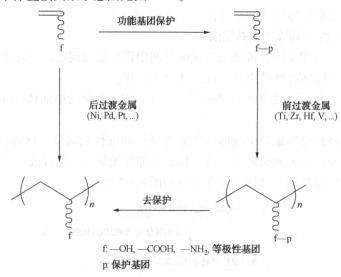

f: —OH, —COOH, —NH₂ 等极性基团

p: 保护基团

图 8-3 烯烃与极性单体直接共聚示意图

8.4.1 烯烃和极性单体共聚合催化剂的中毒问题

解决和极性单体共聚合时催化剂中毒问题的办法，使用得比较多的有两种：一种是采取保护的办法，而另一种是使用亲氧性弱的后过渡金属催化剂。

8.4.1.1 对极性基团进行保护。

对极性基团进行保护的目的是，阻止极性基团中的杂原子与催化剂活性中心金属原子配位。

由于大多数的聚烯烃(包括 HDPE，PP 等)是由 Z/N 催化剂和茂金属等前过渡金属催化剂催化聚合得到，因此采用极性基团保护法，关键是选择合适的保护剂，对进行烯烃与极性单体直接共聚合得到功能化聚烯烃具有重要意义。

而对合适的保护剂的具体要求是：不仅要有防止烯烃聚合活性中心失活的能力，而且还要能够很方便地进行保护反应和去除保护反应。

最常用的功能基团(包括醇基、酯基、氨基和卤素)的保护剂包括—CH(CH₃)₂、—AlRₙCl₂₋ₙ、Al(CH₃)₃、MAO、—Si(CH₃)₃等。其中—CH(CH₃)₂属于空间屏蔽性质的保护基团，而—AlRₙCl₂₋ₙ、Al(CH₃)₃、MAO、—Si(CH₃)₃等既可以起到空间屏蔽作用，也可以从电子效应上对极性基团的路易斯碱性起到一定的中和作用。研究结果表明，如果对极性基团的屏蔽和催化剂活性中心的保护协同使用时效果会更好。另外，在采用极性基团保护的方法进行烯烃与极性单体的共聚合反应时，将极性单体中 C═C 双键与极性基团之间充分隔离开也有利于共聚合反应的顺利进行。

20 世纪 90 年代，开展了用茂金属催化剂进行烯烃与极性单体共聚合的研究，办法是先用 MAO 或者 TMA 预处理极性单体，使活泼氢先发生反应，并将氧、氮等杂原子保护起来，然后再进行共聚[445]。

Gannini 等人[446][447]用 TiCl₄/AlR₂Cl 催化体系研究了含胺基、羟基的一系列取代 α-烯烃聚合反应，发现当所加入的极性单体中乙烯基双键与氮原子间只间隔有一个或两个亚甲基，或者当叔胺基团上的另外两个取代基为位阻小的甲基或乙基时，并不能对极性基团提供足够的屏蔽作用，催化剂几乎完全失活。但当氮原子上的取代基团为位阻较大的异丙基、乙烯基双键与氮原子间间隔有 3 个以上亚甲基并且所选用的烷基铝助催化剂为含有位阻较大的长链烷烃的 $Al(C_6H_{13})_2Cl$ 时，聚合反应就可以很顺利地进行，并得到相对高分子质量的聚合物。

由此得出当共聚单体的杂原子与位阻较大的取代基相连，且助催化剂烷基铝也含有位阻较大的取代基时，共聚效果比较好的结论。原因是位阻大的取代基屏蔽了极性原子，阻止了它与活性中心金属原子的配位，有利于烯烃双键与金属的配位，从而引发聚合。一般来说，桥连茂金属和茂金属化合物的空间位阻越大，特别是极性单体杂原子周围的取代基越大，就越有利于共聚合反应的发生，而且所得的共聚物有很好的热氧稳定性。

另外还可将极性基团上的活泼氢转化成含硅取代基团，降低杂原子的电负性，也能引发聚合。

Kashiwa 等人[448]合成了一种具有桥连结构和大空间位阻的茂锆催化剂(图 8-4)，从催化剂的角度保护了活性中心，再结合三甲基铝对 1-羟基-10—十一碳烯等极性单体的保护，成功实现了乙烯与极性单体的共聚合，制备了侧基为羟基的功能化聚乙烯。

应当注意的是，位阻或电子保护基团只能在一定程度上抑制杂原子对金属活性中心的失活作用，随着极性单体浓度的增加，这种保护作用将越来越

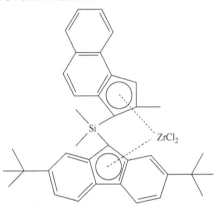

图 8-4 Kashiwa 茂金属催化剂结构

微弱，催化剂也将随之迅速失活，这是与极性单体共聚问题的难点。

8.4.1.2 使用亲氧性弱的后过渡金属催化剂

解决烯烃和极性单体共聚合催化剂中毒问题，也可以使用弱亲氧性、对杂原子比较稳定的后过渡金属，如 Fe、Ni、Co 和 Pd 的化合物作为催化剂，可以用来制备烯烃与丙烯酸的共聚物[449,450]，但催化剂活性比较低，更重要的是聚合产物的相对分子质量比较低，而且所生成的聚合物通常都含有支链结构。

8.4.2 烯烃和极性单体共聚合的催化剂

以下按使用茂金属催化剂和非茂后过渡金属催化剂进行乙烯与极性单体共聚合的情况分别加以讨论。

8.4.2.1 茂金属催化剂乙烯与极性单体共聚合

要想与极性单体进行共聚合，就必须使极性单体的 C＝C 与催化剂活性中心键合，而不是让极性基团上的杂原子与活性中心键合。

1992 年 Waymouth 等人[451]采用 $B(C_6F_5)_3$ 活化的茂金属催化剂 Cp_2ZrMe_2 或 rac-Et$(THI)_2ZrMe_2$ 和 $[(Me_5C_5)_2ZrMe]^+[B(C_6F_5)_4]^-$ 催化剂体系对极性单体的聚合和共聚合进行了研究，制备了主链上含环己醇单元的功能化聚烯烃。在这以后，出现了很多烯烃和极性单体共聚合的研究结果，如使用过量的 $MAO^{[452]}$，或用大位阻的烷基铝保护极性基团[420]，或使极性基团远离烯烃双键[453]，或使用较大位阻的催化剂[454]，都可以有效地抑制烯烃和极

性单体共聚合时催化剂的失活。

所以, 乙烯与极性单体能够成功进行共聚合的关键在于对极性单体中杂原子的处理。方法之一就是用三烷基铝 AlR$_3$ 或 MAO 对极性单体进行钝化预处理, 然后再用 MAO 作助催化剂进行共聚。对于不同类型的极性单体如果用不同的烷基铝处理效果会更好。例如丙烯酰胺(AA)和己内酰胺(CL), 用三异丁基铝(TIBA)预处理效果较好; 对于四氢呋喃(THF)则用三甲基铝(TMA)效果较好。用烷基铝处理的极性单体见图 8 - 5。

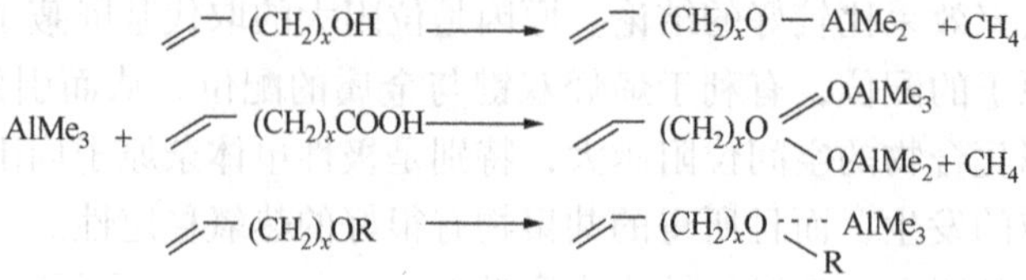

图 8 - 5　用烷基铝处理的极性单体

CL/乙烯共聚反应具有 $(1 \sim 10) \times 10^6$ g/(mol Ni·h) 的高活性, 而 AA/乙烯和 THF/乙烯的共聚活性则低得多。CL/乙烯共聚物具有较高的相对分子质量 $[(1.5 - 2.0) \times 10^5]$, 每条链有 14 个 CL 单元。而 THF/乙烯的共聚物相对分子质量则较低。

Lofgren 研究小组[455~457]在利用茂金属催化剂催化烯烃与极性单体共聚方面做了大量的工作。他们用 Et(Ind)$_2$ZrCl$_2$、Me$_2$Si[Ind]$_2$ZrCl$_2$ 等催化剂制备了含羟基功能基团的聚烯烃。他们发现, 先用 MAO 预处理共聚用的极性单体, 有利于烯烃与极性单体的共聚, 催化剂的催化效率和极性共聚单体的转化率依赖于极性单体的预处理时间。他们还用(n - BuCp)$_2$ZrCl$_2$/MAO 制备了含不同羟基取代基的烯烃与乙烯的共聚物, 用该催化剂研究了乙烯与含有醇、酸、酯功能团的极性单体的共聚, 发现含羟基的极性单体比含酸、酯的极性单体要更容易与烯烃发生共聚合反应。极性基团与双键间隔越远, 极性基团周围的位阻越大, 越容易聚合。在用 Et(Ind)$_2$ZrCl$_2$/MAO 作为催化剂研究极性单体聚合时发现, 极性基团周围含有吸电子基团时, 能有效地降低极性基团与金属中心的络合, 从而有利于共聚单体含量的提高。

该研究小组还进行了极性单体共聚反应的分子模拟计算, 发现催化剂的活性随着极性单体加入量的增加很快衰减, 他们认为活性中心的失活是因为 MAO 与极性基团形成了复合物, 从而降低了 MAO 与主催化剂形成有效聚合活性中心的数量, 使催化剂活性下降。但在聚合过程中, 随着极性单体转化率的提高, MAO 释放出来, 催化剂又被活化, 乙烯的消耗量增加。MAO 与醇的络合与解络合是可逆的, 在一定程度上使催化剂的活性得到了保持。

Imuta 等人[448]用含茚基和芴基的桥连锆催化剂进行了乙烯和极性单体 1 - 羟基 - 10 - 十一碳烯的共聚研究, 所用的催化剂空间位阻比较大, 共聚物中极性单体摩尔分数能达到 36.7%, 并能在较高的温度下获得很高的聚合活性。他们在聚合过程中先用烷基铝处理极性单体, 然后加入 MAO 和催化剂。通过对聚合物进行端基分析发现, 烷基铝对极性基团有保护作用, 同时在聚合过程中又起到链转移剂的作用。

Wilen 等人[458]使用 rac - [(Me)$_2$Si(1 - Ind)$_2$]ZrCl$_2$、[(Me)$_2$Si(IndH$_4$)$_2$]ZrCl$_2$、[Et(IndH$_4$)$_2$]ZrCl$_2$ 等一系列茂金属/MAO 催化体系催化高位阻胺与乙烯、丙烯的共聚合, 得到了含有高位阻胺的共聚物, 而高位阻胺是性能优异的光稳定剂, 捕捉自由基的能力很强。另外, 他们用此类催化剂制备了乙烯和 6 - 叔丁基 - 2 - (1, 1 - 二甲基 - 6 - 己烯) - 4 - 甲基苯酚的共聚物[459]，发现桥连茂金属催化剂比非桥连茂金属催化剂具有更高的共聚活性，能使较多的含酚单体进入聚合物分子链中。

Byun 等人[460]也用一系列茂金属催化剂合成了含苯酚基团的功能化聚乙烯，其研究结果表明，桥连的茂金属催化剂有利于极性基团的共聚，原因是桥连结构催化剂形成的活性中心空间位阻较大，阻碍了极性原子与金属中心的配位。

8.4.2.2 非茂后过渡金属催化剂乙烯与极性单体共聚合

一个更加合适烯烃和极性单体共聚的催化剂是非茂后过渡金属催化剂。非茂后过渡金属催化剂的特点是，活性中心金属原子的亲电性弱，耐杂原子的能力强，可以使烯烃和极性单体共聚，甚至可以在乳液中催化烯烃聚合。后过渡金属催化剂还可以催化环烯烃开环聚合，非环双烯烃易位聚合，以及乙烯和 CO 的共聚合等等。

对于非茂后过渡金属 Ni、Pd 和 Fe、Co 催化剂的研究结果显示，在周期表上越高位的金属构成的催化剂，就越容易进行极性聚合。原因是上述非茂后过渡金属催化剂的氧化态为 +2，具有 d^8 电子结构，亲氧性次于电子结构为 d^0 的前过渡金属催化剂，因而对官能团有较好的容忍性，可以催化烯烃与极性单体的共聚。如 Ni、Pd 催化剂就可以使乙烯和极性单体共聚合，得到高度支化的无规共聚合物。而且聚合得到的都是支链状的聚合物，在共聚物中支链也很多，共聚的单体都接在链的端基上，此聚合物的结构与传统意义上的结构完全不同[461]。

Brookhart 等人[462]用 Pd 二亚胺催化剂体系首次合成出非极性烯烃(乙烯、丙烯)和丙烯酸酯的共聚合物。共聚反应由乙醚加合物或更稳定的螯合物催化丙烯酸酯与乙烯或丙烯共聚形成高相对分子质量的无规共聚物。丙烯酸酯单体均匀地分布在高分子链上，并主要位于支链的末端。原因是丙烯酸甲酯以 2，1 方式插入，然后重排，这样使得丙烯酸甲酯都位于链的末端。改变亚胺上取代基的位阻大小，可以提高共聚物中极性单体的含量。

与该催化剂所得到的乙烯均聚物相似，乙烯－丙烯酸酯共聚物也是无定形、高度支化的物质，支化度可以达到大约 100 支链/1000C，玻璃化转变温度(T_g)的范围下降至 $-67 \sim -77℃$，收率则较相应的乙烯均聚物减小很多。Pd 二亚胺催化剂的结构如图 8－6 所示。

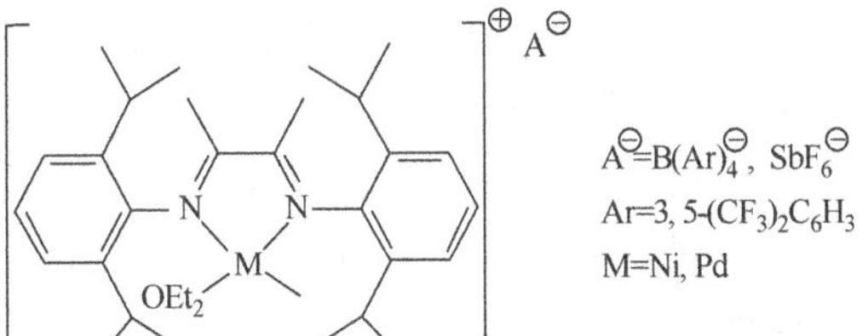

$A^\ominus = B(Ar)_4^\ominus, SbF_6^\ominus$
$Ar = 3, 5\text{-}(CF_3)_2C_6H_3$
$M = Ni, Pd$

图 8－6 Brookhart 后过渡金属 Pd，Ni 二亚胺催化剂的结构图

Johnson 等人还报道了将丙烯酸酯和乙烯共聚合得到乙烯共聚物的研究结果，其丙烯酸酯单元呈单峰均匀分布在共聚物中。乙烯－丙烯酸酯共聚物高度支化，支化度为 100 支链/1000C，酯基主要分布于支链端[463]。

Marques 和 Chien 等人[464][465]利用 Brookhart 后过渡金属镍催化剂(见图 8－4)研究了一系列极性单体与乙烯的共聚反应。极性单体包括四氢呋喃、己内酯、醋酸乙烯酯，含酰胺键的烯烃以及长链含极性基团的烯烃。他们的研究结果也表明用烷基铝预处理极性单体有助于后过渡金属镍催化剂共聚产物的合成。

图 8-7 中的 Ni 二亚胺催化剂用于乙烯与极性单体进行共聚合，在进行乙烯、丁烯和极性单体共聚时聚合活性非常低。可是当加入的极性单体是 CL 时，共聚活性为 $3 \times 10^3 \text{g} / (\text{molNi} \cdot \text{h})$；而加入 AA 时，三元共聚活性达到 $7 \times 10^4 \text{g} / (\text{molNi} \cdot \text{h})$；当加入 THF 时，三元共聚活性则可达 $1.9 \times 10^5 \text{g} / (\text{molNi} \cdot \text{h})$。这说明不同的极性单体其共聚合情况是有区别的。

镍、钯的水杨醛亚胺(含 N/O 配体)配合物可以高活性地催化乙烯、丙烯的聚合，而且对极性单体有很好的耐受性。这些特性为它们催化烯烃与极性单体的共聚合打下了基础。Younkin 等人[466]将中性水杨醛亚胺后过渡金属催化剂用于烯烃和极性单体共聚，该体系催化剂具有很强的耐极性单体能力，在乙醇、丙酮、乙醚、三乙胺和水存在下能够保持一定的活性。

图 8-8 中的水杨醛亚胺镍催化剂配合物 1，可以催化乙烯和含羟基的降冰片烯(如降冰片烯 -4-醇)的共聚合。而水杨醛亚胺镍催化剂配合物 2 可催化乙烯与含酯基的降冰片烯(如降冰片烯 -4-甲酸甲酯)的共聚合[467]。

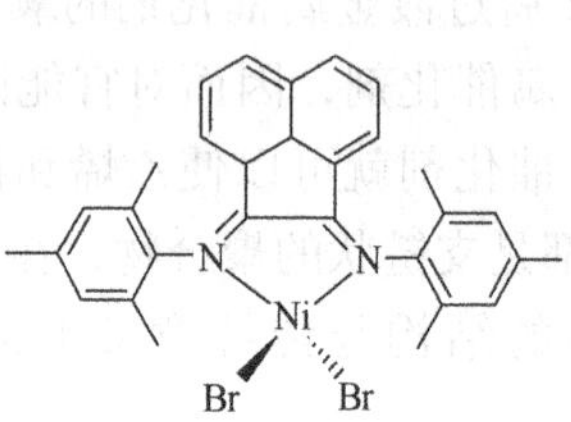

图 8-7 Brookhart 后过渡金属
Ni 二亚胺催化剂的结构图

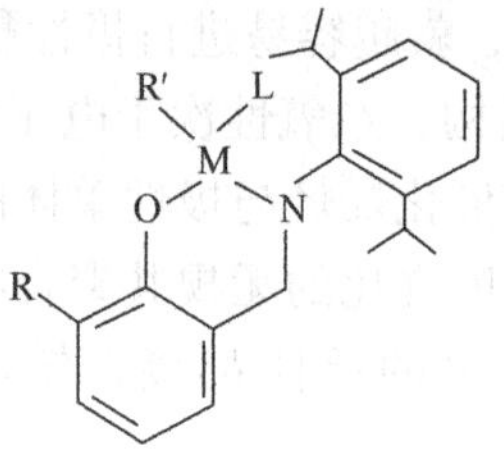

图 8-8 水杨醛亚胺镍配合物的结构
1—R 为蒽基、R′为 Ph，L 为 Ph₃P;
1—R 为蒽基、R′为 Ph，L 为 Ph_3P;
2—R 为蒽基、R′为 CH_3，L 为 Ph_3P

Soula 等人[468]研究了以氟代磷氧配体与镍的配合物为催化剂，用于乙烯与含官能基团的烯类单体乳液共聚合。在制得的共聚物中，带极性基团的共聚单体的摩尔分数为 7% ~ 8%，共聚物的性质与乙烯/十六烯共聚物极为相似。

Michalak 等人[469][470]用密度函数理论法(DFT 法)研究了后过渡金属催化剂制备功能化聚烯烃的机理，结果发现，以上各类后过渡金属催化剂用于烯烃与极性单体的共聚反应中，从共聚反应开始就存在两种配合物，一种是极性单体中的双键与金属形成的 π 配合物，另一种是极性单体中的氧原子或氮原子与金属形成的 σ 配合物。对于 Brookhart 型的催化剂而言，钯催化剂的 π 配合物比较稳定，镍催化剂的 σ 配合物比较稳定；对于 Crubbs 型的水杨醛亚胺催化剂，钯和镍的 π 配合物都比相应的 σ 配合物稳定。所以，Gubbs 型的水杨醛亚胺催化剂对极性单体的共聚更有效。

有关这方面的专利技术由 DuPont 公司获得。他们得到了镍和钯二亚胺络合物以及铁和钴二亚胺络合物制备烯烃聚合物(包括乙烯、α-烯烃、环烯烃)催化剂的专利。

应当强调说明的是，到目前为止烯烃与极性单体进行共聚反应的成功只是局部的，还有一些关键的问题尚未完全解决，如位阻或电子保护基团只是在极性单体浓度低时能够保护催化剂金属活性中心不失活，而随着极性单体浓度的增加，这种保护就会减弱，催化剂也就随之失活。另外，后过渡金属催化剂用在烯烃聚合反应时容易发生链转移反应，因而得到的聚合物相对分子质量偏低，并且不能够制备立构规整的聚烯烃。但是以 α-烯烃与极性单体直接共聚合成侧基功能化聚烯烃显然是一种很好的思路，是一种值得研究和发展的功能化聚烯烃的合成方法。

8.5 反应性中间体共聚合方法

与烯烃和极性单体直接共聚方法不同，反应性中间体共聚合法并不直接使极性单体与烯烃单体进行共聚，所以可以避免聚烯烃催化剂的中毒失活。这种方法是选用一种不会让聚烯烃催化剂中毒的"反应性"单体，利用茂金属催化剂优良的共聚特性，以较高的催化剂活性、较高的共单体插入率实现烯烃单体和这种"反应性"共聚单体的共聚合，得到带有反应性基团的"反应性聚烯烃中间体"。然后再利用反应性基团的化学性质，选择性地在反应性基团上进行各种功能性转化反应(包括转化为极性基团)，得到功能化聚烯烃。

对于含有 C≡C 双键、C—B 键、C—Si 键以及苄基等这一类基团的单体，因为它们的极性较弱，虽然具有较好的反应活性，但是不会和聚烯烃催化剂进行反应而使聚合催化剂失活，同时在比较温和的条件下又可以转化为极性基团。如果先将烯烃和含有这一类反应性基团的单体共聚，制备出含有反应性基团的共聚物，然后再经过化学改性，将这类反应性基团转化为极性基团，或者转化为聚合引发基团，引发其他类单体聚合，就可以比较安全地制备出功能化的聚烯烃接枝共聚物。

在使用反应性中间单体法制备聚烯烃接枝共聚物时，控制反应性单体在共聚物中的含量，就能控制接枝共聚物的接枝点密度。而且反应性基团还可引发活性聚合，因此支链长度也可控制。所以，制备结构可控的聚烯烃接枝共聚物是反应性单体法最大的优点。

8.5.1 对于反应性单体的要求

由于上述两步反应的不同情况，对于反应性单体有如下的要求：

① 所选择的反应性单体必须能与烯烃在第一步有很好的共聚反应能力，但是不会与催化剂发生反应，对催化剂无毒害作用，而且易溶于聚合体系的有机溶剂中；

② 在第二步的功能化反应中，聚合物中的反应性基团必须能够选择性地进行各种功能性转化反应，在比较温和的条件下转变为极性功能基团，得到各种功能化聚烯烃。

8.5.2 反应性单体的类型

符合要求的反应性单体包括：含有 C—B 键的 ω – 硼烷反应性单体[471]，含有苄基的对甲基苯乙烯反应性单体[472]和含有双键的对二乙烯基苯[473]等，它们都能与烯烃单体很好地共聚合，生成共聚物组成宽、相对分子质量及其组成分布都很窄的烯烃共聚物大分子。反应性基团均匀分布在聚烯烃主链上，而且能够有效地、有选择性地发生进一步的功能化或接枝反应[474]。

由于功能基团在聚烯烃大分子链上所处的位置和数量不同，所以适合与烯烃共聚合的反应性中间体有以下几种类型。

8.5.2.1 含有烷基硼的反应性共聚单体

Chung 等人[471]发现大多数含烷基硼基团的 α – 烯烃单体具有以下特征：

① 含烷基硼的反应性单体呈酸性，不会与酸性催化剂和助催化剂发生反应，对于 Z/N 催化剂和茂金属催化剂比较稳定，无需进行基团保护；

② 在 Z/N 或茂金属催化剂的聚合溶液体系(己烷、甲苯)中的溶解性较好，可以制备出

高相对分子质量的聚合物；

③ 聚合物中的硼化合物可以转化成各种各样的功能基团。如 C—B 键氧化断裂后能引发甲基丙烯酸甲酯等单体的活性自由基聚合，得到功能化的聚烯烃接枝共聚物。

8.5.2.2　含有对甲基苯乙烯的反应性共聚单体

此单体可以有效地与烯烃共聚，并且对位上的甲基可以有选择性地进行功能化反应，生成所需的各种功能基团如—OH、—NH₂、—COOH、酸酐和卤族原子。反应性基团也可转变为相对稳定的阴离子引发剂，引发活性阴离子接枝聚合，制备聚烯烃为主链、不同功能聚合物为侧链的接枝共聚物。这类共聚物不仅可以提供大量的功能基团，而且可以保持聚烯烃原有的性能不变（如结晶性、熔点、玻璃化转变温度）。对甲基苯乙烯作为反应性共聚单体主要的优点是其价格低廉，宜于与烯烃共聚合。

8.5.2.3　含有不饱和键的反应性共聚单体

含有不饱和键的二烯烃单体在聚合时如果两个双键同时参与反应，容易引起不希望的"交联"或"环化"反应。而如果双键在反应中不能完全转化，则残留的双键又会对聚合物的热稳定性造成影响。如果严格控制聚合条件，让其只发生轻度交联，那么烯烃和二烯烃共聚就有希望得到长链支化聚烯烃，但这种聚合条件控制的难度很大。

而乙丙橡胶 EPDM（乙烯、丙烯、二烯三元共聚物）含有少量双键，可以为进一步的交联或功能化提供反应性基团，进而得到所需的橡胶产品。类似的反应性单体有 5 - 乙烯基 - 2 - 降冰片烯、1，4 - 己二烯、二环戊二烯[475] 等。

另外，还可以通过催化剂的设计使茂金属活性中心具有特定的立体空间，有选择地进行烯烃双键配位和加成，由此让二烯的范围随之扩大，使二烯的聚合效率也有所增加，同时可以避免"交联"和"环化"等副反应的发生[476,477]。

8.5.3　功能聚烯烃接枝共聚物的聚合方法

接枝共聚合是通过在聚烯烃分子链上生成能够连接活性聚合引发基团的接枝点，或者直接由烯烃配位共聚合反应在聚烯烃分子链上引入活性阴离子聚合或控制/"活性"自由基聚合的引发基团或它们的前体，然后在聚烯烃侧链进行极性单体的活性阴离子或控制/"活性"自由基聚合，这样可以合成接枝点密度和接枝链长度等结构参数明确可控的各种功能化聚烯烃接枝共聚物。

在功能聚烯烃接枝共聚物中包含聚烯烃主链和功能聚合物侧链两部分。为了保持原来聚烯烃主链的性能，侧链上的极性功能基团的浓度不能太大，否则会造成主链性能（包括熔点、结晶度等）的损失。而适当的极性功能基团浓度可以在分子间相互作用加强的同时保持聚烯烃原有的物理机械特性（结晶性、熔点等），使得到的接枝共聚物可以作为表面活性剂、聚烯烃共混物和复合材料的相容剂[478]等。因此，利用反应性基团与烯烃共聚合，然后功能化改性制备极性功能化聚烯烃共聚物是一种很好的方法。

Chung 等人[479]利用侧链含硼的烯烃共聚物加入氧气生成过氧化硼，均裂后形成的自由基可以引发甲基丙烯酸甲酯等单体的活性自由基聚合，制备含聚烯烃（PE、PP 和乙丙共聚物等）和功能聚合物（聚甲基丙烯酸甲酯、聚丙烯酸等）的接枝共聚物，制得的共聚物相对分子质量及分子结构组成分布窄并且可控。

8.5.3.1 从烯烃配位聚合向活性阴离子聚合转化的聚合方法

Chung 等人[480]利用锂化反应,通过将含有对甲基苯乙烯或二乙烯苯的反应性聚烯烃分子链中的苄甲基或苯乙烯转化成苄基锂,将烯烃配位聚合与苄基锂引发的活性阴离子聚合相结合,合成出主链为聚烯烃、接枝链为聚苯乙烯、聚甲基丙烯酸甲酯或聚丙烯腈等多种极性或非极性聚合物的功能化聚烯烃接枝共聚物(图 8 - 9)。

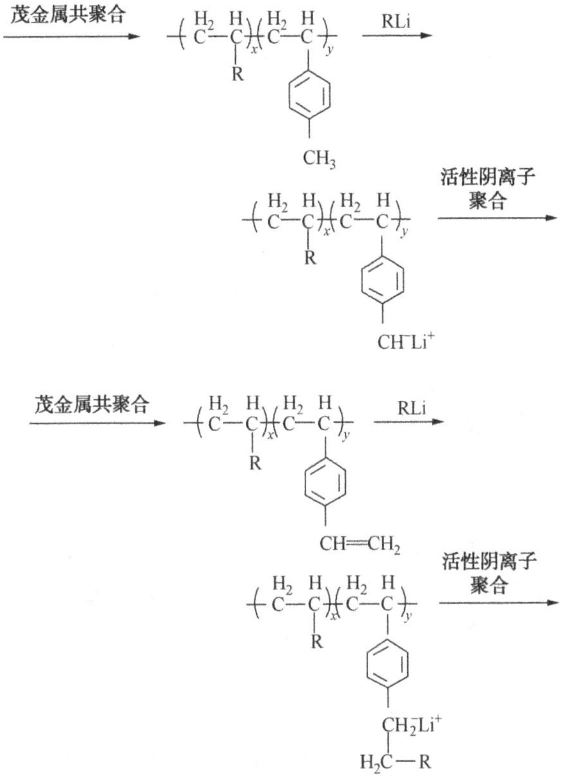

图 8 - 9 烯烃配位聚合/活性阴离子聚合合成聚烯烃接枝共聚物

胡友良等人[481]将含有对甲基苯乙烯单元的乙烯共聚物转化成侧基带有醇钠基团的聚乙烯,引发环氧乙烷的阴离子开环接枝共聚合,合成了聚乙烯 - 聚氧化乙烯共聚物,这些接枝共聚物的结构参数都可以在较大范围内调控。

8.5.3.2 从烯烃配位聚合向活性自由基聚合转化的聚合方法

控制/"活性"自由基聚合由于适用的极性单体较多,因此被更多地用于功能聚烯烃接枝共聚物的合成。"活性"自由基聚合包括原子转移自由基聚合(AIRP)、氮氧自由基存在下的控制自由基聚合(NMP)和硼氧自由基存在下的控制自由基聚合等。

Chung 等人[482,483,484]采用 Z/N 和茂金属催化剂,催化烯烃与带有反应性烷基硼基团的 α - 烯烃单体共聚合,得到分子链上带有烷基硼基团的聚烯烃。然后利用烷基硼基团在氧气存在下的氧化反应,在聚烯烃分子链上产生过氧化烷基硼引发剂。再通过过氧化烷基硼分解,产生一个烷氧自由基和一个硼氧自由基。在稳定的硼氧自由基的控制下,聚烯烃分子链上的烷氧自由基引发甲基丙烯酸甲酯和醋酸乙烯酯等多种极性单体的可控聚合和共聚合反应,制得结构参数明确可控的各种功能聚烯烃接枝共聚物(图 8 - 10)。

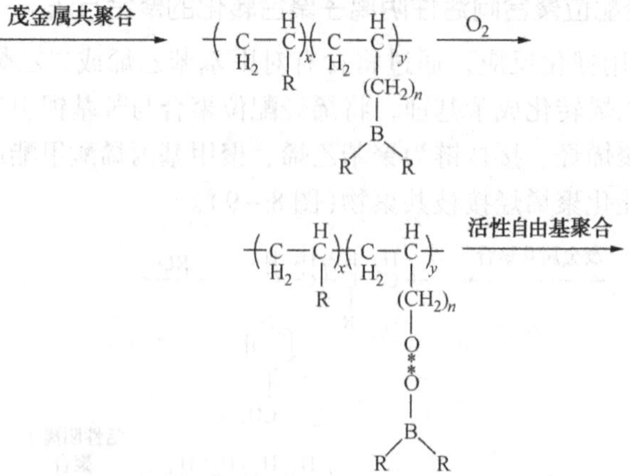

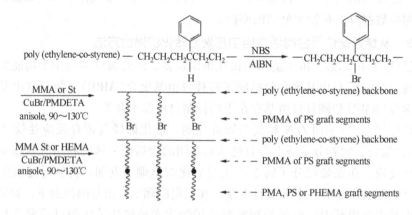

图 8-10 烯烃配位聚合与硼烷自由基引发聚合合成聚烯烃接枝共聚物

原子转移自由基聚合（AIRP，包括反向原子转移自由基聚合）、氮氧自由基存在下的控制自由基聚合（NMP）以及可逆加成-裂解链转移活性自由基聚合（RAFT）等新的控制/"活性"自由基聚合机理也被用于结构可控的功能聚烯烃接枝共聚物的合成。

Mulhaupt 等人[485]用后过渡金属钯催化剂也实现了乙烯和带有烷氧基胺基团的 α-烯烃单体的共聚合，制备了支化型的聚乙烯和聚苯乙烯的接枝共聚物以及聚乙烯和苯乙烯-丙烯腈无规共聚物的接枝共聚物。

Shimada 等人[486]通过 γ 射线辐照的方法在聚乙烯分子链上产生过氧化氢基团，然后以三氯化铁/PPH₃ 为催化剂，以大分子链上的过氧化氢为引发剂，进行甲基丙烯酸甲酯的反向原子转移自由基聚合，制备了接枝结构可控的聚乙烯-聚甲基丙烯酸甲酯接枝共聚物。

Sen 等人[487]通过溴化由茂金属催化剂制备的乙烯-苯乙烯共聚物，将溴引入到苯乙烯单元的苄基位，从而将乙烯-苯乙烯共聚物转化成一个原子转移自由基聚合的大分子引发剂，并用于甲基丙烯酸甲酯、丙烯酸甲酯和苯乙烯的聚合，以及甲基丙烯酸甲酯-苯乙烯、甲基丙烯酸甲酯-丙烯酸甲酯和甲基丙烯酸甲酯-甲基丙烯酸羟乙酯等的嵌段共聚合，合成了多种功能聚乙烯接枝共聚物（见图 8-11）。

图 8-11 烯烃配位聚合与原子转移自由基聚合 ATRP 相结合合成功能聚烯烃接枝共聚物

8.5.3.3　大分子单体聚合法

还可以用所谓的大分子单体法合成功能化聚烯烃接枝共聚物。如采用含可聚合基团的终止剂终止活性聚合反应，得到相对分子质量可控、相对分子质量分布均一的大分子单体，并再让其参与共聚合反应，这也是合成结构明确的接枝共聚物的一种方法。

Brookhart 等人[488]利用后过渡金属 Pd 催化剂引发的乙烯活性聚合，将甲基丙烯酸酯引入到聚乙烯端基，然后利用原子转移自由基聚合进行甲基丙烯酸酯封端的聚乙烯大分子单体与丙烯酸正丁酯的共聚合反应，合成了主链为聚丙烯酸正丁酯、接枝链为聚乙烯的接枝共聚物。这是烯烃配位活性聚合与自由基控制/"活性"聚合两种活性聚合机理结合而合成功能聚烯烃接枝共聚物的成功例子。

Kashiwa 等人[489]以三甲基铝引发己内酯与羟基封端的聚乙烯的缩聚反应，合成了主链为聚己内酯、接枝链为聚乙烯的接枝共聚物。而他们所用的羟基封端的聚乙烯并不是由活性聚合反应所制备，而是由茂金属催化在烯烃聚合反应过程中的链转移反应得到，其相对分子质量由链转移反应所控制，相对分子质量分布仍然较窄，而产率非常高。

总的来看，配位聚合与其他机理的极性单体活性聚合相结合的技术，是今后烯烃聚合理论和技术发展的一个新方向，值得深入进行研究。另外，新型耐杂原子的烯烃聚合催化剂体系的研究，对于功能聚烯烃接枝共聚物的合成至关重要。

8.5.4　功能聚烯烃嵌段共聚物的聚合方法

使烯烃配位聚合向活性阴离子聚合或活性自由基聚合转化，是非常有效的合成结构明确的功能聚烯烃嵌段共聚物的方法。单活性中心茂金属催化剂在烯烃配位聚合中的应用使这种方法得到了更进一步的完善。利用茂金属催化在烯烃聚合过程中可控的链转移反应，可以有效地将活性自由基聚合或活性阴离子聚合的引发剂或其前体连接到聚烯烃链末端，同时所得到的聚烯烃具有相对分子质量可控、相对分子质量及组成分布均匀等特点。

8.5.4.1　烯烃配位活性聚合方法

以烯烃配位活性聚合的方法合成功能聚烯烃嵌段共聚物的例子非常少，原因是很难找到一种催化剂既符合配位活性聚合的要求又能耐受极性单体。文献中只报道了几种催化剂体系可以通过顺序加入烯烃单体和极性单体的方法制备功能聚烯烃嵌段共聚物。

8.5.4.2　从烯烃配位聚合向活性阴离子聚合转化的聚合方法

通过将聚烯烃链末端带有的极性功能基团或反应性基团转化成活性阴离子聚合的引发剂基团，可以实现烯烃配位聚合向活性阴离子聚合的转化，制备功能聚烯烃嵌段共聚物。

Chung 等人[490]将羟基封端的聚乙烯及其 α - 烯烃共聚物转化成末端带有醇钠基团的聚合物，引发环氧乙烷的阴离子开环聚合，合成了一系列聚烯烃 - 聚氧化乙烯嵌段共聚物。

Kim 等人[491]从茂金属催化的可控烯烃聚合链转移反应所制备的链末端带有羟基的聚乙烯出发，以辛酸锡为催化剂实现了 ε - 己内酯在聚乙烯链末端的开环聚合，制备了聚乙烯 - 聚己内酯嵌段共聚物。

8.5.4.3　从烯烃配位聚合向活性自由基聚合转化的聚合方法

从烯烃配位聚合向活性自由基聚合转化的聚合方法是研究得最多的制备功能聚烯烃嵌段共聚物的方法。原子转移自由基聚合(ATRP)以及可逆加成 - 裂解链转移活性自由基聚合

（RAFT）等新的控制/"活性"自由基聚合机理也被用于结构可控的功能聚烯烃嵌段共聚物的合成研究。

Klumperman 等人[492]提出了一种从链末端带有羟基的功能聚烯烃出发、以原子转移自由基聚合机理合成功能聚烯烃嵌段共聚物的方法，如图 8-12 所示。

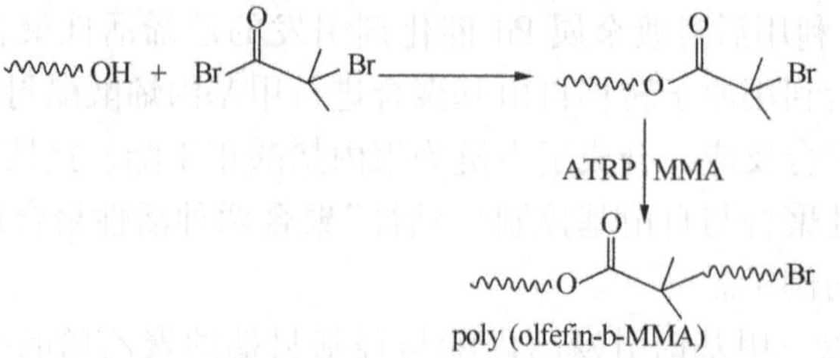

图 8-12　通过原子转移自由基聚合（RAFT）合成功能聚烯烃嵌段共聚物

羟基封端的聚烯烃可由多种方法制备得到，通过羟基与 2-溴代异丁酰溴的酯化反应在聚烯烃链末端产生一个原子转移自由基聚合的引发剂基团，可以引发包括甲基丙烯酸甲酯、丙烯酸酯和苯乙烯等极性和非极性单体的活性自由基聚合，制备聚烯烃嵌段共聚物。

从一些制备功能聚烯烃嵌段共聚物的实例得出的结论是，要想得到链末端带有一个极性聚合物链的功能聚烯烃嵌段共聚物，毫无疑问，从烯烃配位聚合向控制/"活性"自由基聚合的转化是比较有前途的聚合方法。

8.5.5　链端功能聚烯烃的聚合方法（末端含功能基团的聚烯烃）

相对于将极性功能基团引入到聚烯烃的侧基或侧链而合成侧基功能聚烯烃或聚烯烃接枝共聚物来说，将一个或多个极性基团选择性地引入到聚烯烃大分子链端而合成链端功能聚烯烃或者聚烯烃嵌段共聚物的难度更大。

有 3 种可以考虑的进行聚烯烃链端功能化的方法。

8.5.5.1　端基带有不饱和双键聚烯烃的化学改性聚合方法

β-氢、β-甲基消除反应可使聚烯烃链端产生不饱和双键。通过控制催化剂结构或调节聚合反应条件，使 β-氢、β-甲基消除反应成为烯烃聚合主要的链终止反应，可以在聚烯烃终止链末端产生不饱和双键，通过这些不饱和双键上的化学反应，可以制备链端功能聚烯烃。

到目前为止，从具有不饱和末端的聚烯烃出发制备链端功能聚烯烃最成功的例子是 Chung 等人[493~495]通过硼氢化反应和氧化反应合成端基带有马来酸酐、羟基和胺基等功能基团的聚丙烯。

8.5.5.2　链转移聚合方法

链转移方法是适用范围最广、效率最高的合成端基功能聚烯烃的方法。在烯烃聚合反应过程中，通过加入适当的、带有功能基团的链转移剂，使聚合物增长链选择性地向其链转移，不但可以将功能基团引入大分子链末端，而且由于在发生链转移反应后新生成的催化活性中心上，仍可以发生烯烃单体的插入聚合反应，整个聚合反应的效率并不会有明显的降低。

链转移方法制备末端功能基团聚烯烃是用 Z/N 催化剂或茂金属催化剂进行烯烃聚合时加入链转移剂，原位生成含末端反应性基团的聚烯烃，然后进行功能化制备末端功能基团聚烯烃。

可以作为链转移剂的有烷基锌[496]、烷基铝[497]、有机硅氢化合物[498]和有机硼氢化合物[499]。Z/N 催化剂在聚合过程中，烷基锌、烷基铝既是共引发剂，又是链转移剂。

Chung 等人[500]以含有 $\beta - H$ 的烷基硼化合物作为茂金属催化的烯烃聚合反应的链转移剂，通过 $\beta - H$ 与催化活性中心金属 - 烷基的配体交换，将烷基硼引入到聚烯烃链端。聚烯烃端基的烷基硼基团可以进行多种功能反应，制备端基功能化的聚烯烃。聚乙烯、乙烯 - α - 烯烃共聚物、乙烯 - 苯乙烯共聚物和间规聚苯乙烯等都通过这种方法实现了端基功能化。

对于链端功能聚烯烃的合成，综合起来看，比较可行的方法可能还是首先在聚烯烃链末端引入具有化学活泼性的反应性基团，然后在温和、易操作的条件下将反应性基团转化为各种极性功能基团。

8.6 烯烃配位活性聚合方法

活性聚合是指在聚合过程中没有链终止、也没有链转移的聚合反应。它的一个重要特征是聚合物的数均相对分子质量与单体转化率呈线性增长关系，也即不存在任何使聚合链增长反应停止的聚合反应。一种单体 A 聚合结束后，加入第二种单体 B 时，只会生成相对分子质量更大的 AB 型嵌段共聚物，而不会生成均聚物。活性聚合的特点概括如下：

① 聚合反应一直进行到单体全部转化，继续加入单体，大分子链又继续增长；

② 聚合物的数均相对分子质量随单体的不断转化呈线性增加；

③ 在整个聚合过程中，活性中心数保持不变；

④ 聚合物相对分子质量可进行计量调控；

⑤ 聚合物的相对分子质量分布为窄分布(M_w/M_n 接近于 1)。

由于烯烃活性聚合能精确控制聚合物的结构，因此在制备嵌段共聚物和端基功能化聚合物方面具

有优势，特别是用来制备具有预期相对分子质量、相对分子质量分布窄的嵌段、接枝和星形聚合物，以及末端功能的聚合物材料方面。通过活性聚合技术的发展，将会进一步扩展聚烯烃的结构，为聚烯烃提供新的物理性质和用途。

8.6.1 烯烃配位活性聚合的发展

1956 年，Szware 等人根据苯乙烯聚合实验结果，首次提出了阴离子型无链终止、无链转移的活性聚合的概念，引起了高分子化学工作者的重视和关注。由于活性聚合法在控制高聚物一次结构上的优势，其他活性聚合如阳离子、自由基、开环及配位活性聚合等研究工作也迅速展开。

1979 年，土肥义治等人[501]采用可溶性催化剂 V(acac)$_3$ - AlEt$_2$Cl 体系实现了丙烯的活性聚合，得到了间规聚丙烯。相对分子质量分布极窄(M_w/M_n: 1.05 ~ 1.20)。相对分子质量的增加与反应时间呈线性关系。在整个反应过程中，大分子链数目一直保持不变，显示了

活性聚合的特点。

但是由于催化剂的反应温度太低（< −60℃），因此催化剂的活性很低。再加上烯烃配位聚合容易发生链转移和链终止及异构化反应，这就使得烯烃配位活性聚合的研究长期处于徘徊不前的局面。

1996 年，Brookhart[502]发现使用二亚胺钯配合物催化乙烯（或丙烯）与丙烯酸甲酯（MA）共聚合，可以得到相对分子质量分布为 1.6 的高相对分子质量的共聚物，MA 单元在该共聚物中的比例不会因为配体的空间位阻变化而改变，且酯基主要分布在链端。

Marques 等人[503]的研究发现，与二亚胺钯配合物不同，二亚胺镍的配合物不能直接催化烯烃和极性单体的共聚合，但如果用三烷基铝作钝化剂使极性基团钝化，则可以顺利地实现烯烃与乙酸乙酯、丙烯腈、MA 等的共聚合。

同年 McConville[504]发现了一种中心原子为钛、配体为氮化合物的二齿配位催化剂[RN$(CH_2)_3$NR]$TiMe_2$（R 为 2，6 − $iPr_2C_6H_3$）。室温下以 B$(C_6F_5)_3$作助催化剂，可以让 α − 烯烃进行活性聚合。

1998 年，Shiono[13]重新评价了 McConville 发现的这种催化剂在不同助催化剂作用下的催化性能。实验结果证明，只有干性的改性甲基铝氧烷才能与主催化剂一起进行丙烯的活性聚合。（含氮二齿/三齿配体的 Ti/Zr 催化剂多用于长链烯烃的活性聚合，得到无规结构的聚合物）

1999 年，Tshuva 等人[505]合成出一种新型的含[ONO]和[ONNO]结构的 IV 族金属胺的双（酚盐）配合物。该配合物在室温下与 B$(C_6H_5)_3$并用时的活性可达 35kg/（mol · h），所得聚合物的相对分子质量分布极窄（M_w/M_n：1.07 ~ 1.12），且相对分子质量随聚合时间的延长而增加。当温度提高到 65℃时，该反应仍能保持一定的活性聚合特性，所得聚 1 − 己烯的 $M_n = 2.2 \times 10^4$，$M_w/M_n = 1.30$，用该复合催化剂可制取己烯与辛烯嵌段无规聚合物。

同年，日本三井化学公司宣布开发成功苯氧基亚胺类的过渡金属配合物——FI 催化剂，在一定条件下，钛系 FI 催化剂与 MAO 共用时具有活性聚合的特征。如在 50℃、常压时，T − 1 配合物与 MAO 并用催化乙烯聚合 1min 后，所得聚合物的 $M_n = 6.5 \times 10^4$，$M_w/M_n = 1.17$。若在亚胺 − 氮原子上苯基的邻位处引入多个氟原子，该催化剂在较高温度下具有很高的活性，可合成出高相对分子质量的聚乙烯，M_n 与聚合时间呈线性增加和相对分子质量分布极窄都可证明该反应具有活性聚合的特征。含氟的 FI 催化剂也是迄今为止报道的第一种同时兼具活性聚合和高立构选择性的催化剂，既可用于乙烯也可用于丙烯的活性聚合。

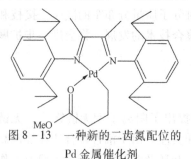

图 8 − 13　一种新的二齿氮配位的 Pd 金属催化剂

2003 年，Brookhart[506]合成了一种新的二齿氮配位的 Pd 金属催化剂（如图 8 − 13 所示），用于乙烯活性聚合，得到单/双端基功能化的无定形聚乙烯，并制备了一系列具有特殊微结构的 1 − 十八烯/乙烯二嵌段共聚物。

8.6.2　烯烃配位活性聚合催化剂实例

Fujita[507]合成了一类[NONO]四配位的高活性钛系催化剂（如图 8 − 14 所示）。研究表明[15]，室温下，这类催化剂可以实现乙烯的活性聚合，即使中断乙烯的供应，也不会发生链终止反应。在较高温度时(50℃)，这种催化体系仍有活性聚合的特性。另外，在室温条件下，该催化剂还可以制备单分散的乙烯－丙烯共聚物，共聚物中的乙烯含量为14.7%～47.9%，分散度为$M_w/M_n=1.07～1.13$，具备活性聚合的特点。

Tshuva 等人[508]以二(双丁基苯)三氧亚胺钛为催化剂，以 $B(C_6F_5)_3$ 为活化剂进行己烯聚合。在室温条件下，反应31h后催化剂仍具有活性，所得聚己烯的重均相对分子质量 M_w 为445000，多分散系数为1.12。而己烯和辛烯嵌段共聚物的数均相对分子质量 $M_n=11600$ 多分散系数为1.2。

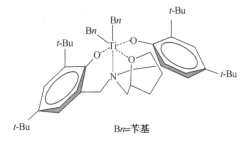

图8－14　一种[NONO]四配位的高活性钛系催化剂

Gottfied 等人[506]以二(双异丙基苯)二亚胺基呋喃钯催化剂和二(双异丙基苯)二亚胺基甲基胺基钯为催化剂，在5℃的氯苯溶剂中进行乙烯活性聚合，得到了高度支化的无定形聚乙烯。反应15h，数均相对分子质量 M_n 随着反应时间的增加而线性增加，多分散系数保持在1.1以下。采用二亚胺基呋喃钯催化剂得到的聚合物是以酯基封端的，二亚胺基甲基胺基钯催化剂得到的聚合物是以饱和烃进行封端。

另外，以 $Ph_3CB(C_6F_5)_4$ 和 $AlBu_3$ 作助催化剂用 $Cp*TMe_2(O-2,6-Pr_2C_6H_3)$ 在 $-30℃$ 下催化乙烯聚合，显示了很高的催化活性，聚合反应以活性聚合的方式进行，所得的聚己烯的数均相对分子质量 $M_n=1.87×10^6$，多分散系数为1.27。

Brookhart 等人[509]报道了用后过渡金属 Co(III)配合物 $\{[C_5Me_5P(OMe)_3CoCH_2CHR-\mu-H]+\}$(R＝H，烷基，芳基)催化乙烯活性聚合制备各种末端含官能团的聚乙烯，结果表明，得到的聚乙烯相对分子质量分布(M_w/M_n)非常窄，仅1.11～1.16，重均相对分子质量(M_w)可达$2.0×10^4$，说明这是活性聚合。

Mashima 等人[510]报道的 Nb 和 Ta 双烯配合物$[M(\eta-C_5Me_5)(\eta-diene)X_2$ 及 $M(\eta-C_5Me_5)(\eta-diene)_2(M=Nb，Ta)]$得到的聚乙烯的相对分子质量分布为1.05。

Killian 等人[511]发现，以 Ni 二亚胺化合物为催化剂，在一定的条件下，可以实现 α-烯烃的活性聚合，并可以将这一方法应用于合成二嵌段或三嵌段的共聚物。

研究还表明，β-二酮单亚胺钛烯烃聚合催化剂，在温和的条件下可以催化乙烯活性聚合。活性大于10^7gPE/(molTi·h·MPa)，相对分子质量分布指数可控制在1.2～1.5之间。

利用烯烃活性聚合反应将极性功能基团引入到聚烯烃链末端是经典的合成链端功能聚烯烃的一种方法。但是，由于活性聚合对催化剂和聚合反应条件的要求很高，以烯烃配位活性聚合合成链端功能聚烯烃的研究也还存在一些问题，如在过渡金属催化剂的烯烃活性聚合中，存在向 Al 的链转移反应问题。其中高级 α-烯烃作为单体进行聚合时 β-烷基消除反应可以被忽略，而且用硼烷作为助催化剂可以阻止聚合物增长链向助催化剂烷基铝的链转移反应发生。但是 β-氢消除反应是难以阻止的。因此一般的过渡金属催化剂只能进行长链 α-烯烃活性聚合，而很难实现乙烯的活性聚合。非茂前过渡金属催化剂催化乙烯和 α-烯烃聚合时，就是因为催化剂的链转移过快，所以难以进行烯烃活性聚合。

另外，由于在进行这种活性聚合时，一个催化剂分子只能产生一个大分子链；而当过渡金属催化剂用于其他方式聚合时，由于链转移和链终止反应的结果，使一个催化剂分子可生成几千个大分子链。因此，进行这种活性聚合的效率很低，难以应用于工业生产。

总起来看，如果双峰聚乙烯技术和支化聚乙烯技术在大批量生产中成功运用，再加上功能聚烯烃技术也在生产中成功运用，它们将会使聚乙烯树脂在物理机械性能和加工性能大幅度提升的同时，让聚乙烯的应用领域大幅度扩展，使聚乙烯的技术和产品进入一个前所未有的崭新阶段，这将是对人类做出的很大贡献。

参 考 文 献

［1］ Dennis B. Malpass，Introduce to Industrial Polyethylene，2010. 6.

［2］ Chem. Week，2008；170(13)：26.

［3］ 单中心催化剂成功应用于聚烯烃 Chem Market Reporter，2006，270(6)：23.

［4］ Ziegler K. Belgian Patent 533，362. 1953.

［5］ Natta G，J. Polym. Sci.，1955，16：143.

［6］ USP 4376851.

［7］ Reproduced with permission from Kirk – Othmer Encyclopedia of Chemical Technology，John Wiley and Sons，Inc.，6th edition，2006.

［8］ 化工百科全书(第九卷). 北京：化学工业出版社，1995，p313.

［9］ Jester RD，International Conference on Polyolefins，Socity of Plastics Engineers，Houston，TX，February 25 – 28，2007.

［10］ Boenig H，Polyolefins：Structure and Properties. Elsevier，p80，(1966).

［11］ Reprinted with permission of John Wiley & Sons，Inc.，Kirk – Othmer Encyclopedia of Chemical Technology，John Wiley and Sons，Inc.，6th edition，2006.

［12］ Ferenz PJ，2nd Asian PetrochemicalsTechnology Conference，May 7 – 8，2002，Seoul，Korea.

［13］ Cecchin G，Marchetti E，Baruzzi G，Macromol. Chem. Phys. (2001)202，1987.

［14］ 金茂筑，陈齐. 石油化工，1985，14，2：65.

［15］ Boor J，Ziegler – Natta Catalysts and Polymerizations. Academic Press：New York，1979.

［16］ Kissin YV，Isospecific Polymerization of Olefins with Heterogeneous Ziegler – Natta Catalysts. Springer：New York，1985.

［17］ Chien JCW，In Preparation and Properties of Stereoregular Polymers. Lenz RW，Ciardelli F，eds. D. Reidel：Dordrecht，1980，p. 113.

［18］ 谢有畅等. 中国科学，1979(7)：665～673.

［19］ JP 49 – 51378，1974.

［20］ JP 57 – 10609.

［21］ Hogan JP，Bank RL，Belgian Patent 530，617 (to Phillips Petroleum) 1955.

［22］ Hogan JP，Bank RL，US. Patent 2，825，726 (to Phillips Petroleum) 1958.

［23］ Hogan JP，Norwood SD，Ayres CA，J Appl. Polym. Sci. (1981) 36，49.

［24］ DesLauriers PJ，McDaniel M，Rohlfing DC，et al.，International Conference on Polyolefins，Society of Plastics Engineers，Houston，TX，February 25 – 28，2007.

［25］ Beaulieu B，McDaniel M，DesLauriers P，Society of Plastics Engineers，Houston，TX，Feb. 27，2005.

［26］ Natta G，Pino P，Mazzanti G，et al.，J Polymer Sci.，1957，26(112)：120～123.

［27］ Breslow DS，Newberg NR，J Am Chem Soc，1957，79(18)：5072～5073.

［28］ Sinn H，Kaminsky W，Vollmer HJ，et al.，Angew Chem，1980，92(5)：396～402.

［29］ Kaminsky W，Vollmer HJ，Heins E，et al.，Macromol Chem，1974，175：443～444.

［30］ Ewen J A，J Am. Chem. Soc. 1984. 106：6355.

［31］ 唐瑞国，王志武等. 淤浆法高密度聚乙烯催化剂及工艺的回顾和展望. 1995 年全国聚乙烯生产技术交流会论文.

［32］ 刘爱南，徐一冰等. 石油化工，1987，16(7)：477.

［33］ CN 1093093　CN 1112562　CN 1079477.

［34］ 刘同华，扬平身，曾芳勇. 石油化工，2005，34(9).

［35］ 金茂筑，孙怡菁，王毅等．CN 1229092A，1998；USP 6617278，1999；PCT WO99/47568，1999.

［36］ CN 1223267　CN 1817918A.

［37］ CN 1041763　CN 1071934　CN 1076456　CN 1092080.

［38］ CN 1079477.

［39］ 高春雨．合成树脂及塑料，2012，29(1)：1～5.

［40］ Himont Incorporated. CN 1047302，1990.

［41］ 三井石油化学．JP 58138711. 1983.

［42］ 赵明阳，谢仪．石油化工，1987，(16)4：269～274.

［43］ 贺大为．催化学报，1981，2(3)：224.

［44］ 赵明阳，谢仪．石油化工，1987，(16)3：206～211.

［45］ 王海华，张启新等．合成树脂及塑料，2002，19(2)：11～15.

［46］ 赵明阳，谢仪．石油化工，1987，(16)5：329～333.

［47］ Mc‐Daniel MP. J Polyrn Sci. Polym Chem Ed，1981，19 (8)：1967～1976.

［48］ 阳永荣，叶志斌，任晓红．石油化工，2001，30(12)：916～919.

［49］ Pillai SM，Tembe GL. Ravindranthan M，Ind Eng Chem Res. 27：1971，1988.

［50］ Beach DL，Kissin YV. J Polym Sci. Polym Chem Ed. 22：3027 1984.

［51］ 孙爱武，韩世敏，胡友良．高分子学报，1999，6：748.

［52］ Ewen JA. Reference 7，p. 271.

［53］ Karol FJ，Can KJ，Wagner BE，Reference 10，p. 149.

［54］ Sobota P，Utko J，Lis T. J Chem. Soc.，Datton Trans. 1984，2077.

［55］ Soga K，Kaminaka M. Macromol Chem Rapid Commun. 1992，13：221.

［56］ Karol FJ，Goeke GL，Wagner BE，et al.. US Patent 4302566 (to Union Carbide)，1981.

［57］ Karol FJ，Levine IJ，George KF. Eur. Patent Appl. 84103441. 6 (to Union Carbide)，1984.

［58］ USP 4302566.

［59］ USP 4302565.

［60］ USP 4293673.

［61］ USP 4482687.

［62］ USP 4370456.

［63］ USP 4354009.

［64］ USP 4379758.

［65］ Bailly JC，Colomb J. US Patent 4487846 (to British Petroleum)，1984.

［66］ Wu Q，Wang H，Lin S. Macromol. Rapid Commun，1992，13：357；1996，17：157.

［67］ Kim J D，Soares J B P，Rempel G C. J Polym Sci. Part A：Polym Chem. 1999，37：331.

［68］ CN 1032540　JP 56‐166208.

［69］ CN 1120048.

［70］ CN 1117499.

［71］ Natta G，Corradini P，Allegra G. J. Polym. Sci.，1961，51：387～399.

［72］ Natta G. Chim. Ind. (Milano)，1960，42(11)：1207.

［73］ Hoechst. British Patent 960232. 1964，Hercules. US Patent 3108973，1963.

［74］ 林尚安，陆耘，梁兆熙．高分子化学，北京：科学出版社，1982.

［75］ Fan ZQ，Feng LX，Yang SL. Chinese J. Polym. Sci. 1991，9：113；Chem. J Chinese Univ. 1991，12. 1687；1992，13：137.

［76］ Barbe PC，Cecchin G，Noristi L. Adv. Polym. Sci.，1987，81：1.

[77] Bruni G，Ferrari A. Rend. Accad. Naz. Lincei，1925，2：457.

[78] Bassi W，Polato F，Calcaterra M，et al. Crystallogr，1982，159：297.

[79] Montedison. German Patent 1，286，867. 1969.

[80] Galli P，Luciani L，Cecchin G. Angew. Makromol. Chem.，1981，94：63.

[81] Hu Y，Chien JCW. J. Polym. Sci.，Part A：Polym. Chem.，1988，26：2003.

[82] Albizzati E，Galimberri M，Giannim U，et al. Macromol. Symp. 1991，48/49：223.

[83] Yano T，Inoue T，Ikai S，et al. J. Polym. Sci.，Part A：Polym. Chem. 1988，26：477.

[84] Yang C B，Hsu C C. Macromol. Chem. Rapid Commun. 1993，14：387.

[85] 王志平，陈颖，陈齐. 合成树脂及塑料，1999，16(4)：53~56.

[86] 肖士镜，谢光华. 全国聚烯烃树脂行业第四届年会文集，1990：100.

[87] 谢光华，曹宪鹏，贺大为. 高分子学报，1989，5：633.

[88] Sozzani P，Bracoo S，Comotti A，et al. J. Am. Chem. Soc. 2003，125，12881~1289.

[89] 张携，刘东兵，周俊领等. 石油化工，2003，第32卷增刊.

[90] Labanowski JK，Andzelm JW（Eds），Density functional methods in Chemistry，Springer – Verlag，New York，1991.

[91] Kuran W，Principles of Coordination Polymerization，Johu Wiley & Sons Ltd，Chichester，2001，chapter 2，P108.

[92] Matsugi T，Matsui S，Kojoh S，et al. Macromolecules，2002，35：4880.

[93] Rappe A T，Skiff W M，Casecoit C J. Chem Rev，2000，100：1435.

[94] Martinez S，Exposito M T，Remos J，et al. J Polym Sci，Part A：Polym Chem，2005，43：711.

[95] Cruz V L，Ramos J，Martinez S，et al. Or ganometallics，2005，24：5095.

[96] Guerra G，Corradini P，Cavallo L. Macromolecules，2005，38：3973.

[97] Busico V，Cipullo R，Monaco G，Talarico G，Vacatello，Chadwick，Segre A L，Sudmeijer O. Macromolecules，1999，32：4173~4182.

[98] Wu L，Lynch D T，Wanke S E. Macromolecles，1999，32：7 990.

[99] Shariati A，Thesis Ph D. Chemical Engineering Department，Queen's University，1996.

[100] Shariati A，Hsn C C，Bacon D W. Polym Reaction Engineering，1999，7(1：97).

[101] Kissin Y V，Mink RI，Nowlin TE. J Polym Sci，Part A：Polym Chem，1999，37：4255.

[102] Boero M，Parrinello M，Weiss H，Hurrer S. J. Phys Chem. A.，2001，105，5096 – 5105.

[103] Monaco G，Toto M，Guerra G，Corradini P，Cavallo L. Macromolecules，2000，33，8953 – 8962.

[104] Brambilla L，Zerbi G，Piemontesi F，Nasecetti S，Morini G. J. of Mol. Catal. A：Chemical，Vol. 263，Issues 1~2，14 February 2007，103~111.

[105] Magni E，Somorjai G A. J. Phys. Chem. B 1998，102，8788.

[106] Seth M，Margi P M，Ziegler T. Macromolecules，2002，35，7815 – 7829.

[107] Kissin Y V，Makromol. Chem. Macromol. Symp. (1993) 66，83.

[108] 化工百科全书(第九卷). 北京：化学工业出版社，1995，P321.

[109] Rishina LA，Galashina NM，Nedorezova PM，et al.，Vysokomol Soed (2003) A 45，1.

[110] 谢有畅，唐有祺等. 中国科学，1979. 7.(7)：665~673.

[111] 王毅，金茂筑，金关泰. 石油化工，2000，(6).

[112] Kashiwa N，Kojoh S. Macromol. Symp.，1995，89：27.

[113] Chien JCW，Wu JC. J. Polym. Sci.，Part A：Polym. Chem.，1982，20：2461.

[114] Weber S，Chien JCW，Hu Y J. Polym. Sci.，Part A：Polym. Chem.，1989，27：1499.

[115] Chien JCW，Hu YJ. Polym. Sci.，Part A：Polym. Chem.，1989，27：897.

[116] Fregonese D, Mortara S, Bresadola S. J. Mol. Catal., A 172, 89, 2001.

[117] Busico V, Conadini P, Marttino LD, et al. Makromol Chem, 1986, 187: 115.

[118] 洪定一主编. 聚丙烯原理、工艺与技术. 北京: 中国石化出版社, 2002.

[119] Yijing Sun, Yi Wang, Maozhu Jin. Ethylene Polymerization with Superactive Catalyst of Titanium System. BRICI, SINOPEC.

[120] Sozzani P, Bracco S, Comotti A, et al. J. Am. Chem. Soc. 2003, 125, 12881~12893.

[121] Yang C B, Hsu C C, Park Y S. Eur Polym J. 1994, 30: 205~214.

[122] Liu B, Nitta T, Nakatani H, Terano M. Macromol. Chem. Phys. 2002, 203, 2412~2421.

[123] Chadwick J C. Macromol Symp., 2001, 173, 21~35.

[124] Busico V, Chadwick J C, Cipullo R, Ronca S, Talarico G. Macromolecules, 2004, 37, 7437~7443.

[125] US 3875076 1975.

[126] US 3995098 1976.

[127] US 4042277 1977.

[128] US 4123386 1978.

[129] US 4438019 1984.

[130] CA 99105895t. EP 83456.

[131] CA 9242622j.

[132] 张启新, 王海华, 杨萱等, 合成树脂及塑料, 2002, 19(2): 11~15.

[133] Soga K, Shiono T, Doi Y. Macromol. Chem., 1988, 189: 1531.

[134] Mori H, Iguchi H, Terano M. Macromol. Chem. 1997, 198: 1249~1255.

[135] Malpass DB. Introduction to Industrial Polyethylene, 2010. 3.

[136] Natta G, Pasquon I. Advantage Catalyst, 1959, 11: 1.

[137] 范志强, 邓海鹰, 王伟等. 石油化工, 2001, 30 卷增刊, 501~503.

[138] Wilchinsky Z W, Looney R W, Tornqvist E G M. J. Catal., 1973, 28: 351.

[139] Tornqvist E G M. Ann. N. Y. Acad. Sci., 1969, 155: 447.

[140] Kissin Y V. Isospecific Polymerization of Olefins. Berlin: Springer Verlag Publishers, 1985.

[141] Barbe P C, Cecchin G, Noristi L. Adv. Polym. Sci., 1986, 81: 1.

[142] Montedison. US Patent 4 315 836. 1980.

[143] Langer AW, Burkhardt T J, Stager J J. Polym. Sci. Technol., 1983, 19: 225.

[144] Kolvumaki J, Seppala J V. Eur. Polym. J., 1994, 30: 111.

[145] McDaniel, M. P Adu Catal. 1985, 33, 47.

[146] Hogan, J. P. J Polym. Sci., Polym. Chem. Ed. 1970, 8, 2637.

[147] Hsieh, J T, Simondsen J C. US Patent 5096868 (to Mobil Oil), 1992.

[148] Pullukat TJ, Shida M, Hoff R E. Reference 5, p. 697.

[149] McDaniel M P. Reference 5, p. 713.

[150] Wang S, Tait PJ T, Marsden C E. J. Molec. Catal, 1991, 65, 237.

[151] Zakharov VA., Bukatov G D, Demin EA, Yermakov Y I. Symposium on Mechanism of Hydrocarbon Reactions. Siofok: Hungary, 1973, Preprints, p. 487.

[152] McDaniel M P, Martin SJ. J Phys. Chem. 1991, 95, 3289.

[153] Grayson M E, McDaniel M P. J. Motec. Catal. 1991, 65, 139.

[154] Bordiga S, Bertarione S, Damin A, Prestipino C, Spoto G, Lamberti C, Zecchina A J. Molec. Catal., A: Chem. 2003, 204, 527.

[155] McDaniel M P. Ind. Eng. Chem. Res. 1988, 27, 1159.

[156] Theopold K H. Chemtech. 1997, 27, 26.

[157] DesLauriers PJ, McDaniel M, Rohlfing DC, et al. International Conference on Polyolefinq, Society of Plastics Engineers, Houston, TX, February 25~28, 2007.

[158] Pullukat TJ, Hoff RE, Shida M. J Polym. Sci, Polymer Chemistry Ed., 1980, 18, 2857.

[159] Karol FJ. Encyclopedia of Polymer Science and Technology, Supp Vol 1, p120, 1976.

[160] Karol FJ, Wagner BE, Levine IJ, et al. Advances in Polyolefins, Plenum Press, New York, 339, 1987.

[161] Hogan J P. Norwood S D, Ayres, C A. J. Appl. Polym. Sci, 1981, 36, 49.

[162] Nowlin TE. Progr Polym, Sci. 1985, 11, 29.

[163] Cheung T T P, Willcox K W, McDaniel M P, Johnson M M. J. Catal, 1986, 102, 10.

[164] Van Kimmenade EME, Kuiper AET, Tamminga Y, et al., J. Catal. 2004, 223, 134.

[165] Weist E L, Ali A H, Conner W C. Macromolecules, 1989, 22, 3244.

[166] McDaniel M P, Welch M B, Dreiling MJ. J. Catal. 1983, 82, 118.

[167] Zakharov VA, Yermakov YI. Catal. Rev. – Sci. Eng, 1979, 19, 67.

[168] Levine IJ, Karol FJ. US Patent 4011382 (to Umon Carbide), 1977.

[169] McDaniel M P, Benham E A. US Patents 5208309, 5274056 (to Phillips Petroleum), 1993.

[170] Liu B, Fang Y, Terano M. J Molec. Catal., A: Chem. 2004, 219, 165.

[171] Fang Y, Liu B, Terano M. Appl. Catal., A: Gen. 2005, 279, 131.

[172] Thune P C, Loos J, Lemstra P J, Niemantsverdriet J W. J. Catal. 1999, 183, 1.

[173] Thune P C, Linke R, van Gennip WJ H, et al. J. Phys. Chem. 2001, 105, 3073.

[174] McDaniels M P, Cheung T T P, Johnson M M. Reference 9, p. 382.

[175] Cann K, Apecetche M, Zhang M. Macromol. Symp. 2004, 213, 29.

[176] Ikeda H, Monoi T, Sasaki Y. J Polym. Sci., Part A: Polym. Chem. 2003, 41, 413.

[177] Fang Y, Xia W, He M, Liu B, Hasebe K, Terano M. J Molec. Catal., A: Chem. 2006, 247, 240.

[178] Carrick W L, Trubett R J, Karol F J, Karapinka G L, Fox A S, Johnson R N. J Polym. Sci., A – 1. 1972, 10, 2609.

[179] Zakharov V A. Kinet. Katal. 1980, 21, 982.

[180] Wehrman P, Mecking S. Macromolecules. 2006, 39, 5963.

[181] Noshay A, Karol F J. Reference 9, p. 396.

[182] Arean C O, Platero E E, Spoto G, Zecchina A J. Molec. Catal, 1989, 56, 211.

[183] Karol F J. Reference 9, p. 702.

[184] Kissin Y V, Brandolini A J, Garlick J L, Unpublished data.

[185] Karol F J, Karapinka G L, Wu C, Dow A W, Johnson R N, Carrick W L. J. Polym. S Sti., Part A – 1. 1972, 10, 2621.

[186] Freeman J W, Wilson D R, Ernst R D, et al. J. Polym. Sci., Polym. Chem. Ed. 1986, 25, 2063.

[187] Fang Y, Liu B, Hasebe K, Terano M. J. Polym. Sci., Part A: Polym. Chem. 2005, 43, 4632.

[188] Ghiotti G, Garrone E, Zecchina A. J. Mol. Catal. 1988, 46, 61.

[189] Rebenstorf B, Lindblad T J. Catal. 1991, 128, 303.

[190] Thune P C, Loos J, Dejong A M, Lemstra P J, Niemantsverdriet J W. Topics Catal. 2000, 13, 67.

[191] Clark A. Catal. Rev. 1969, 3(2), 125.

[192] Baker L M, Carrick W I. J Org. Chem. 1968, 33, 616.

[193] Choi K Y, Tang S H. J. Appl. Polym. Sci. 2004, 91, 2923.

[194] Menyfield R, McDaniel M P, Parks G. J. Catal. 1982, 77, 348.

[195] Groppo E, Lamberti C, Bordiga S, et al. J. Phys. Chem., B. 2005, 109, 15024.

[196] Groneveld C，Wittgen P P M M，Swinnen H P M，Wernsen A，Schuit G C A. J. Catal. 1983，83，346.

[197] Groppo E，Lamberti C，Bordiga S，Spoto G，Zecchina A. Chem. Rev. 2005，105，115.

[198] Thomas B J，Theopold 同 K H. J. Am. Chem. Soc. 1988，110，5902.

[199] Thomas B J，Noh S K，Schulte G K，Sendlinger S C，Theopold K H. J. Am. Chem. Soc. 1991，113，893.

[200] MacAdams L A，Kim W K，Liable - Sands L M，Guzei I A，Rheingojd A L，Theopold K H. Organometallics. 2002，21，952.

[201] Esteruelas M A，Lopez A M，Mendez L，Olivan M，Onate E. Organometallics. 2003，22，395.

[202] McDaniel M P. J Polym. Sci.，Polym. Chem. Ed. 1981，19，1967.

[203] Finogenova L T，Zakharov V A，Buniyat - Zade A A，Bukatov G D，Plaksunov T K. Vysokomol. Soed. 1980，A22，404.

[204] Groppo E，Prestipino C，Cesano F，Bonino F，Bordiga S，Lamberti C，Thune P C，Niemantsverdriet J W，Zecchina A. J. Catal. 2005，230：98.

[205] Zielinski P，Dalla Lana I G. J. Catal. 1992，127，386.

[206] Vikulov K，Spoto G，Coluccia S，Zecchina A. Catal. Lett. 1992，16，117.

[207] Zecchina A，Spoto G，Bordiga S. Dissc. Faraday Soc. 1989，87，149.

[208] Scott S L，Amor Nait Ajjou. J. Chem. Eng. Sci，2001，56，4155.

[209] Amor Nait Ajjou J，Rice G L，Scott S L. J. Am. Chem. Soc. 1998，120，13436.

[210] Amor Nait Ajjou J，Scott S L，Paquet V. J. Am. Chem，Soc，1998。120，415.

[211] Espelid O，Borve K J. J. Catal. 2002，205，366.

[212] Zakharov V A，Yermakov Y I. J. Polym. Sci.，Part A - I，1971. 9，3124.

[213] Nozaki T，Chien J C W. Makromol. Chem. 1993，194，1639.

[214] Maschio G，Bruni C，De Tullio L，Ciardelli F. Macromol. Chem. Phys. 1998，199，415.

[215] Bade O M，Blom R，Dahl I M，Karlson A. J. Catal. 1998，173，460.

[216] Zakharov V A，Yermakov Y I，Kushnareva E G. J. Polym. Sci.，Part A. 1971，9，771，3129.

[217] Espelid O，Borve K J. J. Catal. 2002，206，331.

[218] Kissin Y V. J. Polym. Sci.，Part A：Polym. Chem. 2001，39，1681.

[219] Exxon. U S Patent 4522982. 1985.

[220] Ewen J A J. Am. Chem. Soc. 1984，106：6355.

[221] Pellecchia C，Propo A，Longo P，et al. Makromol. Chem. Rapid Commun，1992，13：277.

[222] US Patent 4658078，1986.

[223] EP O 366212，1989.

[224] 沈玉梅，何仁. 催化学报，1995，16：245～249.

[225] Juan C F，Chien J C W. et al. Organometallics，1994，13：4140.

[226] Mod Plast，1993，70(10)：49.

[227] Mod Plast，1994，23(8)：40.

[228] Nomura K，Naga N，Miki M，Yanagi K. Macromolecules. 1998，31：7588.

[229] Giardollo M A，Eisen M S，Marks T J et. al. J. Am. Chem. Soc.，1995，117：12114.

[230] Coates G W，Waymouth R M. Science，1995，267：217.

[231] Schnutnehaus H，Brintzinger H H. Angew. Chem. Int. Ed. Engl.，1979，18：777.

[232] 崔春明等. 石油炼制及化工，1996，27(2)：28.

[233] Miya S J. Catalitic Olefins Polymerization，1991，56：531.

[234] Spaleck W，Aulbach M，Bachmann B，et al. Makromol. Chem. Macromol. Symp. 1995，497：181.

［235］ Edwar S，Shanshounm S. Syndiotactic Polypropylene Catalysis and Properties ［C］，Houston，Processing of Metcon'93，1993.

［236］ Ewen J A. J. Am. Chem. Soc. ，1988，110：6255.

［237］ Xu S S，Deng X B，Wang B Q，et al. Macromol Rapid Commun，2001，22(9)：708.

［238］ Roll W，Zsolnai L，Brintzinger H H，et al. J. Organomet. Chem. ，1988，342：31.

［239］ Schut J H. ，Plastic World，1995，53(5)：47.

［240］ Herrman WA，Rohrmann J，Herdtweck E，et al. Angrew. Chem. Int. Ed. Engl. ，1998，28：1511.

［241］ 徐善生，田公路，王佰全等. 高等学校化学学报，2002，23(4)：595－599.

［242］ Dorer B，Brintzinger H H. Organomet. ，1994，13：3868.

［243］ 李玉芳. 产品与市场，2008(2).

［244］ Alt HG. J. Chem Soc Dalton Tran，1999，1703～1709.

［245］ Zhang D，Jin C X，J. AppI Cata A，2004，262：85～91.

［246］ 金茂筑等. CN1266066 A. 1999.

［247］ Ahn A O，Hong S C，Kim J H，Lee D H. J Appl Polym Sci. 1998，67：2213.

［248］ 葛从新，王立，封麟先. 石油化工，1998，28：157.

［249］ Grace W R & CO. Coordination Catalyst Systems Empolying Agglomerated Metal Oxide/Clay Support－Activator and Method of their. SG 88794，2002.

［250］ Soga K，Arai T，Uozumi T. J. Polymer，1997，38 (19)：4993－4995.

［251］ Masahide M，Massahi N，Seizabura K，［P］. JP. 07 268 029，1995.

［252］ 唐士培等，CN 88 103 138. 0，1988.

［253］ Lee DH，Yoon KB. J. Macromolecular Rapid Communications. 1994，15 (11)：841～843.

［254］ 于广谦，黄葆同等. 中国化工快报，2001. 12 (3)：257～260.

［255］ 诸海滨，金国新. 化学学报，2002，60 (3)：509～513.

［256］ Arai T，Ban H T，Uozumi T，et al. J. Journal of polymer Science，Part A：Polymer Chemistry，1998，36(3)：421～428.

［257］ Soga K，Ban H. T，Arai T，et al. J. Macromol. Chem. Phys. ，1997，198 (9)：229.

［258］ 谢保军，唐涛，陈辉，黄葆同. 应用化学，1999，16(5)，1.

［259］ Abranio G P，Li L，Marks TJ. J. Am. Chem. Soc. ，2002，124，13966.

［260］ Soga K，Kaminaka M. J. Macromol. Rapid. Commun. ，1992，13(4)：221－224.

［261］ Chien J C W，He D. J. Polym. Sci. (Part A)：Polym. Chem. ，1991，29(11)：1603～1607.

［262］ 张雷，胡友良. 高分子通报，1999，4：77～82.

［263］ Iaeadelli F，Altomare A，Michelotti M. J. Catalyst Today，1998，41(1～3)：149～157.

［264］ CN1038820.

［265］ CN 102778，CN 103902，CN1055935.

［266］ Sinn H，Kaminsky W，Hoker H，eds. Alumoxanes，Macromol. Symp. 97. Huttig & Wepf：Heidelberg，1995.

［267］ Eisch J J，Pombrick S I，Zheng G X. Organometallics，1993，216：7112.

［268］ Tritto I，Boggioni L，Ferro D R. Macromolecules，2004，37，9681.

［269］ Soga K. Macromol. Rapid Commun. ，1994，15：593.

［270］ Sacchi M C，Zucchi D，Tritto I，et al. Marcromol. Rapid Commun. ，1995，16：581.

［271］ Spherilene S R I. Italian Patent Appl. MI 94/A 002，028.

［272］ Marks T J，et al. Acc. Chem. Res. ，1992，25：57.

［273］ Bonin G F，Fraajie V，Fink G，J. Polym. Sci. Part A，1995，33：2393.

［274］ Kaminaka M，Soga K. Marcromol. Chem. Rapid Commun. ，1991，12：367.

［275］　Hoechst. EP 0567952. 1994.

［276］　Kaminsky W. Renner F. , Marcromol. Chem. Rapid Commun. , 1993, 14: 239 .

［277］　吕立新等. CN 1112562A. 1995.

［278］　Exxon. EP 0308177. 1989.

［279］　Harlan C J, Mason M R, Barron A R. Organometallics, 1994, 13: 2957.

［280］　Nekhaeva L A, Boudarenko G N, Rekov N N, et al. J. Am. Chem. Soc. 1993, 115: 4971.

［281］　Siedle A R, Lamanna W M, Newmark R A. Makromol. Chem. Macromol. Symp. , 1993, 66: 215.

［282］　Mohring P C, Coville N J, J. Organomet. Chem. , 1994, 54: 1.

［283］　Resconi L, Bossi S, Abis L. Marcromolecules, 1990, 23: 4489.

［284］　Kaminsky W, Mocromol. Symp. , 1995, 97: 79.

［285］　CN 1041597, CN 1041600.

［286］　CN 1037905, CN1041600.

［287］　Kissin Y V. Catal. Rev. (2001) 43, 85.

［288］　Fujita M, Seki Y, Miyatake T. Mcromolec ules, 2004. 37, 9676.

［289］　Kaminsky W, Miri M, Sinn H, et al. Makromol. Chem. Rapid Commun, 1983, 4: 417.

［290］　Dolle V, Hermann H F, Winter A, et al. EP 480 390. 1992.

［291］　Resconi L, Piemontesi F, Franciscono G, Abis L, Fiorani T, J. Am. Chem. Soc, 1992, 114, 1025.

［292］　Kim I, Zhou J M, Won M S J. Polym. Sci. , Part A: Polym. Chem. Ed. , 1999, 37, 737.

［293］　Naga N, Shiono T, Ikeda T Meicromol. Chem. Phys. , 1999, 200, 1348.

［294］　Messey A G, Park A J. J. Organometal. Chem. , 1964, 2: 128.

［295］　Jordan R F, Baiger C S, Willet R, et al. J. Am. Chem. Soc. , 1994, 116: 6435.

［296］　Yang X, Stern C L, Marks T J. Organometallics, 1991, 10: 840.

［297］　Tsai W, Rausch M D, Chien J C W. Appl. Organomet. Chem. , 1993, 7: 71.

［298］　Resconi L, Piemontesi F, Camurati I, et al. Organometallics, 1996, 15, 5046.

［299］　Tritto I, et al. Macromol. Symp. , 1995, 97: 101 ~ 108.

［300］　Barron A R, Organometallics, 1995, 14, 3581.

［301］　Resconi L, Albizzati E, Giannini U. EP 0384171. 1990.

［302］　Asanuma T, Sugimoto R, Iwatani T, et al. EP 0459264. 1991.

［303］　Porri L, Giarrusso A, Salsi B, et al. EP 0422703. 1991.

［304］　Zambelli A, Longo P, Proto A. Makromol. Rapid Commun. , 1992, 13: 267.

［305］　Marks T J, Yang X, Mirviss S B, US 5391793, 1995; US 5939346(to Akzo Nobel), 1999.

［306］　Zhou J, Lancaster S J, Walker D A, et al. J. Am. Chem. Soc. 2001, 123, 223.

［307］　Lancaster SJ, Walker DA. , Thornton－Pett M, et al. Chem. Commun. (1997)1533.

［308］　Fushman EA, Margolin AD, Lalayan SS, et al. Vysoleomol. Soed. B. 1995, 37, 1589.

［309］　吕立新. 石油化工动态, 1996, 4(12). 19.

［310］　Scollard J D, McConville D H. J. Amer Chem Soc, 1996, 118: 10008 ~ 10013.

［311］　Johnson L K, Killian C M, Brookhart M. J. Am. Chem. Soc. , 1995, 117: 6414.

［312］　Brookhart M, et al. PCT Int. Appl. WO 98 30 610, 1998. Johnson L K, et al. WO 98 23 010. 1996. Johnson L K, et al. WO 97 02 298. 1997. Mclain S J, et al WO 98 03 559. 1998.

［313］　Samll B L, Brookhart M. J. Amer Chem Soc. 1998, 120(16): 4049.

［314］　Britovsek G J P, Gibson V C, KimberleF B S, et al. Chem Commun, 1998, 7: 849 ~ 850.

［315］　Kakugo M, P. WO: 2370, 1987－03－21.

［316］　Fujita T, Tohi Y, Mitani M, et al. EP 0874005, 1998, US 6309997, 2001.

[317] Matsui S, Fujita T. J. Catalysis Today, 2001, 66（1）：63～73.

[318] Matsui S, Tohi Y, Mitani M, et al. J. Chem Lett, 1999, 1065～1066.

[319] Jrohnson L K, Killian C M, Brookhart M. J Am Chem Soc, 1995, 117：6414～6415.

[320] Bennett JL, Brookhart MJohnson L K, et aI. P. PCT Int Appl, WO：9830610 Chem Abstr, 1998 129：149.

[321] Wang C, Friedrich S, Younkin T R, eta l. Organometallics, 1998, 17：3149～3151.

[322] Johnson L M, Mecking S, Brookhart M. J. Am. Chem. Soc. , 1996, 118：267～268.

[323] Deng L Q, Woo T K, Cavallo L, et al. J. Am. Chem. Soc. , 1997, 119：6277.

[324] Du Pont. WO 9827124. 1998.

[325] Uozumi T. , Soga K. , Macromol Chem. 1992, 193：823.

[326] Barron AR, Chemical and Engineering Information, April. 13, 1998.

[327] Pellecchia C, Mazzeo M, PapPalardo D. Macromol. Rapid Commun. , 1998, 19：651～655.

[328] Wang R X. , You X Z, Merg Q J, et al. Synth Commun, 1994. 24：1757.

[329] Matsui S, Tohi Y, Mitani M, et al. Chem Lett. 1999. 1065.

[330] Matsukawa N. Matsui S, Mitani M. et al. J Mol Cat A：Chemical, 2001. 169：99.

[331] Ishii S. Saito J, Mitani M, Mohri J, et al. J Mol Cat A：Chemical, 2002, 179：11.

[332] Saito J, Mitani M, Matsui S, et al. Macromol Chem Phys, 2002, 203：59.

[333] Saito J, Onda M, Matsui S. et al. Macromol Rapid Commun, 2002. 23：1118.

[334] Ittel S D, Johnson L K, Brookhart M. Chem. Rev. , 2000, 100：1169.

[335] Svejda S A, Brookhart M. Organometallics, 1999, 18：65.

[336] Killian C M, Tempel D J, Johnson L K, et al. J. Am. Chem. Soc. 1996, 118：11664.

[337] Britovesk G J P, Bruce M. Gibson V C. et al. J Arn Chem Soc, 1999, 121(38)：8 728～8 740.

[338] Gibson V C, Britobesk G J P, Spitzmesser S K, et al. , Polymn Prepr, 2000, 41(1)：446.

[339] Bryliakov KP, Semikolenova NV, Talsi EP, et. al. Macromol. Chem. Phys. 2006, 207, 327.

[340] Mitani M, Furuyama R, Mohri J, et al. J. Am. Chem. Soc. , 2003, 125：4293.

[341] 李蕴玲译. 触媒 2000, 42(5)：310～315.

[342] 金鹰泰、李刚、曹丽辉等、高分子通讯, 2006, (9)：37～50.

[343] Ciardelli F, Altomare A, Mencomi F. et al. Ed：Eds：Soga K, Terano M. Elsevier Kodansha, Tokyo, 1994. 257.

[344] Schmidt G F and Brookhart M, Ibid, 1985, 107, 1443～1444.

[345] Koppl A, Ak HG, J Mol. Catal. A：Chemical, 2000, 154：45～53.

[346] Univ North Carolina, Du Pont. WO 9623010. 1996.

[347] Kiliam C M, Brookhart M. J. Am. Chem. Soc. , 1996, 118：1664.

[348] Britovsek, GJP, Gibson, VC, Wass, DF, Angew. Chem. , Int. Ed. Enl. 1999, 38, 428.

[349] 胡友良. 石油化工动态, 2000, 8(1)：2.

[350] Kissin Y V, Qian Y, Xie G, Chen Y, J. Polym. Sci. , Part A：Polym. Chem. 2006, 44, 6159.

[351] 马志、孙文华、李子龙等. 分子催化, 2001, 15(6)：460～462.

[352] 张道、刘长坤、金国新等. 分子催化, 2002, 16(5)：390～399.

[353] Johnson L K, Killian C M, Brookhart M. J Am Chem Soc, 1995, 117(23)：6414－6415.

[354] 胡友良. 石化技术与应用, 2004, 22(4)：239～243.

[355] Younkin TR, Connor EF, Henderson JI, et al. Science, 2000, 287, 460.

[356] Matsukawa N, Mitaili M, Fujita T, Jap. J. Polm. Sci. and Tec. , 2002, 59：158.

[357] Furuyama R, Saito J, Fujita T, et al. , Journal of Molecular Catalysis A：Chemical, 2003, 200：31～42.

[358] Matsui S, Mitani M, Saito J, et al. Chem. Lett. 2000, 554~555.

[359] Matsui S, Mitani M, Saito J, et al. J. Am. Chem. Soc. , 2001, 123, 6847~6856.

[360] Ishii S, Saito J, Mitani M, et al. J. Mol. Catal. A: Chem. , 2002, 179, 11~16.

[361] Mitani M, Mohri J, Yoshida Y, et al. J. Am. Chem. Soc. , 2002, 124(13): 3327~3336.

[362] Matsui S, Mitani M, Saito J, et al, J. Am. Chem. Soc. , 2001, 123, 6847~6856.

[363] Matsui S, Mitani M, Saito J, et al. J Am Chem Soc, 2001, 123: 6847; Matsukawa N, Mitani M, Fujita T. Jap J Polym Sci and Tec, 2002, 23: 693.

[364] Ishii S, Sfuto J, Matiira S. Suniki Y. Macromol Rapid Ctxnmun, 2002, 13: 693.

[365] Nakayama Y, Bando H, Sonobe Y, et al. J Cat, 2003, 215: 171; Nakayama Y, Bando H, Sonobe Y, et al. J MoI Cat, A: Chemical, 2004, 213: 141.

[366] Handbook of Petrochemicals Production Processes, McGraw – Hill, RA Meyers edited by R. A. Meyers, 2005.

[367] 佐伯康治著. 聚合物制造工艺. 杨大海译. 北京: 石油工业出版社, 1977.

[368] John Wiley & Sons Inc. , Kirk – Othmer Encyclopedia of Chemical Technology, John Wiley and Sons, Inc. 6th edition, 2006.

[369] 张丽霞. 合成树脂及塑料, 2013, 30(4): 70~74.

[370] Eunopean Chemical News (Chemscope) , 1995, May: 4.

[371] 张西国, 赵法来, 田玉善等. 1997年全国聚乙烯生产技术交流会论文.

[372] CN 1049849, EP 416815.

[373] Stevens JC, 11th Int'1 Congress on Catalysts 40th Anniv. , Studies in Surface Science and Catalysis, Vol. 101, p 11, 1996.

[374] Swogger K, International Conference on Polyolefins, Society of Plastics Engineers, Houston, TX, February 25~28, 2007.

[375] EP 99773, EP 102895.

[376] US 4960741, CN 1062737.

[377] US 4748211, CN 1007353.

[378] US 5124296, JP 4/224806.

[379] 汤晓东. 国外气相法聚乙烯工艺进展. 1997年全国聚乙烯生产技术交流会论文.

[380] US 4399054.

[381] CN 1069034.

[382] US 5084534.

[383] CN1065662.

[384] US 5096876.

[385] US 4530914.

[386] US 4937299.

[387] US 4808561.

[388] US 5006500.

[389] CN 1042159, CN 1042160, CN 1057272.

[390] US 4604374, US 4661465, US 4612300, US 4622309.

[391] 邹筑华. 化工百科全书. 聚合机理和方法 – 空间化学. 北京: 化学工业出版社, 1995: 330~340.

[392] 管延彬, 王天寿, 现代化工, 1996, 16(8): 46~48.

[393] Kurt W Swogger, 56th Society of PlasticsEngineers Annual Technical Conference, Atlanta, Georgia, 1998, 2: 1790~1794.

[394] 郝爱. 弹性体, 1999, 9(4): 37~43.

[395] US 5442020.

[396] US 5525678.

[397] US 5627117.

[398] US 5700886.

[399] US 5753577.

[400] Natta G, Mazzanti G, Longi P, et al., J. Polym. Sci. 1958, 31: 181.

[401] UCC procees for the production of polyethylene with a broad and/or bimodal molecular weight distribution. US 4918038, 1990.

[402] US 4918038 US 5070055.

[403] 应丽英, 工业催化, 2002, 10(6).

[404] 桂祖桐, 达建文. 齐鲁石油化工, 1999, 27(3): 205.

[405] CN 101779 EP 286001.

[406] US 6294500, 2001.

[407] EP 0770628, 1997.

[408] Soares JBP, Monrabal B, Nieto J, et al., Macromol. Chem. Phys. 1998, 199, 1917.

[409] 吕占霞, 李扬, 魏春阳等, 合成树脂及塑料, 2000, 17(5): 14.

[410] Ahlers A. Kaminsky W. Macromol chem, Papid Commin, 1988, 9, 457.

[411] McDaniel M P, Supported Chromium Catalysts for Ethyiene Poiymerizatjon, 1985.

[412] Kim J D. J Polymer SCI Polym Chem, 1999, 37(2): 331.

[413] 李立东. 浙江大学材料与工程学院博士论文, 2005.

[414] Keim W, Schulz R P. J Mol Catal, 1994, 92: 21.

[415] Skupinska J, Chem Rev, 1991, 91: 613~648.

[416] Vogt D. Applied homogeneous catalysis with organometallic compounds [M]. Cornils B, Herrmann W A Eds. 1st Ed. VoI. 1, VCH publishers, New York. 1996: 245~258.

[417] Bubeck R A. Matcrials Scicnce & Engineering R, 2002, 39: 1~28.

[418] Beach D L, Kissin Y V. J Polym Sci Part A: Polym Chem, 1984, 22: 3027~3041.

[419] Kissin Y V, Beach D L. J Polym Sci, Pavt A, Polym Chem, 1986, 24: 1069~1084.

[420] Denger C, Haase U, Fink G. Makromol Chem, Rapid Commun, 1991, 12, 697.

[421] Small B L, Brookhart M. J Am Chem Soc, 1998, 120: 7 143.

[422] Britovsek G J P, Gibson V C, Kimberley B S, et al. J Chem Commum, 1998, 7: 849~850.

[423] 李化毅, 胡友良. 高分子通讯, 2008(7): 56~63.

[424] Quijada R, Rujar R, Baznn G, et al. Macromolecules, 2001, 34: 2411~2417.

[425] 柳忠阳, 王军, 徐德民等. 科学通报, 2001, 466(15): 1264~1267.

[426] 萧翼之, 扬海滨, 张启兴等. 应用化学, 2001, 18(7): 527~531.

[427] 张启兴, 胡明鹏, 范新刚等. 高分子学报, 2003, (3): 403~408.

[428] Jiang T, Du W, Zhang L, et al. J Appl Polym Sci, 2009, 111: 2625~2629.

[429] Li Y F, Qiu J M, Hu Y L, 6th J. Pacific Polymer Confrence(Preprints), Guangzhou, China: 1999, 61~72.

[430] Bamhart R W, Bazan GC, Mourey T. J. Am. Chem. Sci., 1998, 120(5): 1082~1083.

[431] 吕占霞, 胡友良, 张欣等. 合成树脂及塑料, 2002, 19(6): 51.

[432] 吕英莹, 胡友良. 化工进展, 2005, 24(8): 825~832.

[433] 曹晨刚, 董金勇, 胡友良等. 化学进展, 2005, 17(2): 320.

[434] Natta G, Beati E, Severine F. J. Polym. Sci., 1959, 34: 548.

[435] Natta G, Mazzanti G, Longi P, et al. J. Polym. Sci. , 1958, 31: 181.

[436] Natta G, Mazzanti G, Longi P, et al. Chim. Ind. , 1958, 40: 813.

[437] Cardonaro A, Greco A, Bassi IW. Eur. Polym. J. , 1968, 4: 445.

[438] Chung T C. US 4734472 , 1989.

[439] Ramakrishnan S, Berluche E, Chung TC. Macromolecules, 1990 , 23: 378.

[440] 陈商涛, 吕英莹, 胡友良. 高分子通报, 2004, (1): 37~43.

[441] Li ZL, Ziu N, Sun W H, et al. Polym Int, 2001, 50: 1275.

[442] Stehling U M, Stein K M, Kesti M R, et al. Macromolecules, 1998, 31: 2019.

[443] Marques M M, Correia S G, Ascenso J R, et al. J. Polym. Sci. (Part A): Polym. Chem. , 1999, 37: 2457.

[444] Padwa A R. Prog Iblym Sci, 1989, 14: 811.

[445] Hakala, Hclaja T, Lofgren B. J Polym Sci Part A, Polym Chem. , 2000, 38(11): 1966.

[446] Gannini U, Bruckner G, Pellino E, et al. J Polym Sci, Polym Lett, 1967 , 5: 527.

[447] Gannini U, Bruckner G, Pellino E, et al. J Polym Sci, Part C, 1968, 22: 157.

[448] Imuta J, Toda Y, Kashiwa N, Chem Lett, 2001, 7: 710.

[449] Francis F C, Brookhart M. J. Am. Chem. Soc. , 1995, 117: 1137.

[450] Mecking S, Johnson L K, Wang L, et al. , J. Am. Chem. Soc. , 1998, 120: 888.

[451] Kesti M R, Coates G W, Waymouth R M. J. Am. Chem. Soc. , 1992, 114(24): 9679.

[452] Aahonen P, Lofgren B. Macromolecules, 1995, 28: 5353.

[453] Hagihara H, Murata M, Uozumi T. Macromol Rap Comm, 2001, 22: 353.

[454] Hakala K, Lofgren B, Helaja T. Eur Polym J, 1998, 34: 1093.

[455] Altonen P, Fink G, Lofgren B, et al. Macromolecules. 1996 , 29(16): 5255.

[456] Hakala K, Helaja T, Lofgren B. J Polym Sci, Part A: Polym. Chem, 2000, 38 (11): 1966.

[457] Hakala K, Hclaja T, Lofgren B. Polymer Bulletin, 2001, 46(2~3): 123.

[458] Carl - Eric W, Hendrik L, Wilen, et al. Macromolecules, 1996, 29(27): 8 569~8 575.

[459] Carl - Eric W, Markku A, Juha S, et al. Macromolecules, 2000, 33(14): 5 011~5 026.

[460] Byun D J, Choi K Y, Km S Y. Macromol Chem Phys, 2001, 202 (7): 992.

[461] 邹丰楼, 钱长涛等. 合成树脂及塑料, 2000, 17(6): 44.

[462] Johnson L K, Mecking S, Brookhart M. J Am Chem Soc, 1996, 118: 267.

[463] Mecking S L, Johnson K, Wang L, et al. J Am Chem Soc, 1998, 120: 888.

[464] Marqucs M M, Femandes S, Cbrrcia S G, et al. Macromol Chem Phys, 2000, 201(17): 2464.

[465] Chien J C W, Fernandes S, Cbrreia S G, et al. Polym Int , 2002 , 51 (8): 729.

[466] Younkin T R, Conner E F, Henderson J I, et al. J Polym Sci Part A, Polym Chem. , 2002, 40 (16): 2842.

[467] Younkin T R, Connor E F, Henderson J I, et al. Science, 2000, 287(5 452): 460.

[468] Soula R, Saillard B, Spitz R, et al. Macromolecules, 2002, 35(5): 1513~1523.

[469] Michalak A, Zegler T. Organometallics, 2001, 20 (8): 1521.

[470] Michalak A, Zegjer T. J Am Chem Soc, 2001, 123 (49): 12266.

[471] Chung T C. Polym. Mater. Encyclop. , 1996, 4: 2681.

[472] Chung T C. J. Elastom. Plast. , 1999, 31: 298.

[473] Chung TC, Dong J Y. US 6096849, 2000.

[474] Schars J, Kaminsky W. Metallocene - based Polyolefins: Preparation, Properties and Technology (M). Wiley, 1999. 293.

［475］ VerStrate G. Encyclop. Polym. Sci. Eng. , 1986, 6: 522.

［476］ Zou J F, Cao C G, Dong J Y, et al. Macromol. Rapid Commun. , 2004, 25（20）: 1797.

［477］ Cao C G, Zou J F, Dong J Y, et al. Polym. Sci.（PartA）: Polym. Chem. , 2005, 43（2）: 429.

［478］ Calleja FJ B, Roslaniec Z, Block Copolymers［M］. New York: Marcel Dekker Inc. Baselc , 2000.

［479］ Chung T C, Rhubright D, Jiang G J. Macromolecules, 1993, 26: 3467.

［480］ Chung T C, Lu H L, Ding R D. Macromolecules, 1997, 30（5）: 1272~1278.

［481］ Lu Y Y, Chen S T, Hu Y L. Acta Polym. Sin. , 2003, （3）: 437~441.

［482］ Chung T C, Rhubright D, Jiang G J. Macromolecules, 1993, 26（14）: 3467~3471.

［483］ Chung T C, Janvikul W, Bernard R, et al. , Macromolecules, 1993, 27（1）: 26~31.

［484］ Chung T C, Janvikul W, Bernard R, et al. , Polymer, 1995, 36（18）: 3565~3575.

［485］ Baumert M, Heinemann J, Mulhaupt R, et al. Macromol. Rapid Comm. , 2000, 21（6）: 271~276.

［486］ Yamamoto K, Tanaka H, Sakaguchi M, Shimada S. Polymer, 2003, 44（25）: 7661~7669.

［487］ Liu S S, Sen A. Macromolecules, 2001, 34（5）: 1529~1532.

［488］ Hong S C, Jia S, Brookhart M, et al. J. Polym. Sci. , Part A: Polym. Chem. , 2002, 40（16）: 2736~2749.

［489］ Kashiwa N, Matsugi T, Kojoh S. J. Polym. Sci. , Part A: Polym. Chem. , 2003, 41: 3657~3666.

［490］ Lu Y Y, Hu Y L, Wang Z M, Chung T C. J. Polym. Sci. Part A: Polym. Chem. , 2002, 40（20）: 3416~3425.

［491］ Han C J, Lee M S, Byun D J, Kim S Y. Macromolecules , 2002, 35（24）: 8923~8925.

［492］ Schellekens M A J, Klumperman B. J. M. S. Rev. Macromol. Chem. Phys. , 2000, C40（2/3）: 167~192.

［493］ Chung T C, Lu H L. J. Mol. Catal. , A2Chem. , 1997, 115（1）: 115~127.

［494］ Lu B, Chung T C. Macromolecules, 1999, 32（8）: 2525~2533.

［495］ Lu B, Chung T C. Macromolecules, 1998, 31（17）: 5943~5946.

［496］ Shiono T, Soga K. Macromolecules, 1992, 25: 3356.

［497］ Doi Y, Hizal G, Soga K. Macromol. Chem. , 1987, 188: 1273.

［498］ Koo K, Fu P F, Marks T J. Macromolecules, 1999, 32: 981.

［499］ Xu G X, Chung T C. J. Am. Chem. Soc. , 1999, 121: 6763.

［500］ Xu G, Chung T C. J. Am. Chem. Soc. , 1999, 121（28）: 6763~6764.

［501］ Doi Y, Ueki S, Keii T. Macromolecules, 1979, 12（5）: 814.

［502］ Johnson LK, Mecking S, Brookhart M. J Am Chem Soc, 1996, 118: 267.

［503］ Marques M M, Fernandes S. Polym Int , 2001, 50（5）: 579~587.

［504］ Scollard J D , McConville D H. J. Am. Chem. Soc. , 1996, 118（41）: 10008.

［505］ Tshuva E Y. Versano M, Goklherg l, et al. Chem Commun, 1999, （2）: 371–373.

［506］ Gottfried A C , Brookhart M. Macromolecules, 2003. 36, 3085.

［507］ Fujita T, Coates G W. Macromolecules, 2002, 35, 9640.

［508］ Tshuva E Y, Groysman S, Goldberg I, et al. Organometallics, 2002, 21, 662.

［509］ Brookhart M, DeSimone J M, Grant B E, Tanner M J. Macromolecules , 1995, 28（5）: 5378~5380.

［510］ Mashimak, et al. Organometallics, 1995, 14: 2633.

［511］ Killian C M, Temple D J, Johnson L K, et al. J. Am. Chem. Soc. , 1996, 118: 11664.